Abaqus/CAE 工程师系列丛书

Python 语言在 Abaqus 中的应用

第 2 版

曹金凤　著

机 械 工 业 出 版 社

本书共有 7 章。其中第 1~6 章为本书的核心内容，可分为两部分：第一部分包括第 1 章和第 2 章，介绍了 Python 语言编程的基础知识和 Abaqus 中的 Python 脚本接口基础知识，为后面的学习奠定基础；第二部分包括第 3~6 章，分别介绍编写脚本快速建立有限元模型、编写脚本访问输出数据库、编写脚本进行其他后处理、案例分享及常见问题等内容。通过大量的实例脚本和详细的注释讲解了编写、调试脚本和开发专有模块的方法，以提高 Abaqus 有限元分析的效率。

书中内容从实际应用出发，文字通俗易懂，深入浅出，读者不需要具备很深的编程功底，即可轻松掌握 Python 语言在 Abaqus 中的各种应用。

本书主要面向 Abaqus 软件的中级和高级用户，对于初级用户也有一定的参考价值。

图书在版编目（CIP）数据

Python 语言在 Abaqus 中的应用/曹金凤著 . —2 版 . —北京：机械工业出版社，2020.9（2024.6 重印）
（Abaqus/CAE 工程师系列丛书）
ISBN 978-7-111-66369-0

Ⅰ. ①P… Ⅱ. ①曹… Ⅲ. ①软件工具-程序设计 Ⅳ. ①TP311. 561

中国版本图书馆 CIP 数据核字（2020）第 155624 号

机械工业出版社（北京市百万庄大街 22 号 邮政编码 100037）
策划编辑：孔 劲 责任编辑：孔 劲 侯 颖
责任校对：张 力 封面设计：马精明
责任印制：张 博
天津市光明印务有限公司印刷
2024 年 6 月第 2 版第 4 次印刷
184mm×260mm · 21 印张 · 521 千字
标准书号：ISBN 978-7-111-66369-0
定价：79.00 元

电话服务 网络服务
客服电话：010-88361066 机 工 官 网：www.cmpbook.com
010-88379833 机 工 官 博：weibo.com/cmp1952
010-68326294 金 书 网：www.golden-book.com
封底无防伪标均为盗版 机工教育服务网：www.cmpedu.com

第2版 序言一

Abaqus 被广泛地认为是功能强大的有限元分析软件，可以分析复杂的固体力学、流体力学、结构力学系统，特别是能够驾驭非常庞大、复杂的问题和模拟高度非线性问题。

1997 年，我的老师清华大学航天航空学院庄茁教授独具慧眼，把 Abaqus 软件引入到我国，至今已 23 年。从 Abaqus 在 2005 年被我工作的法国达索系统公司收购并加速其在中国市场的推广后，也已经有 15 个年头。大多数用户已经对其基本功能、基础操作、建模和分析技巧有了相当了解，并逐渐成长为高级用户，同时对有限元分析提出了更高要求，例如，针对行业的高效建模、自动后处理、模块化、插件、优化、参数化研究等，需要对 Abaqus 软件进行二次开发。

Abaqus/CAE 软件架构工程师在这个软件开发之初，就十分明智地选择了功能强大的 Python 作为内核脚本语言，并内置了 Python 脚本接口，为用户二次开发奠定了基础。众所周知，Python 是近年来最受用户欢迎的面向对象编程的语言，它最大的优点是简单易学。阅读好的 Python 程序就感觉像是在读英语一样，它使用户能够专注于解决问题而不是去搞明白语言本身。当功能强大的 Abaqus 软件与 Python 语言联合后，其功能更加强大。任何一位 Abaqus 用户都可以通过 Python 编程提高 Abaqus 仿真分析的效率，少则数十倍，多则上万倍。

我和曹金凤老师相识于十多年前她读博士期间，当年她的刻苦、努力以及对 Abaqus 的热情就深深地感染了我。后来她在青岛理工大学当老师，2009 年成立了"Abaqus 青岛培训中心"，她一直组织并负责 Abaqus 相关课程的培训和与仿真相关的科研工作。

2011 年，曹金凤博士出版了《Python 语言在 Abaqus 中的应用》一书，出版 9 年来已重印 7 次，很受 Abaqus 用户的欢迎。这充分说明了以 Abaqus 等软件为代表的工程仿真计算已经成为热点技术方向，市场推广和工业应用在不断加速中，对提高仿真效率、实现知识工程化的需求非常旺盛。本书在第 1 版的基础上，扩展了部分功能，增加了更多实用算例，相信广大读者阅读本书后，会让 Abaqus 仿真分析工作更加高效，在促进 Abaqus 使用水平和广度方面更上一个台阶。

希望 Abaqus 可以从面向科研和解决复杂非线性问题的高级分析工具扩展成为广大工程师的好帮手，实现仿真知识模板化、工程化，并为下一步人工智能驱动的仿真大数据技术提供大数据积累，最终实现无处不在的仿真驱动智能设计和制造的愿景，真正充分发挥计算机辅助工程软件对企业和社会的价值！

预祝本书再版更加畅销，读者越来越多，应用越来越火！

白锐
达索系统中国区仿真技术总监
于上海

第2版 序言二

Python 语言是一门功能强大的面向对象编程的脚本语言，其最大的优点是简单易学。同时，它提供了丰富和强大的类库，可以支持绝大多数工程计算的功能运行。Python 具有开放的接口平台，能够把用其他编程语言制作的模块（尤其是 C/C++）方便地联结在一起。

Abaqus 是一款求解各类力学问题的有限元计算工具软件。由于其优越的算法功能和丰富的非线性材料库，目前被广泛应用于汽车、航空、土木以及石油工程等各个工程领域。Abaqus 软件中内置的 Python 二次开发接口，在 Python 语言自身对象模型和数据类型的基础上，又扩充了 500 种左右的对象类型，可以完成 Abaqus 用户需要的所有高级需求，如自动前后处理、模块封装、优化、定制插件、自动有限元分析等。

曹金凤博士具有坚实和宽广的力学基础，以及系统深入的 Python 专业技术知识。她早在 2011 年就出版了《Python 语言在 Abaqus 中的应用》一书，深入浅出地讲解了 Python 语言与 Abaqus 结合进行二次开发的基础知识，并给出了若干工程实践案例，奉献给读者宝贵的实践经验。该书出版以来得到读者们的一致好评，广受 Abaqus 用户欢迎。

本次出版的是该书第 2 版，其中增加了更多与各类工程结合的实用技术和功能。相信读者一定能从曹金凤博士的知识讲解和经验分享中，尽快掌握相关知识与技能，在各自的职业发展中更上一层楼。

中国石油大学（华东）石油工程学院
于青岛

第1版 序言一

如何看《Python 语言在 Abaqus 中的应用》这本书？如果只是看到曹金凤博士是在介绍一种算法语言及其在一个软件上的应用，那就低估了这本书的意义。

其实，Abaqus 作为国际著名的计算力学软件，其功能是开放的，它可以面对不同层次的用户群，除了大量的使用该软件基本功能的工程界朋友，还有一部分希望扩充其功能的学术界朋友。后者实际上具有在 Abaqus 平台上进行软件二次开发的需求。

从这一点出发阅读这本书，读者会感受到：这是一本帮助我们如何进行软件二次开发，怎样使用相关语言的参考工具。

回顾自己研发计算力学软件的经历，深感这类图书对于从事软件开发工作的重要性。1978 年之后，我在大连理工大学师从钱令希院士进行结构优化理论、方法和软件的研究，跟随钟万勰院士在自主研发的国产软件上进行程序开发。1998 年之后至今，在北京工业大学带领年轻学者们在 MSC. Nastran 等多个国际著名软件上面，进行了结构优化程序的二次开发，现在已经获批了 40 多个软件著作权。

尽管前后两阶段所依据的力学分析平台不一样，但是两种工作是有共性的：其一，我们每个人只能开发一部分功能的程序，软件开发必须在承认他人工作的基础上进行，换句话说，每个人的研发不管是基于哪个软件的模块，都应当视它为可信赖的黑箱；其二，不管我在前期所用的"结构化 Fortran 语言"还是后期常用的"PCL（Patran Command Language）语言"，都是一种方便实用的语言，否则在二次开发中期望它具有的可扩充性、可移植性、可嵌入性等，就不复存在。

从个人的上述经验看 Abaqus 软件和 Python 语言，曹博士的这本书是一本重要的参考手册，适合在高水平计算力学软件上进行某些功能开发者的需求。众所周知，Abaqus 是水平很高、深受用户欢迎的计算力学软件之一，Python 语言因为方便性被昵称为"胶水语言"。

我还想顺便谈一个体会：同 50 年前有限元方法出现的时代相比，现在有了大量有效的计算力学软件。既然已经有了大家公认的很多优秀分析平台，研究者不应再奋力去开发具有竞争力的新软件了，而应当把精力花在基于这些平台进行二次开发上面了。从科学技术共同体的角度去思考，这应当是如今计算力学软件研发的最佳策略。

人们以往总是从工程应用上理解有限元方法出现的巨大意义，其实在它出现的半个世纪之后，我们应当从学科发展的角度予以考察，这就是说：有限元的出现与发展，带动了大多数学科实现了从 2 到 3 的跃变。具体来讲，就是原本只有"理论"和"实验"两个方面的理工科学科，现在出现了"数值"的第三个方面。可以把"理论"比喻为车辆或飞行器的主体，而"实体实验"和"数值实验"则是左、右轮或两翼。

在数值实验的研发软件工程方面，不应再把注意力集中在不断搭建新的分析平台，而应当利用好大家公认的平台，进行新功能的二次开发。作为长期从事结构优化设计和智能结构最优控制的研究者，我恳请大家特别要在结构与多学科优化的二次开发上多下功夫，不辜负时代对我们的期望。

相信曹金凤博士的这本书对有志于从事力学和多学科软件二次开发的中青年学者，是会有裨益的。曹金凤从硕士论文阶段接触和使用 Abaqus 软件以来，八年多如一日，锲而不舍，这是继她与石亦平博士合著《ABAQUS 有限元分析常见问题解答》之后的又一本书。如果说第一本书是使用软件时可以翻阅的手册，那么，第二本书则是欲进行软件二次开发的用户可以借鉴的文档。

曹金凤博士不仅勤奋、刻苦，坐得住冷板凳，而且心地善良、敬孝师长、友悌同仁、关爱后辈。在这里，衷心祝愿她在学术上取得更大进步。

隋允康
于北京工业大学

第1版 序言二

2008 年，有幸和曹金凤博士一起撰写了《ABAQUS 有限元分析常见问题解答》一书，写作过程中，时时可以感受到曹博士的勤勉、敬业、严谨、诚恳和深厚的专业素养。认真写一本专业书是一件很辛苦的工作，这样一本 40 万字左右的专业书，至少需要大约 1 年左右的时间来完成，要每天努力挤出所有可能挤出的时间，总共 1000 个小时以上的工作量，而这之前的专业知识积累和创造素材的准备，就难以计数了。

当年开始与曹博士合作写书时，我曾谈起过我自己写书的感受："开始的 3 个月斗志昂扬，创作激情高涨；接下来的 3 个月开始感觉平淡，只是凭惯性在完成写作计划；之后的 3 个月是创作难度最大的高级篇部分，像拔河一样全靠咬牙坚持；最后 3 个月的收尾阶段，已经是看见 Word 文档就头晕恶心，完全要靠责任心和毅力来完成最后的仔细校对和修改"。

2008 年曹博士写完那本书后，完整体会了这 4 个阶段，也是深有同感，我估计她几年内不会有兴趣再写第 2 本书了。当她 2010 年年初说起要写一本关于 Abaqus 二次开发和 Python 语言的书时，我多少还是吃了一惊。关于编程语言的书写起来就更枯燥，需要介绍的内容更琐碎，如果想写出一本简明、清晰、易懂、吸引人的编程指南，确实需要下一番大功夫。

十几年前在学校时，我学过不少编程语言，当时流传最广、最受读者好评的经典编程指南是谭浩强先生的《C 语言程序设计教程》，其内容深入浅出，简单易学。细读曹博士的这本新作，仿佛又找回了当年看谭浩强先生著作时的感受。全书结构清晰，层次分明，编排有序，详略得当，实例详尽，文字流畅，行文风格与她的上一本《ABAQUS 有限元分析常见问题解答》一脉相承，特色鲜明，与现有的 Python 语言书籍相比，自有其独到之处。目前市场上关于 Python 语言或关于 Abaqus 的书籍都很多，但把二者结合在一起的，还很少见。

关于 Python 语言，我在这里摘录几段"百度百科"上面的相关介绍：

"Python 的创始人为 Guido van Rossum，1989 年圣诞节期间，Guido 为了打发圣诞节的无趣，决心开发一个新的脚本解释程序，之所以选中 Python（大蟒蛇）作为程序的名字，是因为他是一个 Monty Python 的飞行马戏团的爱好者。Python 语言的这个蟒蛇标识确实起到了令人过目不忘的广告效果。"

"Python 最大的优点是简单易学，其语法不像其他编程语言那样复杂。阅读一个良好的 Python 程序就感觉像是在读英语一样，它使你能够专注于解决问题而不是去搞明白语言本身。"

"Python 也被称为是一门清晰的语言。因为它的作者在设计它的时候，总的指导思想是：对于一个特定的问题，只要有一种最好的方法来解决就好了。这在由 Tim Peters 写的 Python 格言里面表述为：'There should be one-and preferably only one-obvious way to do it.'"

"Python 具有脚本语言中最丰富和强大的类库，足以支持绝大多数日常应用。在实际开发中，Python 常被昵称为胶水语言，这不是说它会把你的手指粘住，而是说它能够很轻松地把用其他语言制作的各种模块（尤其是 C/C++）联结在一起。"

　　"也许最初设计 Python 这种语言的人并没有想到今天 Python 会在工业和科研上获得如此广泛的使用。著名的自由软件作者 Eric Raymond 在他的文章《如何成为一名黑客》中，将 Python 列为黑客应当学习的四种编程语言之一，并建议人们从 Python 开始学习编程。对于那些从来没有学习过编程或者并非计算机专业的编程学习者而言，Python 是最好的选择之一。"

　　"Python 的优点还包括可扩充性免费、开源、高级语言、可移植性、解释性、面向对象、可扩展性、可嵌入性等。"

　　看到这里，不知各位读者的感受如何，我自己是感觉跃跃欲试，希望马上冲到 Python 的广阔天地里去遨游了。如果您也有同感，那么请您准备好纸、笔、计算机和一杯香茶，开始细读这本书，让曹博士带领您走入这个 Python 的奇妙世界。

　　探索未知世界的强烈渴望，这是千万年来人类进步的原动力。如果在不久以后，您成功地创造了一段世界上独一无二的 Python 代码，为您的 Abaqus 开发出来了一个新界面或新功能，那么我们会衷心地为您感到高兴。

　　如果您正在阅读的是网上下载的电子书，那么请您至少不要再去主动发布和传播这些文档。在网络时代，我们对于获取免费的网上资源已经感到习以为常。事实上，如前面所说，创作一本书要花费大量的心血，付出艰辛的努力，我们希望您能尊重作者的辛勤劳动，在此我们对您的支持表示衷心的感谢！

石亦平

于德国

前　言

Abaqus 软件是国际上公认的功能强大的大型通用非线性有限元分析软件之一，被广泛应用于机械制造、石油化工、航空航天、汽车交通、土木工程、国防军工、水利水电、生物医学、电子工程、能源、地矿、造船以及日用家电等工业和科学研究领域。Abaqus 软件在技术、品质和可靠性等方面具有卓越的声誉，可分析工程中各种复杂的线性和非线性问题。

1997 年，清华大学庄茁教授以其敏锐的眼光和超强的前瞻性将 Abaqus 软件引入国内，取他山之石，攻科研和工程分析之"玉"。近年来，随着用户使用 Abaqus 软件分析问题能力的逐步提高，软件中提供的功能已经不能够满足需要。由于 Abaqus 软件为用户提供了专门的二次开发接口，包括用户子程序（User Subroutine）和 Abaqus 脚本接口（Abaqus Scripting Interface，使用 Python 语言编写），因此，越来越多的用户开始转向二次开发，即站在较高起点的 Abaqus 软件平台之上，开发算法、研究用户单元和材料本构模型，避免研究工作的重复。

2009 年，笔者与石亦平博士合作出版了《ABAQUS 有限元分析常见问题解答》一书，陆续收到国内外的大量读者来信，部分读者强烈建议出版关于 Abaqus 脚本接口方面的书籍。鉴于此，笔者斗胆决定出版《Python 语言在 Abaqus 中的应用》一书，希望能够为广大用户解决实际问题提供帮助和借鉴，2011 年 7 月该书与读者见面。至今，该书已重印 7 次，累计印量达 12000 册，广受 Abaqus 用户欢迎。鉴于内容升级的需要，决定进行再版，修正第 1 版中的错误及不当之处，并增加宏录制、GUI 脚本介绍、参数化研究等读者关心的内容，以期给读者的仿真分析工作提供更大的帮助。

目前，国内关于使用 Python 语言对 Abaqus 进行二次开发的书籍较少，笔者在写作过程中尽所能将内容介绍清楚，让读者真正学会编写 Python 脚本。但是，使用 Python 语言进行二次开发本身就是一项庞大的课题，将它与功能强大的 Abaqus 软件联合进行开发，就变得更加复杂。笔者深感无法在一本只有几百页的书中将所有的内容都介绍清楚。如果本书能够为读者在学习、科研或项目实施过程中提供一点思路和一些帮助，就感觉到非常欣慰了。

本书的第 1～第 6 章为核心内容，可以分为两部分：第一部分为第 1 章和第 2 章，介绍了 Python 语言编程的基础知识和 Abaqus 中的 Python 脚本接口基础知识，为后面的学习奠定基础；第二部分为第 3～第 6 章，依次介绍了编写脚本快速建立有限元模型、编写脚本访问输出数据库、编写脚本进行其他后处理、案例分享及常见问题等内容。

读者对象

本书主要面向 Abaqus 软件的中级和高级用户，对于初级用户也有一定的参考价值。

在开始学习本书时，读者应已经掌握 Abaqus 有限元分析的基础知识，熟悉 Abaqus/CAE 的操作界面，了解在 Abaqus 中建立有限元模型、提交分析作业和后处理的基本操作。如果在 Abaqus/CAE 中建模时遇到问题，可以参考笔者撰写的《ABAQUS 有限元分析常见问题解答》一书，可从中得到详尽的解答。

本书特色

✧ 本书内容从实际应用出发，通俗易懂，深入浅出，读者不需要具备很深的理论知识，即可轻松地掌握 Python 语言在 Abaqus 中应用的各种编程技巧。

✧ 本书介绍了大量实例脚本的编写思路和方法，并对每行代码做了详细的讲解。对于编写过程中可能出现的问题、应该避免的错误做法都通过"提示"的方式提醒读者。

✧ 为了能更加高效地学习本书，笔者将重点、难点、易出错点加粗表示，以引起读者的注意。

✧ 为了方便学习，书中所有实例的 Python 脚本文件、INP 文件和 ODB 文件都放在资源包里，读者可扫描下方二维下载，运行这些实例脚本后将实现特定功能。在实例脚本的基础上，读者可以自行修改或添加代码来满足编程的需要。

✧ 为了便于讲解各行代码的含义，在每行代码行的开始位置，笔者使用阿拉伯数字进行了标识，而在实际脚本源代码中这些标识都是不存在的。

> **注意：** 本书内容基于 Windows 操作系统下的 Abaqus 6.18 版本，其他版本的 Abaqus 操作界面可能有所不同，但是，书中的实例脚本对于各 Abaqus 版本都适用。

> **注意：** 资源包中的 CAE 模型均在 Abaqus 6.18 版本下生成，只能使用 Abaqus 6.18 及以上版本的 Abaqus/CAE 才能打开。为了方便使用不同版本的读者学习本书，资源包中同时提供了 INP 文件供提交分析作业，命令为 abaqus job = job_name interactive。

本书约定

✧ 如无特别说明，"单击"表示对鼠标左键进行操作。

✧ 本书采用 Abaqus 软件操作界面的科学计数格式。例如，4e9 表示 4×10^9。

致谢

本书的写作与出版得到了山东省重点研发计划（公益类专项）（2019GGX101020）、结构声与机械故障诊断实验室的资助，在此表示衷心的感谢。

感谢达索系统中国区仿真技术总监白锐和中国石油大学（华东）石油工程学院沈新普教授在百忙之中为本书撰写了序言。在本书即将出版之际，向他们表示深深的谢意。

衷心感谢恩师中国矿业大学（北京）姜耀东教授在笔者读书期间以及在青岛理工大学工作期间给予的大力支持、鼓励、帮助和指导。恩师严谨的科研精神、谦逊宽容的品格值得我终身学习。

在编写本书的过程中，笔者参考了一些专门介绍 Python 语言的书籍和 Abaqus 6.18 帮助文档，感谢这些作者的辛勤劳动。

　　感谢青岛理工大学机械与汽车工程学院、复杂网络与可视化研究所、理学院各位同仁对本人工作的指导与支持，让我可以心无旁骛地撰写本书。

　　特别感谢先生梅叶和宝贝儿子多多，正是你们的理解和支持，才让我有更多的时间和精力撰写本书。

　　由于笔者水平有限，书中错误和纰漏之处在所难免，敬请各位专家和广大读者批评指正，并欢迎通过电子邮件 caojinfeng@qut.edu.cn 与笔者交流。

于青岛理工大学

目　　录

第 0 章 导言：千里之行，始于足下

——写给读者的话

本章内容

20 世纪 60 年代，Ray W. Clough 教授在发表的论文 "The Finite Element in Plane Stress Analysis" 中首次正式提出有限单元法（又称有限元法）。此后，有限元法的理论得到迅速发展，并广泛应用于各种力学问题和非线性问题，成为分析大型复杂工程结构的强有力手段。

随着计算机技术的迅速发展，大量无法手工完成的计算工作都可以借助于计算机快速实现，这就是计算机辅助工程（CAE）。经过半个多世纪的发展，CAE 技术作为一门新兴的学科已经逐渐走下 "神坛"，成为各大企业设计新产品过程中不可缺少的重要环节。传统的 CAE 技术主要指分析计算，包括数值分析、结构与过程的优化设计、强度与寿命评估、运动/动力学仿真等。现在，随着企业信息化技术的不断发展，CAE 技术在提高工程/产品的设计质量、降低研发成本、缩短研发周期等方面都发挥了重要作用。

但是，科研工作者或企业中的 CAE 工程师更希望根据自身需要开发某一专门领域的模块、函数、界面等。例如，对于从事轮胎分析与从事岩土分析的 CAE 工程师，他们所研究的对象、关心的问题、建模的方法、材料的属性、单元类型、接触设置等方面都相差悬殊，虽然 Abaqus 能够分析这两类问题，但很多情况下不能够满足某些特殊需要。如果把有限元软件比喻为 "巨人"，此时就需要站在 "巨人" 的肩膀上继续前进，即利用 Abaqus 提供的接口进行二次开发。Abaqus 软件提供了两种功能强大的二次开发接口：

1）用户子程序接口（User Subroutine）：该接口使用 Fortran 语言进行开发，主要用于自定义本构关系、自定义单元等。常用的用户子程序包括（V）UMAT、（V）UEL、（V）FRIC、（V）DLOAD 等。

2）Abaqus 脚本接口（Abaqus Scripting Interface）：该接口是在 Python 语言的基础上进行的定制开发，它扩充了 Python 的对象模型和数据类型，使得 Abaqus 脚本接口的功能更加强大。一般情况下，Abaqus 脚本接口主要用于前处理（例如，快速建模）、创建和访问输出数据库、自动后处理等。

第 0.1 节将通过一个读者熟悉的简单实例，说明使用 Abaqus 脚本接口进行二次开发的优点，引领读者进入 Python 编程的 "奇妙世界"。

0.1 简单实例

读者对图 0-1 所示的悬臂梁模型肯定非常熟悉，它是 Abaqus 帮助文档中给出的最简单的实例。笔者希望通过该实例，让读者体会到使用 Python 语言进行脚本编程的优势。

资源包中 chapter 0\simple_beam_Example. py 为该实例脚本的源代码，请读者按照下列步骤运行该脚本：

1）将该脚本文件复制到工作目录中（笔者的工作目录是 C：\temp\）。

2）单击【开始】→【Dassault Systemes SIMULIA Abaqus CAE 6.18】→【Abaqus CAE】→【Run Script】（见图 0-2），将弹出如图 0-3 所示的对话框。在

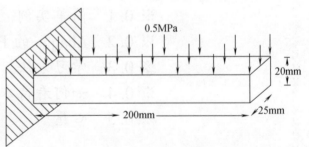

图 0-1   悬臂梁模型

Abaqus/CAE 的 File 菜单下，选择 Run Script…命令，也将弹出如图 0-3 所示的对话框。

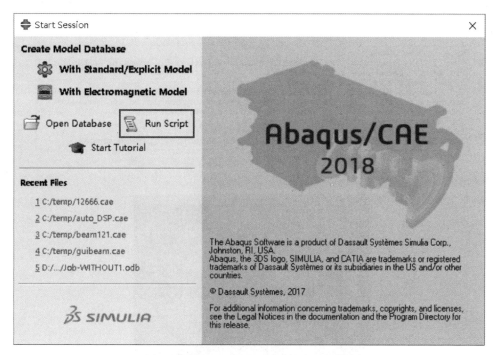

图 0-2　从 Start Session 对话框中运行脚本

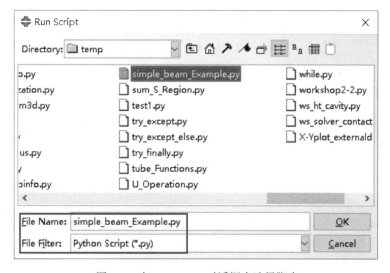

图 0-3　在 Run Script 对话框中选择脚本

3）选择文件 simple_beam_Example. py，单击 OK 按钮，开始运行脚本。

4）在 Abaqus/CAE 的信息提示区将给出脚本的运行状态信息，如图 0-4 所示。分析完成后，视窗中将给出如图 0-5 所示的 Mises 云图。同时，在工作目录下还将自动输出 Mises 应力云的 PNG 格式文件 Mises. png。

如果在 Abaqus/CAE 中建模分析，需要依次选择各个模块，并在不同的对话框、标签页下输入数据，然后多次单击按钮才能够完成分析，而 Python 脚本仅仅使用几十行代码就可以达到上百次 Abaqus/CAE 中鼠标操作的效果。是否感觉 Python 脚本非常神奇呢？效率是不是很高呢？

```
Nice to meet you£¡
I will take you into the wonderful world of Python Programming with the mc
The model "Beam" has been created.
Global seeds have been assigned.
120 elements have been generated on instance: beamInstance
Job beam_tutorial: Analysis Input File Processor completed successfully.
Job beam_tutorial: Abaqus/Standard completed successfully.
Job beam_tutorial completed successfully.
The analysis has been completed successfully
The file mises.png is saved in the working directory, please check!
```

图 0-4　Abaqus/CAE 信息提示区中输出的信息

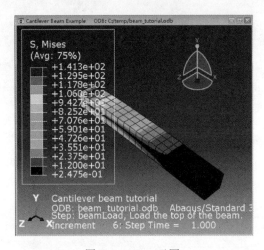

图 0-5　Mises 云图

下面一起来看一下本实例脚本的"庐山真面目"吧！simple_beam_Example. py 文件中的源代码如下：

```
1    #! /user/bin/python
2    #- * -coding：UTF-8- * -
3
4    #文件名：simple_beam_Example. py
5
6    #运行该脚本将自动实现悬臂梁在压力荷载作用下的建模、提交分析和后处理
7    #等各方面的操作
8
9    from abaqus import *
10   import testUtils
11   testUtils. setBackwardCompatibility( )
12   from abaqusConstants import *
13
14   #写欢迎语
15   print 'Nice to meet you！'
16   print 'I will take you into the wonderful world of Python Programming with the most familiar
```

```
17      simple examples!'
18   #建立模型
19   myModel = mdb. Model( name ='Beam')
20
21   #创建新视窗来显示模型和分析结果
22   myViewport = session. Viewport( name ='Cantilever Beam Example',
23       origin = (20,20), width = 150, height = 120)
24
25   #导入 part 模块
26   import part
27
28   #创建基础特征的草图
29   mySketch = myModel. ConstrainedSketch( name ='beamProfile', sheetSize = 250. )
30
31   #绘制矩形截面
32   mySketch. rectangle( point1 = ( - 100,10), point2 = (100, - 10))
33
34   #创建三维变形体部件
35   myBeam = myModel. Part( name ='Beam', dimensionality = THREE_D,
36       type = DEFORMABLE_BODY)
37
38   #通过对草图拉伸 25. 0 来创建部件
39   myBeam. BaseSolidExtrude( sketch = mySketch, depth = 25. 0)
40
41   #导入 material 模块
42   import material
43
44   #创建材料
45   mySteel = myModel. Material( name ='Steel')
46
47   #定义弹性材料属性,杨氏模量为 209. E3,泊松比为 0. 3
48   elasticProperties = (209. E3,0. 3)
49   mySteel. Elastic( table = ( elasticProperties, ))
50
51   #导入 section 模块
52   import section
53
54   #创建实体截面
55   mySection = myModel. HomogeneousSolidSection( name ='beamSection',
56       material ='Steel', thickness = 1. 0)
57
58   #为部件分配截面属性
59   region = ( myBeam. cells, )
```

```
60    myBeam. SectionAssignment( region = region, sectionName = ' beamSection ')
61
62    #导入 assembly 模块
63    import assembly
64
65    #创建部件实例
66    myAssembly = myModel. rootAssembly
67    myInstance = myAssembly. Instance( name = ' beamInstance ', part = myBeam, dependent = OFF)
68
69    #导入 step 模块
70    import step
71
72    #在初始分析步 Initial 之后创建一个分析步。静力分析步的时间为 1.0,初始增量为 0.1
73    myModel. StaticStep( name = ' beamLoad ', previous = ' Initial ', timePeriod = 1. 0,
74       initialInc = 0. 1, description = ' Load the top of the beam. ')
75
76    #导入 load 模块
77    import load
78
79    # 通过坐标找出端部所在面
80    endFaceCenter = ( - 100, 0, 12. 5)
81    endFace = myInstance. faces. findAt( ( endFaceCenter, ) )
82
83    #在梁端部创建固定端约束
84    endRegion = ( endFace, )
85    myModel. EncastreBC( name = ' Fixed ', createStepName = ' beamLoad ', region = endRegion)
86
87    #通过坐标找到上表面
88    topFaceCenter = ( 0, 10, 12. 5)
89    topFace = myInstance. faces. findAt( ( topFaceCenter, ) )
90
91    #在梁的上表面施加压力荷载
92    topSurface = ( ( topFace, SIDE1), )
93    myModel. Pressure( name = ' Pressure ', createStepName = ' beamLoad ',
94       region = topSurface, magnitude = 0. 5)
95
96    #导入 mesh 模块
97    import mesh
98
99    #为部件实例指定单元类型
100   region = ( myInstance. cells, )
101   elemType = mesh. ElemType( elemCode = C3D8I, elemLibrary = STANDARD)
102   myAssembly. setElementType( regions = region, elemTypes = ( elemType, ) )
```

```
103
104    #为部件实例撒种子
105    myAssembly. seedPartInstance( regions = ( myInstance,) ,size = 10. 0)
106
107    #为部件实例划分网格
108    myAssembly. generateMesh( regions = ( myInstance,) )
109
110    #显示划分网格后的梁模型
111    myViewport. assemblyDisplay. setValues( mesh = ON)
112    myViewport. assemblyDisplay. meshOptions. setValues( meshTechnique = ON)
113    myViewport. setValues( displayedObject = myAssembly)
114
115    #导入 job 模块
116    import job
117
118    #为模型创建并提交分析作业
119    jobName = ' beam_tutorial '
120    myJob = mdb. Job( name = jobName,model = ' Beam ',description = ' Cantilever beam tutorial ')
121
122    #等待分析作业完成
123    myJob. submit( )
124    myJob. waitForCompletion( )
125    print ' The analysis has been completed successfully! '
126
127    #导入 visualization 模块
128    import visualization
129
130    #打开输出数据库,显示默认的云图
131    myOdb = visualization. openOdb( path = jobName + '. odb ')
132    myViewport. setValues( displayedObject = myOdb)
133    myViewport. odbDisplay. display. setValues( plotState = CONTOURS_ON_DEF)
134    myViewport. odbDisplay. commonOptions. setValues( renderStyle = FILLED)
135
136    #将 Mises 云图输出为 PNG 格式的文件
137    session. printToFile( fileName = ' Mises ',format = PNG,canvasObjects = ( myViewport,) )
138    print ' The file mises. png is saved in the working directory,please check! '
```

　　在 Python 语言中，以#号开始的行表示注释行。本实例已经给出了尽可能多的注释行，以帮助读者理解各段代码的功能。后续章节中将详细介绍编写脚本的方法。

　　如果读者希望查看每行代码的执行效果，或者让脚本执行得慢一些，可以执行如下操作：

　　1) 依次复制脚本中的代码行。

　　2) 在 Abaqus/CAE 的命令行接口（CLI）中，使用 < Ctrl + V > 组合键粘帖命令行，按 < Enter > 键执行，如图 0-6 所示。

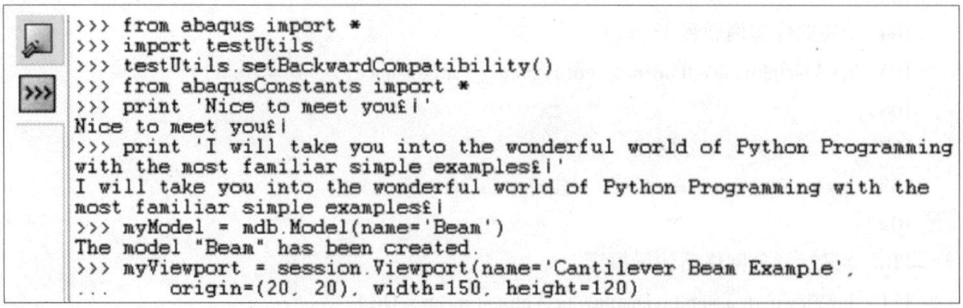

```
>>> from abaqus import *
>>> import testUtils
>>> testUtils.setBackwardCompatibility()
>>> from abaqusConstants import *
>>> print 'Nice to meet you£¡'
Nice to meet you£¡
>>> print 'I will take you into the wonderful world of Python Programming
with the most familiar simple examples£¡'
I will take you into the wonderful world of Python Programming with the
most familiar simple examples£¡
>>> myModel = mdb.Model(name='Beam')
The model "Beam" has been created.
>>> myViewport = session.Viewport(name='Cantilever Beam Example',
...         origin=(20, 20), width=150, height=120)
```

图 0-6　在命令行接口依次顺序执行代码

0.2　Abaqus 的 Python 二次开发优势

通过第 0.1 节介绍的简单实例，相信读者们一定觉得 Python 脚本很神奇，所有的建模、分析、后处理的过程，使用几十行命令就可以实现，与在 Abaqus/CAE 中建模或者写 INP 文件相比，效率高多了。

使用 Python 语言对 Abaqus 有限元分析进行二次开发，具有下列优势：

1. 执行相同的操作，所需代码行较少

以第 0.1 节介绍的悬臂梁模型为例，读者可以尝试分别在 Abaqus/CAE 中建模、使用 INP 文件建模和使用 Python 语言建模，并进行比较，从而体会编写 Python 脚本的优势。

（1）在 Abaqus/CAE 中建模　如果在 Abaqus/CAE 中建立有限元模型，则需要依次选择各个功能模块，在不同的功能模块下还需要单击多个按钮和标签页、输入多个数据、单击多个 OK 按钮等重复工作。对于简单的悬臂梁模型，也需要单击几百次按钮。如果设置错误或需要修改某个属性，还需要重新操作，非常烦琐。

（2）使用 INP 文件建模　使用 INP 文件建模要比在 Abaqus/CAE 中建模先进一些。但是，仍然存在下列问题：

1）INP 文件中只包含模型的节点信息或单元信息，而不包含模型信息。

2）INP 文件的代码行往往非常多。悬臂梁模型的 INP 文件（资源包下列位置 \ chapter 0 \ beam_tutorial. inp）共包含 448 行代码，去掉以 ** 号开始的注释行，也有约 400 行代码，查看和修改数据都十分不便。

（3）使用 Abaqus 中的 Python 脚本接口建模　使用 Abaqus 中的 Python 脚本接口建模，具有下列优势：

1）脚本共包含 138 行代码，除去以#号开始的注释行和让代码更加易读的空行，只有 60 多行代码真正参与了建模、分析和后处理操作。

2）包含三维模型信息、节点信息和单元信息。

3）编写脚本的顺序与访问 Abaqus/CAE 各个功能模块的顺序基本相同。例如，第 0.1 节给出的实例脚本中，依次访问了下列各个功能模块：part 模块→material 模块→section 模块→assembly 模块→step 模块→load 模块→mesh 模块→job 模块→visualization 模块。

4）Python 语言是一门面向对象的编程语言，编写 Python 脚本犹如"说话办事"，开发脚本的过程更贴近现实生活。例如，对于下列代码行：

$$myBeam = myModel.\,Part(\,name =\,'\,Beam\,'\,, dimensionality = THREE\_D, type = DEFORMABLE\_BODY)$$

即使读者从未接触过 Python 语言，也能够猜测出它的功能，即

- 创建名为 Beam 的三维变形体部件（Part）；
- 这个部件属于模型 myModel；
- 把右边这一堆"东西"赋值给变量 myBeam。

在后面的代码中，只要再次用到创建的部件 Beam 时，都使用 myBeam 来替代。例如，对于下列代码行：

$$myBeam.\,BaseSolidExtrude(\,sketch = mySketch, depth = 25.\,0)$$

其功能是：对于部件 Beam 进行拉伸操作，拉伸深度为 25.0。

细心的读者可能已经发现，笔者提到的"说话办事"的顺序是"从右向左"进行的。最右边的函数（括号中的部分）是"要办的事"，即目的；函数后面通过小圆点"."进行限定的部分则是"说话的过程"，即路径。例如，曹金凤起草了某份文件，该文件要经过层层审批，最后送达学校的科技处。此时，将"创建名为 Beam 的三维变形体部件"比作"曹金凤起草某份文件"，这份文件首先要经过安全教研室的审批，然后经过机械与汽车工程学院的审批，最后送达校科技处。为了以后说话方便，对"曹金凤起草某份文件，并经教研室和学院审批，送达学校科技处"这件事情，使用变量 a 来表示。编写 Python 脚本时，就可以表述为

$$a = 校科技处.\,机械与汽车工程学院.\,安全教研室.\,曹金凤起草某份文件$$

2. 能够实现自动化过程

编写脚本可以实现各种判断语句、循环语句、数据存储与处理等，能够实现人工智能控制和自动化处理过程。第 0.1 节介绍的悬臂梁模型实例，可自动实现建模、赋予材料属性、定义分析步、施加荷载和边界条件、划分单元网格、提交分析作业、自动后处理等功能，十分便捷。读者还可以根据需要，只对分析过程中的某一部分实现自动化。例如，编写专门的模块进行后处理。

3. 能够实现参数化分析

可以编写脚本进行参数化分析、优化分析、系统分析、多系列多型号的产品分析等，使得产品的设计更加合理，产品的研发周期更短。

4. 可以编写独立的模块，具有独立性和可移植性

如果 Abaqus/CAE 中的核心模块无法满足需要，可以编写脚本开发某一特定功能的模块。

5. 优秀的异常抛出和异常处理机制

除了 Abaqus 脚本接口中已设置的异常类型之外，还可以自定义异常。同时，抛出的异常信息非常全面，不仅能够提示编程人员异常所在的行，还能够给出异常的类型以及其他相关信息，从而缩短调试脚本的时间。

0.3　学习方法

在学习 Python 语言之前，相信读者肯定至少学习过一门编程语言（例如，Fortran 语言、C ++ 语言等），也都有编写程序的经验和方法。这里，分享一下笔者学习 Python 语言以及编写脚本的经验和体会。

1. 培养浓厚兴趣，学习 Python 语言

要能够灵活自如地编写脚本，必须首先过语言关。对于初次接触 Python 语言的读者来讲，可能刚开始对它的印象并不好，原因是：命令行太长、参数太多、单词太多、大小写变幻莫测等。实质上，Python 语言是一门非常优秀的面向对象的编程语言，与其他结构化编程语言相比，Python 语言比较简单，入门也非常容易。但是，做任何一件事情，要想取得最终的成功，必须有浓厚的兴趣。当然，学会使用 Python 语言并不太难，要开发出可读性强、高效、易移植的代码却不是一件容易的事情。虽然每个人分析的问题各不相同，研究方向也千差万别，但只要能够对所研究的问题熟练编写脚本就已经非常成功了。

编写脚本时一定要养成好习惯：制作说明文档、格式规范、注释行足够、变量命名恰当、适时输出提示信息等。同时，一定要自己多尝试编写代码，通过不断地调试和运行程序，来提高查错纠错的本领。

2. 理解并学会使用 Abaqus 脚本接口中的对象模型

Abaqus 脚本接口是在 Python 语言的基础上进行的定制开发，其语法和操作与 Python 语言完全相同。需要注意的是，Abaqus 脚本接口在 Python 语言的基础上又进行了扩展。例如，开发了 Part、Property、Assembly 等内核模块；增加了 500 多种数据类型等。因此，Abaqus 脚本接口的对象模型将更加庞大和复杂，如果掌握了对象模型各对象之间的层次和结构关系，就完全可以通过编写脚本来进行二次开发。

在学习 Abaqus 脚本接口的过程中，推荐读者经常查阅 Abaqus 帮助文档中下列几个手册：

1）*Scripting*：该手册详细介绍了 Abaqus 脚本接口的基础知识、Python 脚本的开发环境、访问输出数据库的各种命令等。

2）*Scripting Reference*：该手册详细介绍了 Abaqus 对象模型中所有的 Python 命令。

3. 多尝试自己编写脚本

为了提高脚本编写的效率，增加可读性，建议使用 Edit Plus 或 UltraEdit 等专门的文本编辑处理软件，并进行 Python 语言的语法配置，实现语法着色、自动填充命令等功能。详细内容请参考第 1. 2. 2 节 "EditPlus 编辑器的 Python 开发环境"。

4. 提高编写脚本能力的技巧

1）善于查阅帮助文档。学习 Python 语言和对 Abaqus 软件进行二次开发的最好的 "老师" 是 Python 语言帮助文档和 Abaqus 相关帮助文档。任何一本相关中文书籍或参考资料的撰写，都需要首先学习这些帮助文档。由于帮助文档全使用英文编写，因此许多初学者或者英语基础较差的读者不愿意查阅它们，这是学习脚本编程的大忌。在编写本书的过程中，遇到不熟悉或不经常使用的命令，笔者也都是耐心查阅，并亲自编写脚本进行测试和验证，经过学习消化后再写到书里。

Abaqus 脚本接口中的对象模型十分庞大且复杂，对应的命令也非常多，但经常使用的命令十分有限，经过日积月累地学习和使用，在短时间内肯定都可以掌握。

2）善于比较学习。学习过程中，要善于将 Abaqus/CAE 操作与 abaqus. rpy 文件记录的命令进行比较。通过比较，理解并掌握各个命令的使用方法，琢磨体会每条命令的"说话办事"过程。

3）善于思考、总结。一定要擅于动脑筋，多问几个为什么，并尝试修改不同的参数来观察执行效果，及时归纳总结。对于常用的命令、循环代码、抛出的异常及解决方法、关键问题、易出错的地方，可以整理为一个文件，为日后使用提供便利。

4）善于到专业论坛中参与讨论，并搜索相关信息。仿真互动网 simwe 论坛（www. simwe. com）的 Abaqus 版块（http://forum. simwe. com/forum-31-1. html）包含了大量与 Python 编程有关的提问帖，学习过程中遇到的很多问题都可以从这些提问帖中找到解决方法。

0.4　如何看待本书

从 2010 年年初跟机械工业出版社签订《Python 语言在 Abaqus 中的应用》一书的出版合同到现在，刚好十年。笔者欣慰地看到国内许多著名企业的仿真分析部门、高校的研究生都已经将 Python 语言与 Abaqus 软件联合，进行二次开发，极大提高了设计与研发的效率。

本书作为《Python 语言在 Abaqus 中的应用》的第 2 版，主要做了下列修改：

1）调整了章节结构，让章节脉络更加清楚。
2）修改了第 1 版中表述不准确之处。
3）修正了第 1 版中的错误之处。
4）增加了对宏录制功能的介绍。
5）增加了部分实例，包括参数化研究脚本的编写、GUI 脚本的编写等。
6）增加了部分常见问题及解答，通过具体实例教给读者解决问题的方法。

本书的出发点：

介绍笔者使用 Python 语言编写脚本的经验，让读者在较短的时间内学会 Python 语言的基础知识，并根据 Abaqus 有限元分析开发所需自动建模、自动后处理、参数化研究、优化分析等脚本，提高工作效率。

本书内容：

1）第 1 章详细介绍了 Python 语言的基础知识。掌握第 1 章的内容就可以实现 Abaqus 的 Python 脚本开发。

2）第 2 章详细介绍了 Abaqus 中的 Python 脚本接口基础知识。本章内容非常重要，为第 3~6 章的学习奠定了基础。

3）第 3 章详细介绍了编写脚本快速建立有限元模型的方法和实例，属于 Abaqus 脚本接口在前处理中的应用。

4）第 4 章详细介绍了编写脚本访问输出数据库的基础知识，并通过大量实例教给读者编写脚本的思路。

5）第 5 章介绍了编写脚本访问其他非 Abaqus 软件生成的结果数据的方法。

6）第 6 章通过几个综合开发实例（包括优化分析、监控分析作业、快速生成 guiLog 脚本、参数化研究）详细介绍了编程思路、编写方法，并对读者经常遇到的问题予以解答。

7）附录部分列出了 Python 语言中的保留字，Python 语言中的运算符，Python 语言中的常用函数，本书用到的方法、模块、涉及的异常类型等，便于读者参考与查阅。

8）资源包中提供的各个实例，读者可以直接使用或者稍加修改就可以使用。为了便于读懂脚本，书中所有实例的注释行都使用了中文。

笔者深知一本书不可能囊括 Abaqus 脚本接口开发的所有命令！"师傅领进门，修行靠个人。"要想成为 Abaqus 脚本开发的高手，还需要广大读者的不懈努力！

0.5　心愿

学习 Python 语言和编写脚本的过程，充满了创造力。曾经有人这样形容 Python 语言："只有想不到，没有做不到。"可见，Python 语言功能之强大。一个界面友好，执行效率高、易读、可移植性强的脚本，需要开发人员花费大量的时间，经过多次反复调试才能实现。调试脚本的过程中，既有"山重水复疑无路"的苦闷，又有"柳暗花明又一村"的欣喜。只有经过这样一个"千锤百炼"的过程，才能够不断提高脚本编写的能力。

老子的《道德经》中有句流传已久的箴言："千里之行，始于足下。"笔者以此来激励立志于使用 Python 语言对 Abaqus 进行二次开发的可敬的 CAE 工程师们。希望本书这块"砖"能为广大的科研工作者或者 CAE 工程师引来"金玉满堂"。更希望在不久的将来，能够看到更多的企业、科研院所站在 Abaqus 软件这一"巨人肩膀"上，研发出更多、更好的新模块或插件，让我国的 CAE 技术及研发效率提高到一个新的水平！

第 1 章　Python 语言编程基础

本章内容

　　Python 语言是一种动态解释型的、面向对象的编程语言，1989 年由吉多·范罗苏姆（Guido van Rossum）开发，并于 1991 年年初发表。Python 语言功能强大、自由便捷、简单易学，支持面向对象编程，受到越来越多的关注。

　　为了便于读者基于 Abaqus 的 Python 脚本接口开发所需脚本，本章将介绍 Python 语言编程的基础知识，包括简介、开发工具、基础知识、内置的数据结构、结构化程序设计、函数、模块和包、面向对象编程、输入/输出、Python 语言中的异常和异常处理等内容。关于更全面、详细的 Python 语言编程知识，请参考专门的 Python 语言书籍、帮助手册 *ActivePython Documentation*，或者登录官方网站 www. python. org。

1.1　简介

1.1.1　Python 语言的特点

　　Python 语言已经诞生近 30 年，它的简洁性和易用性使得程序的开发过程变得十分简单，特别适用于快速应用开发。随着 Python 语言的不断优化以及计算机硬件技术的迅猛发展，它越来越受到软件开发者的重视。

　　Python 语言主要包括 8 个重要特征。

　　1. 面向对象性

　　面向对象的程序设计可以大大降低结构化程序设计的复杂性，使得设计过程更贴近现实生活，编写程序的过程就如同说话办事一样。面向对象的程序设计抽象出对象的行为和属性，并把行为和属性分开后，再合理地组织在一起。Python 语言具有很强的面向对象的特性，它消除了保护类型、抽象类、接口等元素，使得面向对象的概念更容易理解。关于面向对象更详细的介绍，请参见第 1.7 节"面向对象编程"。

　　2. 简单性

　　Python 语言的代码简洁、易于阅读、保留字较少，Python 2.7 版本所有的保留字见表 1-1（按照首字母顺序排序）。与 C 语言不同，Python 语言中不包含分号（；）、begin、end 等标记，而是通过使用空格或制表键缩进的方式进行代码分隔。

　　提示：登录网址 https：//www. python. org/downloads/，可以下载所需版本的 Python 安装软件。

表 1-1　Python 2.7 版本所有保留字

保留字	说　　明
and	用于表达式运算，逻辑"和"操作
as	类型转换
assert	判断变量或条件表达式的值是否为真
break	中止循环语句的执行，详见第 1.5.2.3 节"break 语句和 continue 语句"
class	定义类，详见第 1.7.1.1 节"定义类"

（续）

保留字	说　明
continue	退出当前循环，继续执行下一次循环
def	定义函数或方法，详见第 1.6.1.1 节"函数的定义"
del	删除变量或序列的值
elif	条件语句，与 if、else 联合使用，详见第 1.5.1 节"条件语句（if...elif...else）"
else	条件语句，与 if、elif 联合使用；也可以用于异常和循环语句
except	包含捕获异常后的操作代码块，与 try、finally 联合使用，详见第 1.9.1 节"使用 try...except 语句测试异常"
exec	执行 Python 语句
finally	出现异常后始终执行 finally 代码块中的语句，与 try、except 联合使用
for	用于 for 循环语句，详见第 1.5.2.2 节"for...in 循环"
from	用于导入模块，与 import 联合使用，详见第 1.6.2.1 节"模块的创建和导入"
global	定义全局变量
if	条件判断语句，与 else、elif 联合使用，详见第 1.5.1 节"条件语句（if...elif...else）"
import	导入模块，与 from 联合使用
in	判断变量是否"包含"在序列中
is	判断变量是否"是"某个类的实例
lambda	定义匿名函数，详见第 1.6.1.5 节"lambda 函数"
not	用于表达式运算，逻辑"非"操作
or	用于表达式运算，逻辑"或"操作
pass	空的类、方法或函数的占位符
print	输出语句
raise	抛出异常，详见第 1.9.2 节"使用 raise 语句引发异常"
return	返回函数的计算结果
try	测试可能出现异常的语句，与 except、finally 联合使用，详见第 1.9.4 节"使用 try...finally 语句关闭文件"
while	用于 while 循环语句，详见第 1.5.2.1 节"while 循环"
with	简化 Python 中的语句
yield	从 Generator 函数中每次返回 1 个值，详见第 1.6.1.6 节"Generator 函数"

在编写代码时，尽量不要选择保留字作为变量名、函数名等。使用下列语句可以查看 Python 语言中的保留字，执行结果如图 1-1 所示。

from keyword import kwlist

print kwlist

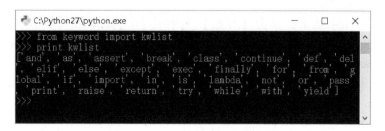

图 1-1　查看 Python 语言中的保留字

3. 健壮性

Python 语言提供了优秀的异常处理机制，能够捕获程序的异常情况。它的堆栈跟踪对象功能能够指出程序出错的位置和出错的原因。异常处理机制能够避免不安全退出，为程序员调试程序提供了极大的帮助。第 1.9 节 "Python 语言中的异常和异常处理" 将详细介绍 Python 语言中的异常处理机制。

4. 可扩展性

Python 语言是在 C 语言的基础上开发的，因此可以使用 C 语言来扩展 Python 语言，或者为 Python 语言添加新的模块、类等。大型非线性有限元分析软件 Abaqus 就是在 Python 语言的基础上，扩展了自己的模块（例如，Part 模块、Property 模块等）。同样，Python 语言也可以嵌入 C、C ++ 语言中，使得程序具有脚本语言的特性。例如，如果希望保护某些算法，可以使用 C 语言或 C ++ 语言来编写算法程序，并在 Python 程序中使用它们。

5. 动态性

在 Python 语言中，直接赋值就可以创建一个新的变量，而不需要单独声明，这与 JavaScript、Perl 等语言类似。

6. 内置的数据结构

Python 语言提供了一些内置的数据结构，如元组、列表、字典等。这些内置的数据结构可以简化程序设计。第 1.4 节 "内置的数据结构" 将对此做详细介绍。

7. 跨平台性

使用 Python 语言编写的应用程序可以在 Windows、UNIX、Linux 等不同的操作系统下运行。在一种操作系统上编写的 Python 语言代码只需要做少量修改，就可以移植到其他操作系统中，具有很强的跨平台性。

8. 强制类型

Python 语言是一种强制类型语言，变量被创建后将会对应某种数据类型。Python 语言将根据赋值表达式的内容决定变量的数据类型，同时在内部建立了管理变量的机制，出现在同一个表达式中不同类型的变量需要进行类型转换。

1.1.2　运行 Python 脚本

运行 Python 脚本的方法主要有 3 种，它们分别是：使用交互式命令行、执行脚本程序源文件和植入其他软件（例如，Abaqus/CAE）。下面使用这 3 种方法来输出 2^3 的结果。

1.1.2.1　使用交互式命令行

在 Windows 操作系统下，单击【开始】→【程序】→【Dassault System SIMULIA Abaqus CAE 2018】→【Abaqus Command】，在 Abaqus 命令行窗口中输入 abaqus python 命令，可以启动交互式命令行窗口，如图 1-2 所示。

Abaqus 6.18 版本中的 Python 解释器为 2.7.3 版本。为了保证不同版本的高效性，Python 语言不向下兼容，即 Python 3 不兼容 Python 2，但是 Python 2.7 与 Python 2.6 之间可以兼容。为了便于更多使用低版本 Abaqus 的读者学习，本书仍然使用 Python 2.7.3 版本。如果计算机中成功安装了 Python 软件，按照下列操作步骤也可以启动交互式命令行窗口：单

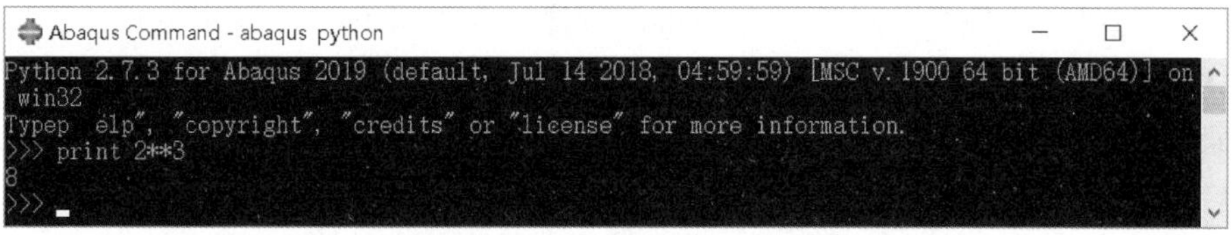

图 1-2　在 Abaqus 命令行窗口中访问 Python 解释器

击【开始】→【程序】→【Python 2. 7】→【Python（command line）】，则弹出如图 1- 3 所示的 Python 交互式命令行窗口。

在 DOS 系统中输入 Python 命令也可以启动交互式命令行，如图 1- 4 所示。

图 1-3　启动 Python 交互式命令行窗口

图 1-4　在 DOS 窗口启动交互式命令行

☞ **提示**：符号"＞＞＞"是 Python 语句的提示符。对于 Windows 操作系统，按＜Ctrl＋z＞组合键可退出提示符；对于 Linux/BSD 操作系统，按＜Ctrl＋d＞组合键可退出提示符。

1. 1. 2. 2　执行脚本程序源文件

如果通过脚本程序源文件来输出 2^3 的结果，首先应该编写代码（见资源包中的 chapter 1\test1. py）。程序的源代码如下：

```
1    a = 2
2    b = 3
3    c = a ** b
4    print c
```

有两种执行脚本文件 test1. py 的方法：

方法 1：借助 Abaqus 软件中自带的 Python 解释器来运行源文件。在 Abaqus 默认工作路径（笔者的默认工作路径为 C:\temp）下输入图 1-5 所示的命令。

方法 2：在 Python 解释器中运行源文件。此时，可以在 DOS 窗口中输入图 1-6 所示的命令。

图 1-5　在 Abaqus 自带的 Python 解释器下运行

图 1-6　在 DOS 窗口中运行

建议读者选择源文件的方式来编写 Python 程序。在编写 Python 脚本文件时，编辑器的好坏将直接影响程序编写的效率和质量。好的编辑器应该满足下列 2 个基本要求：

1) 要包含语法加亮功能。该功能可以将 Python 程序的不同部分标以不同的颜色，方便修改和编写程序，也使得程序形象易读。

2) 执行的高效性。对于大型程序，需要编辑器具有较高的读入/写出效率。

对于 Windows 操作系统，建议选用 EditPlus、UltraEdit 或 IDLE 编辑器，它们除了具备语法加亮功能之外，还提供了许多其他便捷的功能。第 1.2.2 节 "EditPlus 编辑器的 Python 开发环境" 将详细介绍在 EditPlus 编辑器下配置 Python 代码的缩进、语法、模板等功能。第 1.3.1.6 节 "代码缩进" 将介绍 Python 语言的一个重要特征，即 Python 语言通过缩进来区分不同的块。EditPlus 编辑器能够自动缩进从而提高编程效率。尽量不要使用记事本来编辑 Python 源文件，它既不包含语法加亮功能，也不支持文本缩进，而且大型代码文件的读/写效率也很低。

图 1-7　在 Abaqus/CAE 的命令行接口中实现

1.1.2.3　植入 Abaqus/CAE 软件

在 Abaqus/CAE 的命令行接口中，输入如图 1-7 所示的代码，也可以输出 2^3 的值。

1.2　开发工具

本节将介绍基于 Python 语言进行 Abaqus 有限元分析的 2 种常用开发工具，分别是：Abaqus 中的 Python 开发环境（PDE）和 EditPlus 编辑器的 Python 开发环境。如果不做特殊说明，书中所有 Python 源代码文件均在 EditPlus 编辑器环境下编写。

1.2.1　Abaqus 中的 Python 开发环境

大型非线性有限元分析软件 Abaqus 中也提供了 Python 语言的开发工具，即 Abaqus 中的 PDE(Python Development Environment)。

启动 Abaqus PDE 的方法有以下两种：

方法 1：单击【开始】→【Dassault Systems SIMULI Abaqus CAE 2018】→【Abaqus CAE】，启动 Abaqus/CAE 窗口；再单击菜单【File】→【Abaqus PDE】，启动 Abaqus 中的 PDE。Abaqus PDE 的界面如图 1-8 所示。

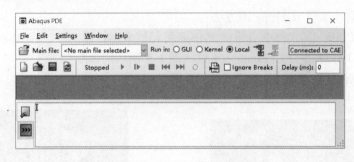

图 1-8　Abaqus PDE 的界面

　　方法 2：在 Abaqus 交互式命令行窗口中输入命令 abaqus pde，也可以启动 Abaqus PDE，如图 1-9 所示。

　　在 Abaqus PDE 中编写 Python 源代码的最大优点在于：可以与 Abaqus/CAE 进行实时交互，修改代码的效果能够立即在 Abaqus/CAE 中体

图 1-9　使用交互式命令行启动 Abaqus 中的 PDE

现，方便用户调试和修改代码。Abaqus 中的 PDE 也提供了多种编辑、调试程序的功能，包括代码语法着色、自动缩进、断点设置与管理、堆栈（Stack）、观察列表（Watch List）等功能，详细介绍请参见第 2.4 节"Abaqus 中的 Python 开发环境（Abaqus PDE）"。

1.2.2　EditPlus 编辑器的 Python 开发环境配置

　　EditPlus 编辑器具有语法加亮、代码自动缩进等功能。在 EditPlus 编辑器的执行环境下开发 Python 源代码，不仅编写效率高，而且能够运行程序，十分方便。

　　本节将详细介绍在 EditPlus 编辑器中配置 Python 开发环境的步骤，为将来编写脚本做准备。

1.　添加 Python 群组

　　启动 EditPlus 后，单击【工具(T)】菜单，选择【配置用户工具】命令，将弹出【首选项】对话框。在该对话框中单击【添加工具 >> (D)】按钮，在弹出的菜单中选择【程序(P)】选项，将新建的群组命名为"Python"，在【菜单文本(T)】文本框中输入"Python"；单击▣按钮，选择 Python 的安装路径（笔者的安装路径为 C:\Python27\python.exe），该路径将自动显示在【命令(O)】文本框中；单击第 1 个▣按钮，选择"文件名"选项，在【参数(E)】文本框中将自动显示"$(FileName)"；单击第 2 个▣按钮，选择"文件目录"选项，在【初始目录(I)】文本框中将自动显示"$(FileDir)"；选中【捕捉输出】复选框，Python 程序运行后的输出结果将显示在 EditPlus 的输出栏中，否则，运行 Python 程序后将弹出命令行窗口，并把结果输出到命令行窗口中。

　　设置完成后的对话框如图 1-10 所示，单击【确定】按钮，在【工具(T)】菜单下将会出现【Python】选项。

　　单击【文件(F)】菜单，选择【新建(N)】→【其他(O)…】命令，将弹出图 1-11 所示的【选择文件类型】对话框。选择【Python】选项，单击【确定】按钮后将弹出编写 Python 代码的窗口。

图 1-10　添加 Python 群组

图 1-11　可选择的文件类型中包含 Python

2. 设置 Python 语法高亮显示和自动完成功能

EditPlus 可以作为 Python、Java、C#、HTML 等语言的开发环境，由于不同语言的语法高亮显示和自动完成特征各不相同，因此需要单独设置。下面详细介绍在 EditPlus 中设置 Python 高亮显示和自动缩进等功能的操作步骤。

1）为了实现语法加亮和自动缩进等功能，需要下载特征文件 python. acp 和 python. stx（见资源包 chapter 1\pythonfiles，其中提供了这两个特征文件）。python. acp 是表示自动完成的特征文件，python. stx 是表示语法高亮显示的特征文件。使用时将它们复制到 EditPlus 的安装目录下。

2）在 EditPlus 中设置这两个特征文件。

① 启动 EditPlus 后，单击【工具（T）】菜单，选择【配置用户工具】命令，将弹出【首选项】对话框，如图 1-12 所示。在【分类（C）】列表框中选择【文件】→【设置和语法】选项，在【文件类型（F）】列表框中选择【Python】选项，在【描述（E）】文本框中输入"Python"，在【文件扩展名（X）】文本框中输入"py"（注意：输入的不是 . py）。

② 在【设置和语法（S）】选项卡中，单击第 1 个 [...] 按钮将弹出如图 1-13 所示的对话框，选择 python. stx 作为【语法文件（N）】；按照相同的操作方法，选择 python. acp 作为【自动完成（M）】的特征文件。

图 1-12　设置【设置和语法】功能

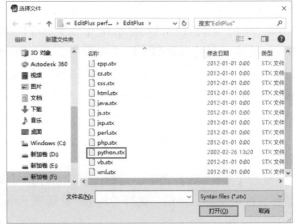

图 1-13　选择 python. stx 文件

③ Python 语言使用冒号和缩进来区分代码块之间的层次关系，下面介绍语法着色和自动缩进的设置方法。单击【制表符/缩排（T）】按钮，将打开【制表符和缩排】对话框，如图 1-14 所示。在【制表符（T）】和【缩排（I）】文本框中输入空格的个数，为了便于看出层次关系，一般设置为 4 个空格。选中【启动自动缩排（E）】复选框，并在【自动缩排打开（O）】文本框中输入英文冒号"："。单击【确定】按钮保存设置。

④ 单击【函数模式（U）】按钮，打开【函数模式】对话框，如图 1-15 所示。在【函数模式正则表达式（F）】文本框中输入"[\t]*def[\t]. +:"（注意：在英文状态下输入），单击【确定】按钮保存设置。

图 1-14　【制表符和缩排】对话框　　　　　　图 1-15　【函数模式】对话框

3. 设置 Python 代码编写的模板

除了上述设置语法高亮显示和自动缩进功能外，还可以根据需要设置 Python 代码编写的文件模板，每次新建 Python 文件时模板中的程序代码都将自动加载，并在此模板的基础上继续编写代码。下面以模板文件 template. py 为例，介绍创建模板文件的方法。

1）新建 1 个 Python 文件 template. py（见资源包中的 chapter 1\template. py），输入下列代码：

```
1#! /user/bin/python
2#- * -coding:UTF-8- * -
```

- 第 1 行代码的功能是使得 Python 代码可以在 UNIX 操作系统下运行。
- 第 2 行代码的功能是设置编码集为 UTF-8，使得在编写 Python 代码过程中可以输入中文字符（例如，中文注释等）。

2）在 EditPlus 中设置模板文件。

① 启动 EditPlus 后，单击【工具(T)】菜单，选择【配置用户工具】命令，弹出【首

图 1-16　设置 Python 模板文件

选项】对话框，如图 1-16 所示。在【分类（C）列表框中】选择【文件】→【模板】选项，单击右侧的【添加（A）】按钮，将弹出如图 1-17 所示的对话框，选择文件 template. py 作为模板文件，单击【打开（O）】按钮，返回【首选项】对话框，再在右下侧【菜单文本（M）】的文本框中输入"python"，在【模板（T）】列表框中将自动出现"python"模板。

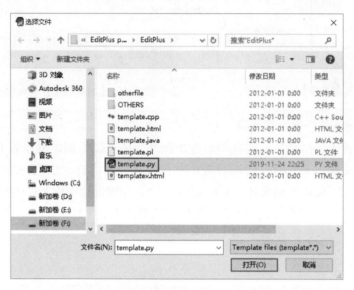

图 1-17　选择模板文件

② 单击【确定】按钮，完成 Python 模板文件的设置。

单击【文件】→【新建】，在子菜单中将自动出现【python】选项（见图 1-18），单击此选项后，新建文件中自动出现模板文件 template. py 中的代码。

下面使用 EditPlus 编辑器编写一个简单的 Python 程序并输出结果，如图 1-19 所示。

> **提示**：在 EditPlus 中使用快捷键 < Ctrl + 1 > 可以执行 Python 代码，也可以选择菜单【工具】→【Python】命令来执行 Python 代码；使用快捷键 < Ctrl + F11 > 可以查看当前 Python 文件中的函数列表。

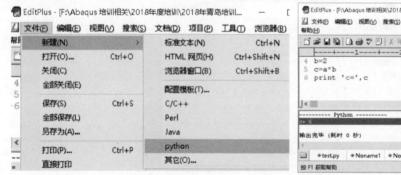

图 1-18　【新建】菜单中
自动出现【python】选项

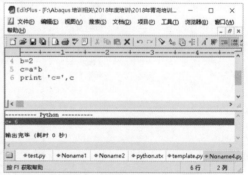

图 1-19　在 EditPlus 下编写
并运行 Python 代码

1.3　基础知识

如果要学习和掌握 Abaqus 中的 Python 脚本开发，首先应该掌握 Python 语言的基础知识。本节将详细介绍 Python 语言的编码规则、数据类型、变量和常量、运算符和表达式、文件类型等。

1.3.1　编码规则

对于同一问题、同一算法，如果选择不同的编程语言来实现，则编写的代码各不相同，这是因为每种编程语言都有其独特的编码规则。下面详细介绍 Python 语言的编码规则，包括：合理使用注释、合理使用空行、语句的分隔、模块的导入、命名规则和代码缩进。

1.3.1.1　合理使用注释

一个好的程序代码往往都包含这些信息：算法介绍、各变量的含义、编写者、编写时间等，这些信息称为注释。注释是代码的一部分，起到了对代码补充说明的作用。程序代码越复杂，就应该包含越多的注释。最好的做法就是：在定义每个函数、每个类、执行某个功能之前都加上适当的注释，提高程序的可读性和移植性。

Python 代码中的注释有两种情况：

1）如果只对某行代码进行注释，使用"#"号进行标注。以"#"开头，后面紧跟注释内容，按 < Enter > 键作为注释行的结束。例如

```
mathscore = 100        #数学成绩
```

2）如果需要对一段代码进行注释，只需都以"#"号开始即可，如图 1-20 所示。还可以使用三重引号对一段文字或多行代码进行注释，如图 1-21 所示。

```
1  #  This is a simple annotation example
2  #
3  #  date:2019.11.30
4  #  written by Jinfeng CAO
```

```
1  #!/user/bin/python
2  # -*- coding:UTF-8 -*-
3  '''
4  This is a simple annotation example
5
6  date:2019.11.30
7  written by Jinfeng CAO
8  '''
```

图 1-20　用"#"号对多行代码进行注释　　　　图 1-21　用三重引号对多行代码进行注释

☞　**提示**：此处的三重引号必须在英文输入法状态下输入，否则会弹出"SyntaxError：invalid syntax"（语法错误，无效语法）的错误信息。

如果要使用中文注释，则必须在 Python 代码的开始位置加上注释说明语句"#- * - coding：UTF-8- * -"；如果 Python 代码可能在 Windows 操作系统以外的平台下运行，则需要在开始位置加上注释说明语句"#!/user/bin/python"。

1.3.1.2　合理使用空行

空行的作用在于分隔两段不同功能或不同含义的代码，便于以后代码的维护或重构。一

般情况下，编写程序代码时应该在函数与函数之间、类的方法之间、类和函数入口之间设置空行，用来表示一段新代码的开始。一般情况下设置 2 个空行。

【实例 1-1】 在代码中合理使用空行。

本实例（见资源包中的 chapter 1\B. py）创建 1 个类 B，并在类 B 中定义了 funX( ) 和 funY( ) 两个方法。

```
1    class B:
2        def funX(self):
3            print "funX( )"
                    ←————————此处有两行空行
6        def funY(self):
7            print "funY( )"
                    ←————————此处有两行空行
10   if __name__ == "__main__":
11       a = B( )
12       a. funX( )
13       a. funY( )
```

- 第 4 行代码处插入 2 行空行，是为了在各方法代码块之间进行分隔，以方便阅读代码。
- 第 8 行代码处也插入 2 行空行，其原因是下面的 if 语句是主程序的入口，用于创建类 B 的对象 a，并调用方法 funX( ) 和 funY( )。

☞　**提示：**空行是源代码的一部分，而不是语法的一部分。即使 Python 代码中不包含空行，解释器也不会抛出语法错误的异常信息。

☞　**提示：**在 Abaqus 脚本接口中使用空行时一定要十分谨慎。如果存在嵌套循环时使用空行，一定要注意空行的缩进格式。在 EditPlus 编辑器下可以很清楚地看到缩进层次。如果读者使用的文本编辑器不便于查看空行的缩进，则可以将空行作为注释行处理，即空行以#号开始，而且可以任意设置缩进位置，便于调试代码。

1.3.1.3　语句的分隔

C 语言和 Java 语言必须以分号作为语句结束的标识。Python 语言也支持分号作为语句的标识，但分号可以省略，它主要通过换行来识别语句的结束。

例如，下列两条语句是等效的，输出结果都是 this is a banana。

```
print "this is a banana"
print "this is a banana";
```

Python 语言中的代码行分为物理行和逻辑行两类：物理行指的是编写程序时看到的行；而逻辑行指的是 Python 语言能够识别的单个语句。如果一个物理行包含多个逻辑行，此时需要使用分号（;）进行分隔。例如

```
x = 1; y = 2; z = 3
```

本例中在一个物理行内写了 3 条语句，各语句之间一定要使用英文输入法状态下的分号

（；）进行分隔，否则将抛出语法错误的异常信息（SyntaxError：invalid syntax）。

读者在编写 Python 代码时，建议每个物理行只编写一句逻辑行，使得程序更加简洁、易读。如果逻辑行太长，则可以在多个物理行编写一个逻辑行。Python 语言使用反斜线"\"作为换行符，这种做法称为"行连接"。例如

```
1    str = 'This is a string.\
2    This line continues the first string.'
3    print str
```

本例在第 1 行代码和第 2 行代码之间使用了反斜线（\）进行连接，输出结果为

This is a string. This line continues the first string.

☞　**提示**：如果逻辑行中使用了圆括号（）、方括号［］或大括号｛｝等暗示行连接，则无须使用反斜线。

☞　**提示**：编写 Python 代码时，建议读者养成良好的编程习惯，包括：①使用换行符作为每条语句的分隔，而不要使用分号作为语句结束的标识。②对于简短的语句无须使用反斜线（\）进行行连接。③每行只写一条语句。

1.3.1.4　模块的导入

模块指的是某些类或函数的集合，用于实现特定的功能。一个扩展名为 . py 的文件就是一个模块。关于模块的详细介绍，请参见第 1.6.2 节"模块"。在 Python 语言中，如果需要调用标准库或第三方库中的类或函数时，必须首先使用 import 语句或 from... import... 语句导入相应的模块。

1. 使用 import 语句导入模块

【**实例 1-2**】　使用 import 语句导入 sys 模块。

实例 import. py（见资源包中的 chapter 1\import. py）将使用 import 语句来导入 sys 模块，并输出 sys 模块的相关信息。

```
1    import sys
2    print sys. path
3    print sys. argv
```

- 第 1 行代码使用 import 语句导入 sys 模块。sys 模块是处理系统环境函数的集合，详细介绍请参见第 1.6.2.3 节"sys 模块和__builtin__模块"。
- 第 2 行代码表示将输出 Python 环境所有路径的集合。默认情况下，Python 将返回 sys. path 的目录列表。列表是 Python 内置的数据结构之一，它定义了一组数据，一般用于参数或返回值。关于列表的详细介绍，请参见第 1.4.2 节"列表"。第 2 行代码的执行结果是

['d:\\SIMULIA\\CAE\\2018 ','d:\\SIMULIA\\CAE\\2018\\win_b64 ',
'd:\\SIMULIA\\CAE\\2018\\win_b64\\code ','d:\\SIMULIA\\CAE\\2018\\win_b64\\code\\bin ',
'd:\\SIMULIA\\CAE\\2018\\win_b64\\code\\bin\\SMAExternal ',
'd:\\SIMULIA\\CAE\\2018\\win_b64\\CAEresources ',

```
'd:\\SIMULIA\\CAE\\2018\\win_b64\\SMA',
'd:\\SIMULIA\\CAE\\2018\\win_b64\\code\\python2.7\\lib',
'd:\\SIMULIA\\CAE\\2018\\win_b64\\tools\\SMApy\\python2.7\\lib',
'd:\\SIMULIA\\CAE\\2018\\win_b64\\tools\\SMApy\\python2.7\\lib\\lib-tk','d:\\SIMULIA
    \\CAE\\2018\\win_b64\\tools\\SMApy\\python2.7\\lib\\site-packages',
'd:\\SIMULIA\\CAE\\2018\\win_b64\\tools\\SMApy\\python2.7\\lib\\site-packages\\win32',
'd:\\SIMULIA\\CAE\\2018\\win_b64\\tools\\SMApy\\python2.7\\lib\\site-packages\\win32\\lib',
'd:\\SIMULIA\\CAE\\2018\\win_b64\\tools\\SMApy\\python2.7\\lib\\site-packages\\Pythonwin',
'd:\\SIMULIA\\CAE\\2018\\win_b64\\tools\\SMApy\\python2.7\\DLLs','C:\\temp',
'd:\\SIMULIA\\CAE\\2018\\win_b64\\code\\bin\\python27.zip','D:\\','D:\\lib\\site-packages',
'd:\\SIMULIA\\CAE\\2018\\win_b64\\code\\bin','.']
['d:\\SIMULIA\\CAE\\2018\\win_b64\\code\\bin\\ABQcaeK.exe','-cae','-lmlog','ON','-tmpdir',
'C:\\Users\\a\\AppData\\Local\\Temp']
```

- 第 3 行代码表示将输出 sys 模块的参数列表。例如，在 Abaqus 的命令行接口中执行该
  行代码，输出结果为

```
['d:\\SIMULIA\\CAE\\2018\\win_b64\\code\\bin\\ABQcaeK.exe','-cae','-lmlog','ON','-tmpdir',
'C:\\Users\\a\\AppData\\Local\\Temp']['import.py']
```

2. 使用 from... import... 语句导入模块

在介绍 from... import... 语句的用法之前，首先介绍命名空间的概念。

命名空间指的是标识符的上下文关系，相同名称的标识符可以在多个命名空间中进行定义。例如，可以在 module_name1 模块中定义函数 find_number( )，也可以在 module_name2模块中定义函数 find_number( )，在使用 find_number( )时，一定要指定该函数对应的模块名，否则就会抛出异常。读者在编写代码的过程中，一定要命名规范，让变量名、函数名、参数名跟功能关联，在使用的过程中确定命名空间并正确使用，绝不允许与任何已有的标识符发生冲突。

【实例 1-3】　使用 from... import... 导入属性或方法。

实例 from_import.py（见资源包中的 chapter 1\from_import.py）将实现与 import.py 相同的功能，代码如下：

```
1    from sys import path
2    from sys import argv
3    print path
4    print argv
```

- 第 1 行和第 2 行代码分别导入 sys 模块的 path 方法和 argv 方法。
- 由于第 1 行和第 2 行代码已经指定了导入的模块名称为 sys 模块，命名空间已经确定。
  因此，第 3 行和第 4 行代码中的 path 方法和 argv 方法无须指定模块名，直接输出执
  行结果。

☞　提示：【实例 1-3】中介绍的导入模块的方法十分不规范，原因是，如果程序较复杂，而且多个模块中都包含 path 方法，阅读代码时就很难弄清楚 path 方法究竟属于哪个模块。因此，读者在编写代码时应尽量避免使用该法，写为 sys.path 则可以清楚地表明 path 方法属于 sys 模块。

1.3.1.5　命名规则

程序开发人员在编写代码之前，首先要制定命名规则。对于大型程序的开发，往往需要很多编程人员参与，对变量名、模块名、类名、对象名、函数名等做好约定，将使得程序更加易读、易移植。本节将介绍常见的命名规则，供读者参考。

1. 变量名和模块名

变量名的首字符一般是字母或下划线，除了首字符之外的其他字符则可以由字母、下划线或数字组成，而且在定义变量名时不得使用 Python 语言的保留字。Python 语言的保留字非常少，详见表 1-1。

模块名的首字符一般是小写英文字母。扩展名为 .py 的文件本身就是一个模块，因此，模块名也就是文件名。

【实例 1-4】　变量名和模块名的规范写法。

本实例将演示变量名和模块名的规范写法。

```
1    # Filename:ruleModule. py
2    _salary = 5000
```

- 第 1 行代码是注释行，用来声明模块名 ruleModule. py。
- 第 2 行代码定义了一个变量_salary。

有些编程人员命名变量非常随意（例如，使用 i、j、k、o 等单个字母），阅读程序时很难弄清楚变量的实际含义，这样的编程习惯非常不好。正确的做法是：让变量名尽可能地表达该变量的含义；定义变量时尽量避免使用缩写。使用 Python 语言编写代码时，变量名往往较长，因为长的变量名更能够清楚地表达变量的含义。

2. 类名和对象名

通常情况下，类名的首字母为大写，其他字母采用小写；而对象名的首字母通常使用小写。访问类的属性和方法的表示方式为在对象名后面跟操作符 "."。类的私有变量和私有方法则以两个下划线作为前缀。

【实例 1-5】　类的定义及规范化编程方法。

本实例（见资源包中的 chapter 1_ruleClass. py）将演示类的定义及规范化编写代码的方法。

```
1     class Teacher:              #类名的首字母必须大写
2         __name =""             #私有实例变量前必须以两个下划线开始
3         def __init__(self,name):
4             self.__name = name   #self 相当于 Java 语言中的 this
5
6
7         def getName(self):        #方法名的首字母为小写,其后每个单词的首字母大写
8             return self.__name
9
10
11    if __name__ =="__main__":
```

```
12        teacher = Teacher("Mary")   #对象名使用小写字母
13      print teacher. getName( )          #使用操作符".."来访问方法
```

- 第 1 行代码定义了名为 Teacher 的类,类名的首字母要大写。
- 第 2 行代码定义了一个私有的实例变量,私有实例变量前以两个下划线开始。
- 第 3 行代码定义了私有方法__init__,以两个下划线开始和结束。
- 第 4 行代码使用 self 前缀来说明__name 变量属于 Teacher 类。
- 第 7 行代码定了公有方法 getName,方法名的首字母为小写,其后每个单词的首字母为大写。
- 第 12 行代码创建了 teacher 对象,对象名的首字母为小写。
- 第 13 行代码使用操作符 "." 来访问 teacher 对象的 getName( )方法。

☞ 提示:第 1.7 节 "面向对象编程" 将详细介绍面向对象编程中类、对象、属性、方法等重要概念。学习本节内容的过程中,读者只需要掌握类、对象、属性和方法的命名规则即可。

3. 函数名

函数名的首字母通常为小写,并通过下划线或单词首字母大写的方式增加函数名的可读性。对于导入模块中的函数名,则使用模块名作为其前缀。下面通过一个实例来说明导入模块中函数的写法。

【实例 1-6】 定义常用数学函数和数学常量的 math 模块。

本实例(见资源包中的 chapter 1\importMath. py)将导入 math 模块,并调用求平方根函数(sqrt( ))返回浮点型数据。程序的源代码如下:

```
1    import math
2    print math. pi
3    a = math. sqrt(9. 0)
4    print "a = ", a
```

- 第 1 行代码使用 import 语句导入了 math 模块。
- 第 2 行代码输出 π 的值。通过操作符 "." 访问 math 模块中的常量 pi,表示方式为 math. pi。
- 第 3 行代码调用 math 模块中的求平方根函数 sqrt( )。将模块名 math 作为其前缀,使用操作符 "." 来访问 sqrt( )函数,表示方式为 math. sqrt( ),并将求得的值赋予变量 a。
- 第 4 行代码为输出变量 a 的值。

实例 1-6 代码的执行结果为

```
3. 14159265359
a = 3. 0
```

好的命名习惯可以提高程序的编写效率,使得代码更加容易阅读。按照约定的命名规则命名,优点包括:便于程序开发团队合作开发大型程序;便于统一代码的风格,理解不同程序员编写的代码;便于程序员之间进行交流等。

1.3.1.6　代码缩进

代码缩进指的是在每行代码前输入空格或制表符来表示代码之间的层次关系。大多数的编程语言都需要使用代码缩进，它不仅可以规范程序的结构，而且还可以很方便地阅读和理解代码。对于 C、C ++ 、Fortran 和 Java 等语言，代码缩进只是编程的一个良好习惯；而对于 Python 语言，代码缩进是一种语法，如果缩进错误，系统将会抛出 IndentationError 异常。Python 语言采用代码缩进和冒号（:）来区分代码块之间的层次关系。

当使用 IDE 开发工具或 EditPlus 等文本编辑软件编写代码时，编辑软件能够补齐冒号并实现自动缩进，可以大大提高代码的编写效率。

【实例1-7】　代码缩进。

本实例将演示条件（if）语句的代码缩进。

```
1    def factorial(n):
2        if n == 0:
3            return 1
4        else:
5            return n * factorial(n-1)
```

- 第 1 行代码定义了函数 factorial(n)，以冒号结束。在 Editplus 软件中编写代码时按 < Enter > 键将自动实现缩进。
- 第 2 行代码比第 1 行代码向右缩进了 4 个空格。使用条件判断语句 if 判断 n 的值是否等于 0。在表达式 n == 0 后面再次输入冒号，表示后面的代码块需要缩进编写。
- 第 2 行代码判断结果为 "真" 时将执行第 3 行代码。此时，第 3 行代码比第 2 行代码又向右缩进了 4 个空格。
- 第 4 行代码中的保留字 else 表示一个新的代码块，即当 n == 0 的判断结果为 "假" 时，将执行第 5 行代码。因此，else 代码块应该与第 2 行代码处于同一缩进层次。
- 依据第 4 行代码的判断结果执行第 5 行代码，因此第 5 行代码要比第 4 行代码向右缩进 4 个空格。

初学者在编程时经常不小心漏掉冒号，或者代码缩进格式和层次设置错误。如果运行程序时抛出 IndentationError 异常，则应该检查各行代码的缩进。对于同样的代码，如果缩进不同，执行的结果则完全不同。

☞　提示：代码缩进通过多个空格来显示。与空行不同，代码缩进是 Python 语法的一部分，而空行不是 Python 语法的一部分。

Python 语言中并未对代码缩进的空格个数做严格要求。例如，代码缩进只使用 1 个空格或 1 个制表符（Tab）都符合语法要求。通常情况下，为了让层次关系更加清晰明了，建议使用 4 个空格进行缩进。编程过程中一旦选择使用了某一种缩进风格，要始终保持一致，使得程序更加易于阅读和移植。

1.3.2　数据类型

不同的编程语言包含不同的数据类型，Python 语言提供了下列几种内置的数据类型和数据结构：数字类型、字符串类型、列表、元组、字典等。

本节将介绍经常用到的数字类型和字符串类型，第 1.4 节 "内置的数据结构" 将介绍列表、元组和字典等数据结构。正确地理解上述数据类型和数据结构的功能、用法、注意事项，对于代码的编写至关重要，一定要牢牢掌握。

1.3.2.1　数字类型

Python 语言包含 4 种数字类型，分别是：整型、长整型、浮点型和复数类型。例如，2 是一个整数；1.23 和 2.1E-4 都是浮点数（E 表示 10 的幂次方，2.1E-4 表示 2.1×10^{-4}）；$(2+3j)$、$(-3.6-8.1j)$ 则表示复数，定义时包含实部和虚部两部分。

Python 语言的优点之一是能够在后台实现数值与数据类型的关联和类型转换等操作，而无须声明变量的类型，使得代码的编写和定义方式更加简洁。例如，在 C 语言或 Java 语言中，要使用下列代码定义整型变量 i：

　　int i = 10;

而在 Python 语言中，直接定义即可：

　　i = 10

整型、长整型数据可以使用二进制、八进制或十六进制，Python 语言还能够根据数值的大小自动将整型数据转换为长整型数据，定义时更加方便。

需要注意的是，Python 语言是面向对象的编程语言，任何数据类型的变量都是对象，读者可以使用 Python 语言的 type 类查询变量类型，详见实例 1-8。type 类是内置模块（__builtin__）的一个类，它将返回变量的类型或创建一个新的类型。Python 的内置模块__builtin__定义了软件开发过程中经常使用的函数，启用 Python 解释器后将自动导入，而无须使用 import 语句。

【实例 1-8】　使用 type 函数返回对象类型。

本实例（见资源包中的 chapter 1\datatype.py）将演示如何使用 type 类返回各变量的类型。

```
1    #! /user/bin/python
2    #- * -coding:UTF-8- * -
3    #整型数据
4    i = 20
5    print type(i)
6    #长整型数据
7    l = 1111111111111111111111111111
8    print type(l)
9    #浮点型数据
10   f = 5.6
11   print type(f)
12   #复数型数据
13   c = 1 + 2j
14   print type(c)
15   #布尔型数据
16   b = True
17   print type(b)
```

- 第 5 行代码的输出结果为 < type ' int ' >。
- 第 8 行代码的输出结果为 < type ' long ' >。
- 第 11 行代码的输出结果为 < type ' float ' >。
- 第 14 行代码的输出结果为 < type ' complex ' >。
- 第 17 行代码的输出结果为 < type ' bool ' >。

> ☞ **提示**：复数类型的写法与数学课程中的写法完全相同，虚部后面必须跟 j，如果写为 c = 1 + 2i，将抛出语法错误的异常，原因是 Python 语言无法识别字符 i。

1.3.2.2　字符串类型

字符串是由一串字符组成的序列（详见第 1.4.4 节 "序列"）。Python 语言使用单引号（'）、双引号（"）或三引号（'''）来表示字符串类型的数据。其中，单引号和双引号的作用相同，使用它们定义字符串时，字符串中所有的空格和制表符都被保留；三引号是 Python 语言的特有语法，用来定义多行字符串，在三引号内还可以任意使用单引号、双引号或换行符等。

【实例 1-9】　用单引号、双引号和三引号表示字符串类型数据。

本实例（见资源包中的 chapter 1 \string. py）将演示如何使用单引号、双引号、三引号来表示字符串类型的数据。程序的源代码如下：

```
1    print ' this is a banana '
2    print " this is a banana "
3    print ''' This is a multi-line string. This is the first line.
4    This is the second line.
5    " What ' s your name? " I asked.
6    He said: " John "
7    '''
```

- 第 1 行代码的输出结果为 this is a banana。
- 第 2 行代码的输出结果为 this is a banana，与第 1 行代码的输出结果完全相同。
- 第 3 ~ 7 行代码将输出多行语句，输出结果为

  This is a multi-line string. This is the first line.
  This is the second line.
  " What ' s your name? " I asked.
  He said: " John "

- 通过输出结果可以发现，使用三引号输出多行字符串时，字符串中的单引号、双引号都将输出。

读者在编程时可能遇到这种情况：在一个单引号表示的字符串中还包含单引号。此时应该如何表示该字符串呢？例如，如果在单引号中表示字符串 "what's your name?"，若表示成 ' what ' s your name? '，Python 语言无法判断字符串从何处开始和在何处结束，将输出错误信息。此时，可以使用转义字符（\）来实现，用 \' 来表示单引号。上面的字符串可表示为 ' what\' s your name? '。当然，也可以使用双引号 " what ' s your name? " 来表示，以避免与单引号混淆。表 1-2 列出了 Python 语言中的常用转义字符及其含义。

表 1-2　Python 语言中的常用转义字符及其含义

转义字符	含　　义	转义字符	含　　义
\\ '	单引号	\\v	纵向制表符
\\"	双引号	\\r	回车符
\\a	发出系统响铃声	\\f	换页符
\\b	退格符	\\o	代表八进制数的字符
\\n	换行符	\\x	代表十六进制数的字符
\\t	横向制表符	\\000	终止符，\\000 后的字符将全部被忽略

提示：如果字符串的末尾处有一个单独的反斜线 \\ ，则表示下一行是续行，而不表示开始一个新行。例如，对于下列代码：

```
print "This is the first sentence.\
This is the second sentence. "
```

输出结果为

```
This is the first sentence. This is the second sentence.
```

字符串也是对象，同样包含方法。通过命令 help(str) 可以查询字符串所有方法的列表，如图 1-22 所示。

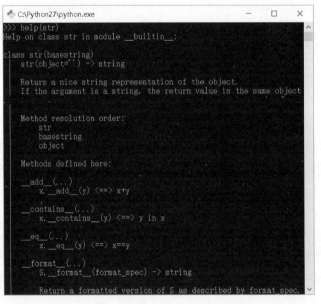

图 1-22　查询字符串对象的方法

【实例 1-10】 操作字符串的方法。

本实例（见资源包中的 chapter 1\string_methods. py）将演示字符串中的各种方法。程序的源代码如下：

```
1    #! /user/bin/python
2    #- * -coding:UTF-8- * -
```

```
3      name = 'Swaroop'          #创建字符串类型对象 name
4      if name. startswith('Swa'):
5          print 'Yes,the string starts with "Swa"'
6      if 'a' in name:
7          print 'Yes,it contains the string "a"'
8      if name. find('war')! = -1:
9          print 'Yes,it contains the string "war"'
```

- 第 3 行代码创建了字符串类型对象 name，其值为 Swaroop。
- 第 4 行代码为条件判断语句，判断对象 name 是否以字符 Swa 开始，调用了 startswith 方法（测试是否以给定字符串开始）。
- 如果第 4 行代码的判断结果为"真"，则执行第 5 行代码，输出结果为 Yes,the string starts with "Swa"。
- 第 6 行代码判断 name 对象中是否包含字符 a，如果判断结果为"真"，则执行第 7 行代码。
- 第 7 行代码的输出结果为 Yes,it contains the string "a"。
- 第 8 行代码判断 name 对象中能否找到字符串 war，调用了 find 方法（找出给定字符串在另一个字符串中的位置）。运算符 != 表示不等于，布尔值 -1 表示"假"（1 表示"真"），双重否定表示肯定，如果判断结果为"真"，则执行第 9 行代码。关于运算符的详细介绍，请参见第 1.3.4 节"运算符和表达式"。
- 第 9 行代码的输出结果为 Yes,it contains the string "war"。

☞ **提示**：如果输出的字符串中包含单引号，可以使用双引号来表示字符串；如果输出的字符串中包含双引号，可以使用单引号来表示字符串。

1.3.3　变量和常量

变量和常量都是存于计算机内存中的一块区域，不同之处在于：变量存储的值可以改变，定义时一定要指定变量名；而常量的值不能改变，它所存的计算机内存区域是只读的。例如，2、3.1、life 都是常量，而 salary、classmate 表示变量。本节将详细介绍变量和常量的使用方法和注意事项。

1.3.3.1　变量

变量的标识符是变量名，在第 1.3.1.5 节"命名规则"中详细介绍了变量的命名方法。通常情况下，为变量命名时需要遵循下列规则：

1）变量名的首字符必须是 26 个英文字母（大小写均可）或下划线（_）。

2）除首字符外，其他字符可以由字母、下划线（_）或数字（0~9）组成。

3）变量名对大小写是敏感的（例如，mysalary 与 MySalary 表示不同的变量）。

根据上述命名规则，下列标识符是有效的，如 you、_myname、name23；而下列标识符是无效的，如 9love、this is a cat、your-name。

与 Fortran 语言和 C++ 语言不同，Python 语言能够根据变量值自动判断数据类型。因此，编程人员无须关心变量的类型，在该数值的生命周期内由 Python 语言负责管理。

1. 变量的赋值

Python 语言中的变量无须声明，赋值操作包含了变量声明的定义。需要注意的是，Python 语言每一次新的赋值操作都将创建一个新的变量，即使创建的变量名相同，但是变量的标识却不相同。

【实例 1-11】　变量的赋值及输出变量的标识。

本实例将演示变量的赋值过程，并输出同名变量的标识。

```
1    salary = 2000
2    print id( salary)
3    salary = 5000
4    print id( salary)
```

- 第 1 行代码定义了一个变量 salary，并赋值 2000。
- 为了便于管理变量，Python 语言为每个变量都设置了内部标识。第 2 行代码调用函数 id 来输出变量 salary 的标识，输出结果为 12083620。
- 第 3 行代码为变量 salary 重新赋值 5000，该变量 salary 与第 1 行代码中的 salary 变量虽然名字相同，但内部标识却不同。
- 第 4 行代码输出值为 5000 的 salary 的标识，输出结果为 12083608。

在 Python 语言中，每个变量在使用之前都必须赋值，只有为变量赋值后该变量才被创建。Python 语言允许在一条语句中同时为多个变量进行赋值操作，例如

```
1    a,b,c = 1,2,3
2    print 'a =',a
3    print 'b =',b
4    print 'c =',c
```

- 第 1 行代码分别为 a、b、c 赋值 1、2 和 3。
- 第 2、3、4 行代码将分别输出 a、b 和 c 的值，输出结果为

```
a = 1
b = 2
c = 3
```

2. 全局变量

全局变量指的是能够被不同的函数、类或文件所共享的变量。全局变量可以被文件内部的任何函数访问，也可以被外部文件访问。一般情况下，在函数块之外定义的变量都可以被认为是全局变量。为了使代码更加易读，最好在文件的开始位置定义全局变量。

Python 语言使用 global 语句来声明全局变量。建议读者在编程过程中，将所有的全局变量都使用 global 语句声明，以免与局部变量混淆。

【实例 1-12】　定义全局变量。

本实例（见资源包中的 chapter 1\global. py）将定义两个全局变量 salary1、salary2 和两个函数 sum( )、sub( )，这两个函数将分别调用两个全局变量来执行求和、求差运算。

```
1      salary1 = 2000
2      salary2 = 5000
3      def sum( ) :
4          global salary1
5          salary1 = 2500
6          return ' salary1 + salary2 = ', salary1 + salary2


9      def sub( ) :
10         global salary2
11         salary2 = 6000
12         return ' salary2 - salary1 = ', salary2 - salary1
13     print sum( )
14     print sub( )
```

- 第 1 行和第 2 行代码分别定义了全局变量 salary1 和 salary2，全局变量名对于整个文件都起作用。
- 第 3 行代码定义了函数 sum( )，用来执行求和运算。
- 第 4 行代码使用保留字 global 来引用全局变量 salary1。
- 第 5 行代码重新为全局变量 salary1 赋值 2500。
- 第 6 行代码将返回 salary1 + salary2 的值。
- 第 9 ~ 12 行代码定义了 sub( ) 函数，用来执行减法运算，各行代码的含义与函数 sum( ) 中对应的代码含义类似，此处不再赘述。
- 第 13 行代码调用函数 sum( )，输出结果为（' salary1 + salary2 = ', 7500）。
- 第 14 行代码调用函数 sub( )，输出结果为（' salary2 - salary1 = ', 3500）。

本实例中，如果不使用 global 保留字来引用全局变量，而直接对 salary1、salary2 进行赋值操作，将得到错误的结果。例如

```
1      salary1 = 2000
2      salary2 = 5000
3      def sum( ) :
4          salary1 = 2500
5          return ' salary1 + salary2 = ', salary1 + salary2


8      def sub( ) :
9          salary2 = 6000
10         return ' salary2 - salary1 = ', salary2 - salary1
11     print sum( )
12     print sub( )
```

- 第 4 行代码中的 salary1 指的不是第 1 行代码中定义的全局变量 salary1，而是 sum( ) 函数中的局部变量。
- 第 5 行代码中的 salary2 指的是第 2 行代码中定义的全局变量。
- 第 9 行代码中定义的 salary2 为局部变量，并非第 2 行代码中的全局变量 salary2。

- 第 11 行代码的输出结果为（'salary1 + salary2 =',7500）。虽然与刚才实例的输出结果相同，但是运算的对象并不相同。
- 第 12 行代码的输出结果为（'salary2 – salary1 =',4000）。

☞ **提示**：在很多情况下，两个变量名相同的变量并非表示同一个变量，变量名只是变量的标识符。相同的变量名出现在代码的不同位置，含义往往不同。

为变量命名时，建议读者养成下列好的编程习惯：

1）为了避免将全局变量和局部变量混淆，可以将全局变量放到单独的 . py 文件中，便于管理和修改。例如，创建只保存全局变量的文件_global. py（见资源包中的 chapter 1_global. py）。

```
salary1 = 2000
salary2 = 5000
```

如果程序 use-global1. py（见资源包中的 chapter 1\use_global. py）将使用_global. py 中定义的全局变量，则使用 import 语句导入模块_global. py。例如

```
1    import_global
2    def fun( ) :
3         print_global. salary1
4         print_global. salary2
5    fun( )
```

- 第 1 行代码导入全局变量模块_global，即导入文件_global. py。
- 第 2 ~ 4 行代码定义了函数 fun( )，该函数将调用全局变量 salary1 和 salary2。由于此处使用了操作符 "." 来定位全局变量，因此无须使用 global 保留字。第 3 行代码输出全局变量 salary1 的值。使用模块名_global 进行限定，输出结果为 2000。第 4 行代码输出全局变量 salary2 的值。使用模块名_global 进行限定，输出结果为 5000。
- 第 5 行代码调用函数 fun( )。

2）尽量不要使用全局变量　全局变量对于不同的模块都可以自由访问，可能导致全局变量的不可预知性。例如，对于_global. py 中的全局变量，程序员 A 修改了 salary1 的值，而程序员 B 同时在使用变量 salary1，可能导致程序出现错误。这种错误非常隐蔽，难以发现和改正，应尽量避免。

全局变量不仅能够降低函数或模块之间的通用性，而且也降低了代码的可读性。编写 Python 源代码时，最好使用局部变量。

3. 局部变量

局部变量指的是只能在函数或代码块范围内使用的变量。函数或代码块一旦运行结束，局部变量的生命周期也将结束。例如，假设定义了两个函数 fun1( ) 和 fun2( )，fun1( ) 无法访问 fun2( ) 定义的局部变量，fun2( ) 也无法访问 fun1( ) 定义的局部变量。

【实例 1-13】　全局变量和局部变量。

本实例（见资源包中的 chapter 1\local. py）中同时给出了全局变量和局部变量的使用方

法。程序的源代码如下：

```
1    def func(x):
2        print 'x is',x
3        x = 2
4        print 'Changed local x to',x


7    x = 50
8    func(x)
9    print 'x is still',x
10   print y
```

- 第 1～4 行代码定义了函数 func(x)。
- 第 2 行代码输出 x 的值，由于此时没有定义局部变量，因此 x 指的是全局变量。
- 第 3 行代码为变量 x 赋值 2，该变量 x 是局部变量，只在函数 func() 的代码块范围内起作用。
- 第 4 行代码输出局部变量 x 的值。
- 第 7 行代码定义了全局变量 x = 50。
- 第 8 行代码调用函数 func(x)，执行结果为

  x is 50

  Changed local x to 2

- 第 9 行代码输出全局变量 x 的值，输出结果为 x is still 50。
- 第 10 行代码输出 y 的值。由于程序中没有为变量 y 赋值，因此该变量是不存在的，将抛出下列异常信息：

  ```
  Traceback(most recent call last):
      File "local. py",line 10,in  <module>
          print y
  NameError:name 'y' is not defined
  ```

☞　**提示：** Python 语言是面向对象的编程语言，程序中任何"东西"都称为"对象"，因此，变量也是对象。Python 语言能够管理变量的生命周期，并且采用垃圾回收机制对变量进行回收，详细介绍请参见第 1.7.2.7 节"垃圾回收机制"。

1.3.3.2　常量

初始化之后不能改变的固定值就是常量。例如，字符串 'string'、数字 "10" 都是常量。编写程序时，可以根据需要将所有的常量定义在一个模块中，使用时通过导入模块来实现。常量的用法比较简单，此处不再赘述。

1.3.4　运算符和表达式

编写程序的过程中经常用到各种表达式，即使是最简单的表达式（如 3 + 5）也包含运

算符"+"和操作数（3 和 5）两部分。运算符一般由"+"号或特定的关键字来表示，操作数表示需要运算的数据。

　　本节将详细介绍下列内容：赋值运算符、算术运算符、关系运算符、逻辑运算符以及运算符的优先级。

1.3.4.1　赋值运算符

　　赋值运算符是最简单的运算符，使用赋值符号"="来表示。例如，name = ' Mary '表示将字符串类型数据 Mary 赋值给变量 name。

1.3.4.2　算术运算符

　　Python 语言中的算术运算符包括加、减、乘、除四则运算符和求模运算符，以及求幂运算符等，这些运算符的使用方法和实例见表 1-3。

表 1-3　算术运算符的用法和实例

运算符	名　称	说　明	实　例
+	加	两个对象相加	'a'+'b'将返回'ab'
–	减	负数或两个数相减	–5.1 表示负数 –5.1，3 –2 将返回 1
*	乘	数相乘或将字符串重复多次	2 * 4 返回 8，'al' * 3 将返回'alalal'
/	除	两个数相除	4/3 返回 1（整数相除结果仍为整数），而 3.0/2.0 的结果则为 1.5
**	幂	x ** y 将返回 x 的 y 次幂	3 ** 2 将返回 9（即 3 * 3）
%	取模	返回除法的余数	8%3 返回 2
//	取整除	返回商的整数部分	4//3.0 返回 1.0

 提示：Python 语言不支持自增运算符（如 i + +）和自减运算符（如 i – –），但是语句 i += 1 则是允许的，表示将变量 i 增加 1 后赋给 i。

1.3.4.3　关系运算符

　　关系运算符将对两个对象进行比较。Python 语言中关系运算符的使用方法和实例见表 1-4。

表 1-4　关系运算符的用法和实例

运　算　符	名　称	说　明	实　例
<	小于	x < y，返回 x 是否小于 y	5 < 3 返回 False
>	大于	x > y，返回 x 是否大于 y	5 > 3 返回 True
<=	小于等于	x <= y，返回 x 是否小于等于 y	x = 3，y = 6，x <= y 返回 True
>=	大于等于	x >= y，返回 x 是否大于等于 y	x = 4，y = 3，x >= y 返回 True
==	等于	比较对象是否相等	x = 2，y = 2，x == y 返回 True
!= 或 <>	不等于	比较两个对象是否不相等	x = 2，y = 3，x! = y 返回 True

1.3.4.4　逻辑运算符

　　Python 语言中的逻辑运算符包含 3 种：逻辑与（and）、逻辑非（not）和逻辑或（or）。

它们的使用方法及实例见表 1-5。

表 1-5　逻辑运算符的用法和实例

运算符	名　称	说　明	实　例
not	逻辑"非"	若 x 为 True, 则返回 False; 否则, 返回 True	x = True, not x 将返回 False
and	逻辑"与"	若 x 为 False, x and y 将返回 False, 否则返回 y 的计算值	x = False, y = True, x and y 将返回 False
or	逻辑"或"	若 x 为 True, 则返回 True; 否则, 返回 y 的计算值	x = True, y = False, x or y 将返回 True

1.3.4.5　运算符的优先级

如果一个复杂的表达式中包含多个运算符, Python 语言将按照表 1-6 中的运算符优先级进行运算。

表 1-6　Python 语言运算符的优先级

编号	运　算　符	描述	编号	运　算　符	描述
1	Lambda 运算符 =>	Lambda 表达式	13	*, /,%	乘、除、取余运算
2	or	逻辑"或"	14	+ x, − x	正、负号
3	and	逻辑"与"	15	~ x	按位翻转
4	not x	逻辑"非"	16	**	指数
5	in, not in	成员测试	17	x. attribute	属性参考
6	is, is not	同一性测试	18	x[index]	下标
7	<, <=, >, >=,!=, ==	比较	19	x[index: index]	寻址段
8	∣	按位或	20	f(arguments...)	调用函数
9	^	按位异或	21	(expression, ...)	绑定或显示元组
10	&	按位与	22	[expression, ...]	显示列表
11	<<, >>	移位	23	{ key: datum, ... }	显示字典
12	+, −	加、减运算	24	'expression, ...'	字符串转换

表 1-6 中的编号代表优先级程度, 编号越小, 优先级越低, 相同编号的优先级相同, 相同优先级的运算符将按照从左向右的顺序进行计算。例如, 加 (+) 和减 (−) 具有相同的优先级。在写表达式的过程中, 建议使用圆括号来对运算符和操作数进行分组, 以便明确指出运算的先后顺序, 使得程序更加易读和不容易出错。例如, 2 + 5 * 6 虽然与 2 + (5 * 6) 的计算结果相同, 但是后者显然比前者的可读性更强。如果在写表达式的过程中希望改变运算的优先级, 也可以根据需要增加圆括号。

1.3.5　文件类型

Python 语言中主要包括 3 种文件类型: 源代码文件 (扩展名为 . py 或 . pyw)、字节代码文件 (扩展名为 . pyc) 和优化代码文件 (扩展名为 . pyo)。这些代码文件无须编译或连接, 可以直接通过 python. exe 或 pythonw. exe 解释运行。

1.3.5.1　源代码文件

Python 语言源代码文件的扩展名为 . py 或 . pyw。扩展名为 . py 的源代码文件由 python. exe 解释执行。使用 Python 语言编写的程序不需要编译成二进制代码, 而可以直接运行。扩展名

为 . pyw 的源代码文件专门用于开发图形用户界面，由 pythonw. exe 解释执行。对于扩展名为 . py 或 . pyw 的源代码文件，可以在文本编辑器（如 EditPlus 软件）中打开。

1.3.5.2　字节代码文件

Python 语言的源代码文件可以生成扩展名为 . pyc 的字节代码文件，该文件不能在文本编辑器中打开。此外，字节代码文件与平台无关，它可以在 Windows、UNIX 和 Linux 等操作系统上运行。运行源代码文件后可以得到字节代码文件，也可以通过脚本来生成字节代码文件。

【实例 1-14】　将源代码文件（. py）生成为字节代码文件（. pyc）。

本实例（见资源包中的 chapter 1\compiletest1. py）将演示如何将源代码文件 test1. py 编译为字节代码文件 test1. pyc。源代码如下：

```
1    import py_compile
2    py_compile. compile('test1. py')
```

- 第 1 行代码导入 Python 语言的 py_compile 模块。
- 第 2 行代码调用模块 py_compile 中的 compile( )方法将 test1. py 文件生成字节代码文件 test1. pyc。

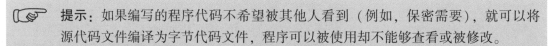

☞　**提示**：如果编写的程序代码不希望被其他人看到（例如，保密需要），就可以将源代码文件编译为字节代码文件，程序可以被使用却不能够查看或被修改。

1.3.5.3　优化代码文件

经过优化的源代码文件将生成扩展名为 . pyo 的优化代码文件。优化代码文件需要使用命令行工具生成，也不能够在文本编辑器中打开或修改。

下面仍然以源代码文件 test1. py 为例，介绍将其生成 test1. pyo 文件的方法。

1）单击【开始】→【运行（R）...】命令，在弹出的【运行】对话框中输入 cmd（见图 1-23），单击【确定】按钮后将启动命令行窗口。使用 DOS 命令将目录更改至 test1. py 所在的目录（例如，笔者的路径为 c:\temp），如图 1-24 所示。

图 1-23　启动命令行窗口

2）在命令行中输入如图 1-25 所示的命令，并按 < Enter > 键。此时，在当前的工作目录下将生成优化代码文件 test1. pyo。

图 1-24　进入 test1. py 所在的目录

图 1-25　使用命令生成优化字节代码文件（. pyo）

说明：

1）参数 – O 的含义是生成优化代码文件。需要注意的是，不要将大写英文字母 O 写成小写英文字母 o，更不能写成数字 0，否则将出现错误。

2）参数 – m 的含义是将导入的 py_compile 模块作为脚本运行，编译 test1. pyo 的过程中需要调用 py_compile 模块中的 compile（）方法。关于模块和方法的详细介绍，请参见第 1. 6. 2 节 "模块" 和第 1. 7. 2 节 "属性和方法"。

3）参数 test1. py 是待编译的源代码文件名。

1. 4　内置的数据结构

Python 语言中包含元组、列表、字典和序列等内置的数据结构。这些内置的数据结构是使用 Python 语言进行程序开发的基础，必须牢牢掌握，合理地使用它们将使得编程更加简单。本节将详细介绍各种内置的数据结构。

1. 4. 1　元组

元组（tuple）由一系列元素组成，且每个元素可以存储不同类型的数据（例如，字符串、数字等）。本节将详细介绍元组的创建、元组的访问、元组的 "打包" 和 "解包" 等内容。

1. 4. 1. 1　元组的创建

元组使用英文输入法状态下的圆括号 "（）" 定义，元组中各元素之间通过英文逗号进行分隔。元组中的元素一旦确定，就不允许对其进行修改。创建列表的格式如下所示：

tuple_name =（元素 1,元素 2,...）

【实例 1-15】　创建元组。

本实例将演示元组的创建方法。

```
1    zoo = ('wolf','elephant','penguin')
2    emptytuple = ( )
3    newzoo = ('wolf',)
```

- 第 1 行代码创建了名为 zoo 的元组。该元组包含 3 个字符串类型的元素，各元素之间使用英文逗号进行分隔。
- 第 2 行代码创建了空元组 emptytuple。
- 第 3 行代码创建了新元组 newzoo。该元组中只包含 1 个元素，则必须在第 1 个（唯一一个）元素后跟一个英文逗号。只有这样，Python 语言才能够判断该对象是元组。如果不加英文逗号，Python 无法区分该对象究竟是元组还是表达式，可能输出错误的结果。

【实例 1-16】　创建只包含 1 个元素的元组。

本实例（见资源包中的 chapter 1\trytuple. py）将演示如何创建只包含 1 个元素的元组。

```
1    zoo = ('wolf',)
2    print zoo[0]
```

```
3    zoo = ('wolf')
4    print zoo[0]
```

- 第 1 行代码创建了只包含 1 个元素的元组 zoo，后面使用逗号进行元素之间的分隔，这是正确的表示方法。
- 第 2 行代码输出元组 zoo 的第 1 个元素，输出结果为 wolf。元组的索引从 0 开始计数，因此 zoo[0] 表示访问元组 zoo 的第 1 个元素。关于访问元组的详细介绍，请参见第 1.4.1.2 节 "元组的访问"。
- 第 3 行代码创建的元组中的元素没有使用逗号进行分隔。
- 第 4 行代码的输出结果为 w，输出了错误的结果。

【实例 1-17】　使用元组定制输出。

本实例（见资源包中的 chapter 1\tuple_print. py）将演示如何使用元组来定制输出。

```
1    age = 33
2    name = 'John'
3    print '%s is %d years old' % (name, age)
4    print 'Why is %s playing with that snake?' % name
```

- 第 1 行代码创建了整型变量 age。
- 第 2 行代码创建了字符型变量 name。
- 第 3 行代码使用 %s 定制了姓名字符串，使用 %d 定制了年龄，并与 %(name, age) 相对应，即 %s 与 %(name, age) 中的 name 对应，%d 与 %(name, age) 中的 age 对应，这个顺序一定不能搞错。输出结果为 John is 33 years old。

print 语句后面可以跟具备定制功能的带符号 % 的元组。定制功能可以输出特定格式，例如，实例 1-17 中使用 %s 表示定制了占位的字符串，使用 %d 表示定制了占位的整数等，详细介绍请参见表 1-7。需要注意的是，元组中各元素的顺序必须与定制的顺序一一对应。

表 1-7　Python 语言中常用定制字符串的替代符

符　　号	描　　述	符　　号	描　　述
%c	定制字符及其 ASCII 码	%o	定制无符号八进制数
%s	定制字符串	%x	定制无符号十六进制数
%d	定制整数	%f	定制浮点型数据，可指定小数点后的精度
%u	定制无符号整数	%e	用科学计数法定制浮点数

☞　提示：如果要在字符串中输出符号 "%"，则应该表示为 "%%"。

- 第 4 行代码只有 1 个定制，即前面字符串中的 %s 与行末的 % name 对应。输出结果为 Why is John playing with that snake?。

1.4.1.2　元组的访问

元组的访问主要包括 2 种方式：索引（index）和切片（slice）。

1) 索引也可以称为 "下标"，通过一对方括号指明某个元素所在的位置，进而访问元组中的元素。需要注意的是，元组的索引从 0 开始计数。例如，tuple_name[0] 表示访问元

组 tuple_name 的第 1 个元素。元组还可以使用负数索引或切片索引。负数索引从元组的末尾
处开始计数，例如，－1 表示访问元组最末尾处的元素，－2 表示倒数第 2 个元素。

　　2）切片的表示方法是在元组名后面跟方括号，方括号中包含一对可选的数字并使用冒号
进行分隔，例如，tuple_name[1:5]。需要注意的是，冒号前后的数字可有可无，但是冒号必
须存在。切片中的第 1 个数（冒号之前）表示切片的开始位置，第 2 个数（冒号之后）表示
切片的结束位置。如果未指定第 1 个数，Python 语言将从元组的开始位置开始切片；如果未指
定第 2 个数，Python 语言则认为切片的结束位置在元组末尾处。例如，tuple_name[1:3] 将返
回从元组的第 2 个元素开始，到第 4 个元素结束（不包含第 4 个元素）的一个元组切片，
即该元组切片只包含 2 个元素。tuple_name[:] 则将返回整个元组的元组切片。同理，负
数也可以做切片，例如，tuple_name[:-1] 将返回除最后 1 个元素之外的元组切片。

【实例 1-18】　访问元组的方法。

本实例（见资源包中的 chapter 1\animaltuple. py）将演示访问元组的方法。

```
1    zoo = ('wolf','elephant','penguin')
2    print 'Number of animals in the zoo is ',len(zoo)


5    new_zoo = ('monkey','dolphin',zoo)
6    print 'Number of animals in the new zoo is ',len(new_zoo)
7    print 'All animals in new zoo are ',new_zoo
8    print 'Animals brought from old zoo are ',new_zoo[2]
9    print 'Last animal brought from old zoo is ',new_zoo[2][2]
```

- 第 1 行代码创建了元组 zoo，包含 3 个元素'wolf'、'elephant'和'penguin'。
- 第 2 行代码调用 len() 函数来获取元组 zoo 的长度，并输出长度值。输出结果为

  Number of animals in the zoo is 3

- 第 5 行代码创建了新元组 new_zoo，该元组中也包含 3 个元素'monkey'、'dolphin'和
  zoo。其中，第 3 个元素 zoo 是第 1 行代码创建的元组 zoo。
- 第 6 行代码调用 len() 函数获取元组 new_zoo 的长度，并输出长度值。输出结果为

  Number of animals in the new zoo is 3

- 第 7 行代码输出元组 new_zoo 中的所有元素。输出结果为

  All animals in new zoo are('monkey','dolphin',('wolf','elephant','penguin'))

- 第 8 行代码使用索引操作输出元组 new_zoo 中的第 3 个元素。输出结果为

  Animals brought from old zoo are('wolf','elephant','penguin')

- 第 9 行代码使用了两次索引操作，将输出元组 new_zoo 中第 3 个元素中的第 3 个元素，
  即元组 zoo 的第 3 个元素'penguin'。输出结果为

  Last animal brought from old zoo is penguin

☞　**提示：** 由于元组中的元素一旦确定，就不能够再添加或删除任何元素，因此，元组也不包含添加、删除元素的任何方法。

1.4.1.3　元组的"打包"和"解包"

Python 语言中将创建元组的过程称为"打包"，将元组中各个元素分别赋值给多个变量的过程称为"解包"。"打包"和"解包"使得赋值操作更加简单、自然。

【**实例 1-19**】　元组的打包和解包。

本实例（见资源包中的 chapter 1\pack. py）将演示元组的打包和解包。程序的源代码如下：

```
1    #! /user/bin/python
2    #- * -coding:UTF-8- * -
3    #打包
4    zoo = ('wolf','elephant','penguin')
5    #解包
6    a,b,c = zoo
7    print 'a =',a
8    print 'b =',b
9    print 'c =',c
```

- 第 4 行代码创建了元组 zoo，创建元组的过程即是"打包"过程。
- 第 6 行代码使用了赋值语句，赋值号（=）的左边是 3 个变量，赋值号的右边是元组 zoo，表示将元组 zoo 中的 3 个元素分别赋值给 a、b 和 c 这 3 个变量。
- 第 7 ~ 9 行代码输出 3 个变量的值。输出结果为

```
a = wolf
b = elephant
c = penguin
```

1.4.2　列表

列表（list）是能够存储有序元素的数据结构。例如，去商场购买东西时的购物列表记录了所需购买的物品。在 Python 语言中，列表的所有元素都包括在方括号（[]）中，各元素之间使用英文逗号进行分隔。与元组不同的是，在列表中可以添加、删除或搜索某个元素，因此，它是可变的数据结构。

1.4.2.1　列表的创建

列表的创建方法与元组的创建方法类似，区别之处在于：

1）元组中的各个元素均包含在圆括号中，而列表中的各个元素均包含在方括号中。

2）元组中的元素不可以改变，元组是不可变的内置数据结构；而列表中的元素可以改变，列表是可变的内置数据结构。

创建列表的格式如下：

list_name = [元素 1,元素 2,...]

由于列表是可变的数据结构，因此可以调用各种方法添加或删除列表中的元素。例如，

可以使用 append( ) 方法为列表添加元素，使用 remove( ) 方法删除列表中的元素等。

【实例 1-20】　列表的创建及对元素的操作方法。

本实例（见资源包中的 chapter 1\list1_create. py）将演示列表的创建、添加和删除等操作。程序的源代码如下：

```
1    list1 = ["car","jeep","bike"]
2    print list1
3    print list1[2]
4    list1. append("tractor")
5    print list1
6    list1. insert(2,"train")
7    print list1
8    list1. remove("jeep")
9    print list1
10   print list1. pop( )
11   print list1
```

- 第 1 行代码创建了包含 3 个元素的列表 list1。使用中括号（[ ]）创建列表，各个元素之间使用逗号进行分隔。
- 第 2 行代码输出 list1 中的所有元素，输出结果为 ['car', 'jeep', 'bike']。
- 第 3 行代码输出 list1 中的第 3 个元素，输出结果为 bike。
- 第 4 行代码调用 append( ) 方法，为 list1 追加新元素 "tractor"，新追加的元素位于列表的末尾处。
- 第 5 行代码输出 list1 中的所有元素，输出结果为 ['car', 'jeep', 'bike', 'tractor']。
- 第 6 行代码调用 insert( ) 方法，将元素 "train" 插入到列表 list1 的位置 2。由于列表位置从 0 开始计数，位置 2 相当于列表中的第 3 个元素。
- 第 7 行代码输出 list1 中的所有元素，输出结果为

   ['car', 'jeep', 'train', 'bike', 'tractor']

- 第 8 行代码调用 remove( ) 方法删除元素 "jeep"。
- 第 9 行代码输出 list1 中的所有元素，输出结果为 ['car', 'train', 'bike', 'tractor']。
- 第 10 行代码调用 pop( ) 方法，弹出列表中的最后一个元素。输出结果为 tractor。
- 第 11 行代码输出 list1 中的所有元素，输出结果为 ['car', 'train', 'bike']。

除了本实例中用到的 append( ) 方法、insert( ) 方法、remove( ) 方法和 pop( ) 方法之外，还有许多其他对列表进行操作的方法，详细介绍请参见第 1.4.2.3 节 "列表的方法"。

1.4.2.2　列表的访问

访问列表的方法与访问元组的方法十分相似，同样支持负索引、切片、双索引等操作。

【实例 1-21】　访问列表的方法。

本实例（见资源包中的 chapter 1\list1_visit. py）将演示列表的各种访问方法。程序的源代码如下：

```
1    #! /user/bin/python
2    #- * -coding:UTF-8- * -
3    #演示列表的访问
4    list1 = ["car","jeep","bike","train","tractor","airplane"]
5    print list1[-2]
6    print list1[1:4]
7    print list1[-3: -1]
8    print list1[:]
```

- 第 4 行代码创建了列表 list1，包含 6 个元素。
- 第 5 行代码输出倒数第 2 个元素，输出结果为 tractor。
- 第 6 行代码输出索引位置为 1、2、3 的元素，输出结果为 ['jeep','bike','train']。需要注意的是，Python 语言不会输出索引位置为 4 的元素 "tractor"。
- 第 7 行代码的输出结果为 ['train','tractor']。同理，Python 语言将输出索引位置为 -3、-2 的元素，而不会输出索引位置为 -1 的元素 "airplane"。
- 第 8 行代码输出 list1 中的所有元素，输出结果为 ['car','jeep','bike','train','tractor','airplane']。

【实例 1-22】 列表的其他扩展方法。

本实例（见资源包中的 chapter 1\list_extend. py）将演示列表的其他扩展方法。程序的源代码如下：

```
1    #! /user/bin/python
2    #- * -coding:UTF-8- * -
3    #演示列表的连接功能
4    list1 = ["car","bike","tractor"]
5    list2 = ["airplane","jeep","train"]
6    list1. extend(list2)
7    print list1
8    list3 = ["rocket"]
9    list1 = list1 + list3
10   print list1
11   list1 += ["spaceship"]
12   print list1
13   list1 = ["car","bike"] * 2
14   print list1
```

- 第 6 行代码调用 extend() 方法将列表 list2 中的元素添加到列表 list1 的末尾处。
- 第 7 行代码输出列表 list1 中的元素，输出结果为

  ['car','bike','tractor','airplane','jeep','train']

- 第 9 行代码使用运算符 "+" 连接两个列表，并将新列表命名为 list1。
- 第 10 行代码输出列表 list1 中的元素，输出结果为

  ['car','bike','tractor','airplane','jeep','train','rocket']

- 第 11 行代码使用运算符 "+=" 将元素 "spaceship" 添加到列表 list1 的末尾处。
- 第 12 行代码的输出结果为

    ['car','bike','tractor','airplane','jeep','train','rocket','spaceship']

- 第 13 行代码使用 "∗" 运算符连接了两个相同的列表 ["car","bike"]，并创建新列表 list1。
- 第 14 行代码的输出结果为 ['car','bike','car','bike']。

1.4.2.3　列表的方法

Python 语言中的列表通过 list 类实现，在弹出的交互式命令行窗口中输入命令 dir(list)，将显示列表的所有方法，如图 1-26 所示。输入命令 help(list)，则列出所有方法的帮助信息，如图 1-27 所示。

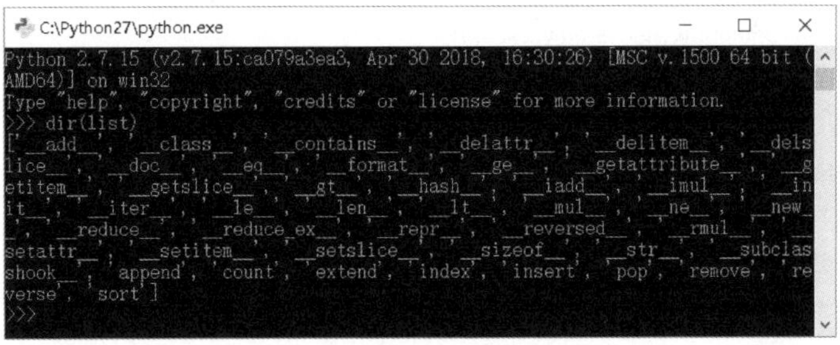

图 1-26　查询列表的所有方法

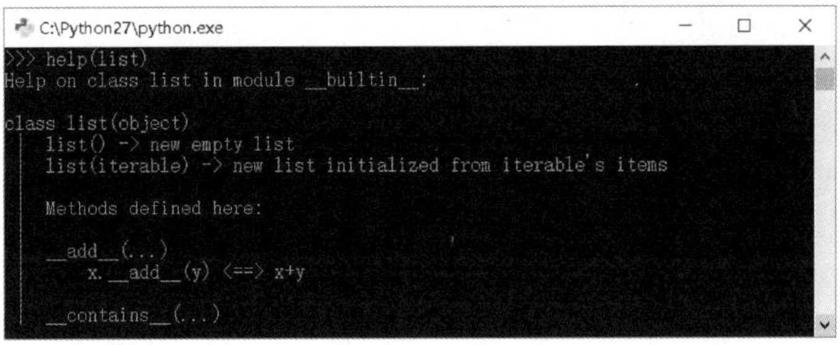

图 1-27　查看列表所有方法的帮助信息

列表的常用方法见表 1-8。

表 1-8　列表的常用方法

列表的方法	说　明
append(object)	在列表的末尾处追加对象 object
extend(iterable)	在列表的末尾处添加 iterable 元素
index(value,[start,[stop]])	返回 value 的第 1 个索引值，如果 value 不存在，则抛出异常
insert(index, object)	在 index 索引之前插入对象 object
pop([index])	移除 index 指定的元素。如果不指定 index，则移除最后 1 个元素
remove(value)	删除首次出现的 value
reverse()	对列表进行反转
sort()	对列表进行排序

【实例1-23】 列表元素的追加和排序。

本实例（见资源包中的 chapter 1\shoppinglist. py）将演示列表的追加、排序等方法。程序的源代码如下：

```
1    # - * -coding:UTF-8- * -
2    #购物列表
3    shoplist = ['apple','mango','carrot','banana']
4    print 'These items are:',      # 注意行尾处包含一个逗号
5    for item in shoplist:
6        print item,

8    print '\n I also have to buy rice.'
9    shoplist. append('rice')
10   print 'My shopping list is now ',shoplist

12   print 'I will sort my list now'
13   shoplist. sort( )
14   print 'Sorted shopping list is ',shoplist

16   print 'The first item I will buy is ',shoplist[0]
17   olditem = shoplist[0]
18   del shoplist[0]
19   print 'I bought the ',olditem
20   print 'My shopping list is now ',shoplist
```

- 第 3 行代码创建了购物列表 shoplist，包含 4 个元素。
- 第 4 ~ 6 行代码输出 shoplist 中的各个元素。需要注意的是，第 4 行行尾处有逗号。如果没有该逗号，列表中的各个元素将在新行中输出；如果行尾处包含逗号，则仍然在当前行中输出。第 5 行代码中使用 for... in 循环来输出 shoplist 的各个元素。关于循环语句的详细介绍，请参见第 1. 5. 2 节"循环语句"。输出结果为"These items are:apple mango carrot banana"。
- 第 8 行代码使用换行符"\n"（转义字符）进行换行，并输出字符串"I also have to buy rice."。关于 Python 转义字符的详细介绍，请参见表1-2。
- 第 9 行代码调用 append( )方法在列表 shoplist 的末尾处追加新元素 rice。
- 第 10 行代码的输出结果是

My shopping list is now['apple','mango','carrot','banana','rice']

- 第 13 行代码调用 sort( )方法对列表进行排序。
- 第 18 行代码调用 del 语句删除 shoplist 的第 1 个元素'apple'。

shoppinglist. py 文件的运行结果如下：

```
These items are:apple mango carrot banana
I also have to buy rice.
My shopping list is now ['apple','mango','carrot','banana','rice']
```

I will sort my list now

Sorted shopping list is ['apple','banana','carrot','mango','rice']

The first item I will buy is apple

I bought the apple

My shopping list is now ['banana','carrot','mango','rice']

☞ **提示**：如果列表中包含多个同名元素，调用 remove( ) 方法移除同名元素时，Python 语言将只删除列表中第 1 次出现的元素。例如

```
list = ["banana","apple","banana"]
list. remove("banana")
print list
```

上述代码的输出结果是 ['apple','banana']。

1.4.3　字典

字典（dictionary）是经常使用的 Python 语言的内置数据结构之一，用大括号（{}）表示。本节将介绍字典的创建、字典的访问和字典的方法。

1.4.3.1　字典的创建

在手机中查找某个联系人的信息时，通常通过姓名来查找电话号码或者 email 地址等。可以这样理解，将键（姓名）与值（电话号码或 email 地址）进行关联。而且，要准确无误地查询到所需信息，键（姓名）必须唯一。如果两个人恰好同名，则无法查询到正确的信息。此外，键必须选用不可变对象（例如，字符串）；值则既可以是可变对象，也可以是不可变对象。

字典就是使用键-值对（key-value）来表示的内置数据结构。在字典中，键-值对的表示方法如下：

d = {key1 : value 1,key2 : value 2}

可以发现，字典具有下列特征：

1）键和值之间使用冒号进行分隔。

2）各个键-值对之间使用逗号进行分隔。

3）所有的键-值对都包含在大括号（{}）中。

【**实例 1-24**】　创建字典的方法。

本实例将演示创建字典的方法。程序源代码如下：

```
1    myDict = {"a":"History","b":"Chinese","c":"English"}
2    print myDict
```

- 第 1 行代码创建了字典 myDict，选用字符串类型 "a"、"b" 和 "c" 作为"键"，而 "History"、"Chinese" 和 "English" 则为"值"。创建字典时，也可以使用数字 1、2、3 等不可变对象作为"键"。
- 第 2 行代码的输出结果为 {'a':'History','c':'English','b':'Chinese'}。

细心的读者可能已经发现，输出结果的键-值对的顺序与第 1 行代码中的键-值对顺序并不一致。原因是，为了便于快速查询，Python 语言根据字典中每个元素的哈希表码（Hashcode）值对各元素进行了排列，请务必注意这个问题。

print 语句的使用方法非常灵活，除了可以使用元组作为占位符来输出信息外，也可以使用字典进行占位输出。例如

```
print "%s,%(a)s,%(b)s" % {"a":"History","b":"Chinese"}
```

本行代码隐式地创建了字典 {"a":"History","b":"Chinese"}，该字典将用来定制 print 中的参数列表。%s 表示将占位输出字典的所有内容；%(a)s 表示将占位输出字典中键为 a 的值；%(b)s 表示将占位输出字典中键为 b 的值。输出结果为 "{'a':'History','b':'Chinese'}，History,Chinese"。

1.4.3.2　字典的访问

字典的访问方法与元组和列表的访问方法均不同。元组和列表的访问是通过索引来获取对应的元素值；而字典的访问则是通过"键"来获取对应的"值"。

【实例 1-25】　访问字典的方法。

本实例将演示访问字典的方法。程序的源代码如下：

```
1    dict = {"a":"History","b":"Chinese","c":"English"}
2    print dict["c"]
```

- 第 1 行代码创建了字典 dict，包含 3 个键-值对。
- 第 2 行代码输出键为 "c" 的值，输出结果为 English。

编写赋值语句可以向字典中添加或修改元素，操作起来非常简单。例如

dict["k1"] ="k1_value"

如果字典 dict 中不包含键 "k1"，则将添加新的键-值对（k1:k1_value）；如果字典中已包含键 "k1"，则将键 "k1" 的值修改为 k1_value。

调用 del() 函数可以删除字典中的元素，调用 clear() 函数则可以清空字典中的所有键-值对。使用 for...in 循环或字典的 items() 方法可以对字典中所有的键-值对进行遍历。

【实例 1-26】　字典中元素的添加、删除、修改、遍历、清除。

本实例（见资源包中的 chapter 1\dict_visit.py）将演示字典中元素的添加、删除、修改、遍历、清除等操作。程序的源代码如下：

```
1    #!/user/bin/python
2    #-*-coding:UTF-8-*-
3    dict = {"a":"History","b":"Chinese","c":"English"}
4    print dict
5    dict["d"] =" Mathematics"
6    print dict
7    del(dict["a"])
8    print dict
```

```
9      print dict. pop("b")
10     print dict
11     dict["c"] ="Geography"
12     print dict

14     #使用 for... in 循环对字典进行遍历
15     for k in dict：
16         print "dict[%s] ="%k,dict[k]

18     #使用 items()方法对字典进行遍历,返回由若干元组组成的列表
19     print dict. items()
20     dict. clear()
21     print dict
```

- 第 3 行代码创建字典 dict,包含 3 个键-值对。
- 第 4 行代码的输出结果为 {'a':'History','c':'English','b':'Chinese'}。
- 第 5 行代码向 dict 中添加键为"d"、值为"Mathematics"的新元素。
- 第 6 行代码的输出结果为

  {'a':'History','c':'English','b':'Chinese','d':'Mathematics'}

- 第 7 行代码调用 del()函数删除键为"a"的元素。
- 第 8 行代码的输出结果为 {'c':'English','b':'Chinese','d':'Mathematics'}。
- 第 9 行代码调用 pop()方法弹出键为"b"的值,输出结果为 Chinese。同时,将删除字典中键为"b"的键-值对。
- 第 10 行代码的输出结果为 {'c':'English','d':'Mathematics'}。
- 第 11 行代码将键"c"的值修改为 "Geography"。
- 第 12 行代码的输出结果为 {'c':'Geography','d':'Mathematics'}。
- 第 15、16 行代码使用 for... in 循环对字典中的元素进行遍历输出,并使用占位符%s 进行格式化输出。需要注意的是,变量 k 获取的是字典 dict 的 "键",通过 dict[k]来获取值。输出结果为

  dict[c]= Geography
  dict[d]= Mathematics

- 第 19 行代码调用 items()方法实现字典的遍历操作。需要注意的是,items()方法将返回 1 个列表,列表中各个元素均为由键-值对组成的元组,输出结果为

  [('c','Geography'),('d','Mathematics')]

- 第 20 行代码调用 clear()方法清空字典的所有键-值对。
- 第 21 行代码的输出结果是 {}。

除了 pop()方法、items()方法、clear()方法之外,字典中还包含许多其他方法,详见第 1.4.3.3 节 "字典的方法"。

1.4.3.3　字典的方法

第 1.4.3.2 节已经介绍了 pop()方法、items()方法和 clear()方法的用法,本节将介绍

字典的其他几个常用方法。灵活使用这些方法可以大大提高编程效率。

在 Python 编程窗口中输入命令 dir(dict)，并按 <Enter> 键后，窗口中将显示字典的所有方法，如图 1-28 所示。在窗口中输入命令 help(dict)，将列出各种方法的用法帮助，如图 1-29 所示。

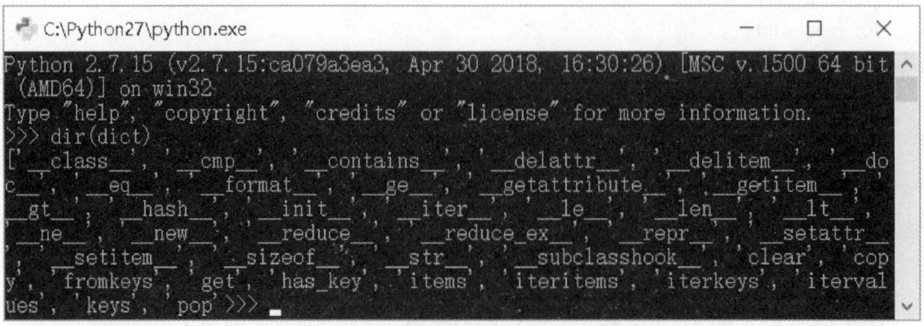

图 1-28　查看字典的所有方法

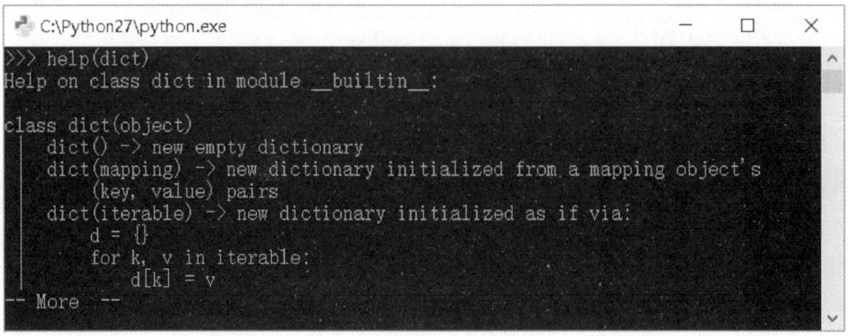

图 1-29　查看字典各种方法的用法帮助

表 1-9 列出了字典的常用方法及其功能。

表 1-9　字典的常用方法

字典的方法	功　　能
clear( )	清空字典，并返回空的字典
copy( )	浅拷贝字典的所有内容
get(k,[,d])	如果字典中包含键 "k"，则返回值 D[K]；否则，返回参数 d，d 的默认值为 None
has_key(k)	如果字典中包含键 "k"，则返回 True；否则，返回 False
items( )	返回多个元组组成的列表，每个元组都是一个键-值对
iteritems( )	返回指向字典键-值对的遍历器
iterkeys( )	返回指向字典 "键" 的遍历器
itervalues( )	返回指向字典 "值" 的遍历器
keys( )	返回字典中所有 "键" 的列表
pop(k,[d])	返回字典中与键 "k" 对应的值，并删除该键-值对
update(E)	将字典 E 中的元素与原字典的元素合并
values( )	返回字典中所有 "值" 的列表

其中需要特别说明的是，copy( )方法指的是浅拷贝，deepcopy( )方法指的是深拷贝，二者都可以应用于 Python 语言的任何对象。关于浅拷贝和深拷贝的详细介绍，请参见 Python 帮助手册 copy——*Shallow and deep copy operations*。

【实例 1-27】　字典的常用方法。

本实例（见资源包中的 chapter 1\dict_method. py）将演示字典常用方法的用法。程序的源代码如下：

```
 1    #! /user/bin/python
 2    #- * -coding:UTF-8- * -
 3    fruit = {"a":"apple","b":"orange","c":"tomato","d":"banana"}
 4    #输出字典中键(key)的列表,调用 keys( )方法
 5    print fruit. keys( )
 6    #输出字典中值(value)的列表,调用 values( )方法
 7    print fruit. values( )
 8    #字典中元素的获取,调用 get( )方法
 9    print fruit. get("c","banana")
10    print fruit. get("e","banana")
11    #使用 update( )方法将一个字典中的键-值对全部复制到另外一个字典中
12    print fruit
13    fruit1 = {"e":"pear","f":"strawberry"}
14    fruit. update(fruit1)
15    print fruit
```

- 第 3 行代码创建了字典 fruit，包含 4 个键-值对。
- 第 5 行代码调用 keys( )方法输出由所有"键"组成的列表，输出结果为

  ['a','c','b','d']

- 第 7 行代码调用 values( )方法输出所有"值"组成的列表，输出结果为

  ['apple','tomato','orange','banana']

- 第 9 行代码调用 get( )方法进行输出。由于 fruit 中包含键 c，因此将返回"键"为 c 时对应的值 tomato，输出结果为 tomato。
- 第 10 行代码仍然调用 get( )方法进行输出。由于字典中不包含键 e，因此返回参数"banana"，输出结果为 banana。
- 第 12 行代码输出 fruit 中的所有元素，输出结果为

  {'a':'apple','c':'tomato','b':'orange','d':'banana'}

- 第 13 行代码创建了名为 fruit1 的新字典，包含 2 个键-值对。
- 第 14 行代码调用 update( )方法将 fruit1 中的元素添加到 fruit 中。
- 第 15 行代码输出 fruit 的所有元素。输出结果为

  {'a':'apple','c':'tomato','b':'orange','e':'pear','d':'banana','f':'strawberry'}

1.4.4　序列

前面几节介绍的元组、列表和字符串都属于序列（sequence），它的两个主要特征是包

含索引操作和切片操作。索引操作可以从序列中获取需要的元素，而切片操作则可以获取序列中的部分元素。第 1.4.1 节 "元组" 和第 1.4.2 节 "列表" 都已经介绍过索引操作和切片操作的使用方法，本节对重复的内容不再赘述，仅通过实例 1-28 加以说明。

【实例 1-28】 序列的索引和切片。

本实例（见资源包中的 chapter 1\sequence. py）将演示序列的索引和切片操作。程序的源代码如下：

```
1    #! /user/bin/python
2    #- * -coding：UTF-8- * -
3    shoplist = ['apple','mango','carrot','banana']

5    #索引操作
6    print 'Item 1 is',shoplist[0]
7    print 'Item 2 is',shoplist[1]
8    print 'Item 3 is',shoplist[2]
9    print 'Item 4 is',shoplist[3]
10   print 'Item last is',shoplist[-1]
11   print 'Item second to last is',shoplist[-2]

13   # 对列表进行切片操作
14   print 'Index 1 to 3 is',shoplist[1:3]
15   print 'Index 2 to end is',shoplist[2:]
16   print 'Index 1 to -1 is',shoplist[1:-1]
17   print 'Index from start to end is',shoplist[:]

19   # 对字符串进行切片
20   name ='swaroop'
21   print 'characters index 1 to 3 is',name[1:3]
22   print 'characters index 2 to end is',name[2:]
23   print 'characters index 1 to -1 is',name[1:-1]
24   print 'characters index from start to end is',name[:]
```

- 第 3 行代码创建了列表 shoplist，包含 4 个元素。
- 第 6 ~ 11 行代码对列表进行索引操作，输出结果为

Item 1 is apple
Item 2 is mango
Item 3 is carrot
Item 4 is banana
Item last is banana
Item second to last is carrot

- 第 14 ~ 17 行代码对列表进行切片操作，输出结果为

Index 1 to 3 is ['mango','carrot']
Index 2 to end is ['carrot','banana']

Index 1 to -1 is $['\,\mathrm{mango}\,',\,'\,\mathrm{carrot}\,']$

Index from start to end is $['\,\mathrm{apple}\,',\,'\,\mathrm{mango}\,',\,'\,\mathrm{carrot}\,',\,'\,\mathrm{banana}\,']$

- 第 20 ~ 24 行代码对字符串进行切片操作，输出结果为

characters index 1 to 3 is wa

characters index 2 to end is aroop

characters index 1 to -1 is waroo

characters index from start to end is swaroop

☞　**提示**：由于字典不属于序列，因此，字典中的键-值对没有顺序性。

元组、列表和字符串都是序列，三者的比较情况见表 1-10。

表 1-10　列表、元组和字符串的比较

数据结构	元素是否可变	元素是否是必须同一类型	是否包含方法	句　　法
元组	否	否	否	$('\,\mathrm{a}\,',45)$
列表	是	否	是	$[8.0,''\mathrm{hello}'']$
字符串	否	是	是	$'\,\mathrm{world}\,'$

☞　**提示**：必须牢牢掌握列表、元组和字符串类型的用法，为结合 Abaqus 进行二次开发奠定基础。在学习过程中，一定注意查看每条语句返回的数据类型，并根据数据类型进行操作。例如，如果返回的是字典类型的数据，就按照字典操作的方法进行访问；如果返回的是字符串类型的数据，就按照字符串的操作方法进行访问。

1.5　结构化程序设计

前面介绍的所有 Python 源代码，各行代码都按照先后顺序依次执行。实际编程时往往需要进行判断，并根据判断结果执行不同的代码，此时就必须使用控制语句来实现。Python 语言的控制语句包括两类，即条件语句和循环语句，根据表达式的值控制程序的执行。

本节将介绍经常使用的控制和控制跳转语句，包括：条件语句（if… elif… else）、循环语句（while 循环和 for… in 循环）、break 语句和 continue 语句。

1.5.1　条件语句

if 语句用来判断条件的真假，其格式如下：

if(表达式):

　　语句 1

else:

　　语句 2

如果表达式的布尔值为"真"，则执行"语句 1"；如果表达式的布尔值为"假"，则执

行 "语句 2"。根据需要，在某些情况下 else 语句块可以省略。

if... elif... else 语句是对 if... else 语句的补充，其格式如下：

```
if(表达式 1):
    语句 1
elif(表达式 2):
    语句 2
else:
    语句 3
```

执行这段代码时，Python 语言首先判断 "表达式 1" 的布尔值是否为 "真"，如果为真，则执行 "语句 1"；否则，执行 elif 从句中的代码，并判断 "表达式 2" 的布尔值是否为 "真"，如果为 "真"，则执行 "语句 2"；如果还需要进行其他条件判断，还可以继续输入 elif 语句；如果所有表达式的布尔值为 "假"，则执行 else 块中的 "语句 3"。

☞　提示：编写条件判断语句时，应尽量避免出现条件嵌套。因为条件嵌套不仅不便于阅读，而且可能忽略某些条件判断。

下面首先介绍 Python 语言中的控制台输入函数 input( ) 和 raw_input( )。input( ) 函数支持输入数值或表达式，但是不支持输入字符串。该函数的声明语句为

input([prompt]) -> value

其中，参数 prompt 指的是控制台的提示输入信息，返回数值类型的值。

raw_input( ) 函数将捕获原始输入。该函数的声明语句为：

raw_input([prompt]) -> string

其中，参数 prompt 指的是控制台的提示输入信息，返回字符串类型的值。如果输入数值类型的数据，返回值仍然是字符串类型。如果需要对返回值进行数值计算，则必须使用 int( ) 或 float( ) 函数将返回值进行类型转换。

【实例 1-29】　使用 if 语句猜数。

本实例（见资源包中的 chapter 1\if. py）将演示如何使用条件语句 if 进行猜数。程序的源代码如下：

```
1    #! /user/bin/python
2    #- * -coding:UTF-8- * -
3    a = 10
4    input = int(raw_input('Enter an integer:'))

6    if input == a:
7        print 'Congratulations,you guessed it.'        # 新块开始
8        print "(but you do not win any prizes!)"        # 新块结束
9    elif input < a:
10       print 'No,it is a little bigger than that'      # 另外一个块
11   else:
```

```
12        print 'No,it is a little smaller than that'

14     print 'Done'                                          # 该语句将始终被执行
```

- 第 3 行代码创建变量 a 表示被猜的数字为 10。
- 第 4 行代码创建整型变量 input。由于 raw_input( ) 函数的返回值为字符串类型，因此，使用 int( ) 函数对字符串类型进行转换。
- 第 6~12 行代码使用 if... elif... else 语句对输入的数字进行判断。如果 input 等于数字 a，则执行 if 块中的语句；如果 input 小于数字 a，则执行 elif 块中的语句；对于其他情况，则执行 else 块中的语句。输出结果如图 1-30 所示。

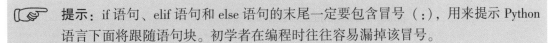

图 1-30　执行 if. py 后的结果

- 从图 1-30 中可以看出，将始终执行第 14 行代码。

☞ **提示**：if 语句、elif 语句和 else 语句的末尾一定要包含冒号（:），用来提示 Python 语言下面将跟随语句块。初学者在编程时往往容易漏掉该冒号。

☞ **提示**：代码越复杂，条件判断语句就越多（例如，可能包含 if 语句嵌套）。编程时一定要注意缩进的层次，这种错误的隐蔽性很强，初学者一定要注意。

1.5.2　循环语句

循环语句指的是重复执行的代码块，由循环体和循环终止语句组成。重复执行的语句块称为循环体，循环体执行的次数由循环终止条件决定。本节将详细介绍 while 循环和 for... in 循环的使用方法。

1.5.2.1　while 循环

如果条件判断结果为"真"，while 循环允许重复执行语句块。在 while 循环中还可以包含 else 从句，其格式如下所示：

```
while( 表达式 ):
    ...
```

```
else：
    ...
```

如果表达式的布尔值为"真"，将依次执行 while 块中的语句；否则，将执行 else 块中的语句。根据编程需要，else 语句块可以省略，表达式两侧的括号也可以省略。

☞　**提示**：while 循环中的 else 从句是循环体的一部分，而且与 while 语句处于同一层次（相同缩进），最后一次循环结束后将执行 else 从句。

【实例 1-30】　while 循环的用法。

本实例（见资源包中的 chapter 1\while. py）将演示 while 循环的使用方法。程序的源代码如下：

```
1    #! /user/bin/python
2    #- * -coding：UTF-8- * -
3    a = 10
4    logical = True

6    while logical：
7        input = int( raw_input('Enter an integer：') )

9        if input == a：
10           print 'Congratulations,you guessed it.'
11           logical = False        # 这行代码的目的是中止 while 循环
12       elif input < a：
13           print 'No,it is a little bigger than that'
14       else：
15           print 'No,it is a little smaller than that'

17   else：
18       print 'The while loop is over.'

20   print 'Done'
```

- 第 4 行代码将 logical 变量设置为 True，以保证 while 循环表达式为真，可以执行循环体中的语句。
- 第 7 行和第 9 行代码分别将 raw_input( ) 函数和 if 语句都移到 while 循环体内，目的是不断输入整数进行循环判断。
- 第 11 行代码将 logical 变量设置为 False，保证猜数正确时中止 while 循环。
- 第 12～15 行代码是 if 条件语句的两个分支，分别执行 elif 和 else 块中的语句。
- 第 14 行和第 17 行两条 else 语句分别属于不同的块，缩进也不相同。第 14 行代码中的 else 语句属于 if 条件语句块，与 if 语句的缩进相同；第 17 行代码中的 else 语句属于 while 循环语句块，与 while 语句的缩进相同。
- 第 20 行代码既不属于 if 条件语句块，也不属于 while 循环语句块，将始终执行。

实例 1-30 与实例 1-29 的功能类似，但其优点在于可以不断地输入整数，直到猜对为止。执行 while. py 文件后的输出结果如图 1-31 所示。

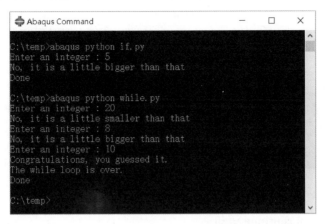

图 1-31　执行 while. py 后的结果

☞　**提示**：True 和 False 为布尔型数据，在检验重要条件时十分重要和方便，读者应该充分使用。

1. 5. 2. 2　for… in 循环

for… in 循环一般用于遍历某个集合（例如，元组、列表、字典等内置的数据结构），它将依次访问集合中的每个元素。for… in 循环的格式如下：

> **for variable in set**：
> 　　…
> **else**：
> 　　…

执行过程中，每次循环都从 set 中取出 1 个值，并把该值赋予 variable。for… in 循环通常与 range( ) 函数一起使用。由于 range( ) 函数将返回 1 个列表，for… in 循环将遍历列表中的每个元素。

☞　**提示**：for… in 循环中的 else 从句也属于循环的一部分，与 for 语句处于同一层次（相同缩进），最后 1 次循环结束后将执行 else 从句。

【**实例 1-31**】　for… in 循环的用法。

本实例（见资源包中的 chapter 1\for. py）将演示 for… in 循环的使用方法。程序的源代码如下：

```
1    for i in range(1,3):
2        print i
3    else:
4        print 'the loop is over'
```

● 第 1 行代码调用 range( ) 函数生成列表。range(num1, num2, num3) 函数将返回从 num1

开始到 num2 结束、步长为 num3 的列表。例如，range（1,3）将返回列表 [1,2]，range（1,3,2）将返回列表 [1]。因此，for i in range(1,3) 语句等价于 for i in[1,2] 语句，for...in 循环对于任何序列都适用。

- 第 3 行代码中的 else 语句也是 for...in 循环的一部分，循环结束时执行该语句。

执行 for.py 文件后的输出结果如图 1-32 所示。

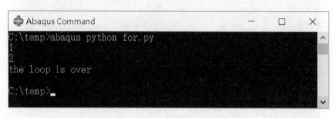

图 1-32　执行 for.py 后的结果

1.5.2.3　break 语句和 continue 语句

break 语句和 continue 语句都用于控制语句的跳转。如果在执行过程中，虽然条件判断结果为"真"，也希望中止执行循环语句，这时就需要使用 break 语句。continue 语句的功能是告知 Python 语言跳过当前循环体中的剩余语句，继续进行下一次循环。

【实例 1-32】　break 语句的用法。

本实例（见资源包中的 chapter 1\break.py）将演示 break 语句的使用方法。程序的源代码如下：

```
1      while True：
2          s = raw_input('Enter a string：')
3          if s =='break'：
4              break
5          print 'Length of the string is ',len(s)

7      print 'Done'
```

- 第 1 行代码的判断结果始终为"真"，以满足 while 循环语句的执行条件，可以反复提示输入字符串。
- 第 2 行代码调用 raw_input()函数输入字符串，并将返回的字符串赋值给变量 s。
- 第 3 行代码使用 if 语句判断变量 s 的值是否为'break'。如果判断结果为"真"，则执行第 4 行代码；否则，执行第 5 行代码。
- 第 4 行代码表示中止循环，执行第 7 行代码。

执行 break.py 文件后的输出结果如图 1-33 所示。

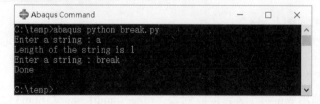

图 1-33　执行 break.py 后的结果

提示：break 语句只能够跳出本层循环。如果代码中存在多个循环嵌套，在最内一层的循环体中使用 break 语句并不能够跳出整个循环。

【实例 1-33】　continue 语句的用法。

本实例（见资源包中的 chapter 1\continue. py）将演示 continue 语句的使用方法。程序的源代码如下：

```
1    while True：
2        s = raw_input（'Enter a string：'）
3        if s =='break'：
4            break
5        if len（s）>5：
6            continue
7        print 'the length of input is too small'
```

- 本程序提示用户输入字符串。如果输入的字符串是 break，则中止程序的执行。
- 如果字符串的长度大于 5，则使用 continue 语句忽略执行块中的其他语句。

执行 continue. py 文件后的输出结果如图 1-34 所示。

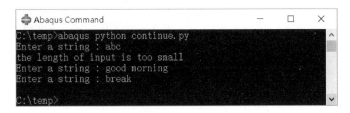

图 1-34　执行 continue. py 后的结果

1.6　函数、模块和包

Python 语言的源代码一般由函数、模块和包组成。函数包含可以重复调用的代码，通过输入参数来返回计算结果；模块则是处理某一类问题的函数和类的集合；而包则是由一系列模块组成的集合。图 1-35 给出了函数、模块和包之间的关系。本节将详细介绍三者的使用方法。

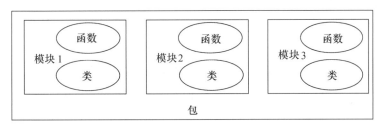

图 1-35　函数、模块和包之间的关系

1.6.1　函数

函数（function）是程序的重要组成部分。前面介绍的实例中多次用到 Python 语言的内置函数（例如，len( )函数，range( )函数、dir( )函数、type( )函数、help( )函数等），内置模块 __builtin__ 中的常用函数见表 1-11。读者也可以自定义函数，并在需要的位置调用该函数。

表 1-11　内置模块（__builtin__）中的常用函数

函 数 名 称	说　　明
abs(x)	返回 x 的绝对值
bool([x])	将 x 的值或表达式转换为布尔型
cmp(x,y)	比较 x 和 y 的大小
float(x)	将 x 转换为浮点型数据
help([object])	返回内置模块中各函数的用法帮助
id(x)	返回 x 的标识
input([prompt])	接收控制台的输入，返回值为数值型数据
int(x)	将 x 转换为整型数据
len(obj)	返回 obj 中元素的个数
range([start,]end[,step])	返回 1 个列表
raw_input([prompt])	接收控制台的输入，返回值为字符串型数据
round(x,n=0)	对函数进行四舍五入操作
set([iterable])	返回 1 个集合
sorted(iterable[,cmp[,key[,reverse]]])	返回排序后的列表
sum(iterable[,start=0])	返回序列的和
tpye(obj)	返回对象的类型
xrange(start[,end[,step]])	与 range( )函数类似，但每次只返回 1 个值
zip(seq1[,seq2,…seqn])	返回由 n 个序列组成的列表

1.6.1.1　函数的定义

定义函数时需要使用关键字 def，后面紧跟函数名和一对圆括号，并以冒号结束。定义函数的语句格式如下：

def 函数名(参数 1[=默认值 1],参数 2[=默认值 2],…):
　　…
return 表达式

其中，

1）函数名以下划线或字母开始，后面可以跟数字、字母或下划线。

2）函数中的参数可以有 1 个或多个，所有参数都放在圆括号中，各个参数之间使用逗号进行分隔。

1.6.1.2　函数的形参和实参

定义函数时，圆括号中的参数称为形式参数（简称形参）。与形式参数对应的是实际参数（简称实参）。调用函数时给定的参数值就是实参。Python 语言通过名字绑定机制将实参值与形参名进行绑定，使得形参和实参均指向内存中的同一个存储空间。

☞ **提示**：实参与形参必须一一对应，参数的顺序和类型也必须一致，否则将出现错误的计算结果。如果为形参提供了默认值，顺序则可以不一致。

【**实例 1-34**】　函数的定义、形参和实参。

本实例（见资源包中的 chapter 1\def_function. py）将演示函数的定义、形参和实参的使用方法。程序的源代码如下：

```
1    #! /user/bin/python
2    #- * -coding:UTF-8- * -

4    def add(a,b):
5        add = a + b
6        print ' the sum of a and b is:',add

8    add(3,5)   #调用函数 add(a,b)
```

- 第 4 行代码定义了函数 add(a,b)。其中，a 和 b 是两个形参，作用如同变量，只有在调用函数时才定义，而不是在函数内部进行赋值。
- 第 5 行和第 6 行代码是函数体，实现对两个形参进行求和并输出求和结果。
- 第 8 行代码调用函数 add(a,b)。根据形参与实参的一一对应关系，调用函数 add( )后，a 的值为 3，b 的值为 5，输出结果为"the sum of a and b is:8"。

在有些情况下，可能希望事先指定某些参数值（即参数使用默认值），这时可以使用赋值符号（ = ）指定形参的默认值。需要注意的是，默认值是一个参数，其值不可以改变。

【**实例 1-35**】　在函数中指定默认参数值。

本实例（见资源包中的 chapter 1\default_parameter. py）将演示在函数中使用默认参数值的方法。程序中的 say( )函数用来重复输出字符串，源代码如下：

```
1    #! /user/bin/python
2    #- * -coding:UTF-8- * -
3    def say(message,times =1):
4        print message * times

6    say(' nice ')
7    say(' you ',5)
```

- 第 3 行代码定义函数 say(message,times =1)，并为形参 times 设置了默认参数值 1。如果调用函数时不指定形参 times 的值，都将只输出 1 次字符串。
- 第 4 行代码是函数体，实现输出 times 次 message。
- 第 6 行代码调用函数 say( )。由于只给出了 1 个实参，该实参一定传递给 message，形参 times 将取默认值 1。输出结果为 nice。

- 第 7 行代码调用函数 say( )。按照形参与实参的对应关系，形参 message 的实参值为字符串 "you"，形参 times 的实参值为 5，因此，将输出 5 次字符串 "you"，输出结果为 youyouyouyouyou。

☞　**提示**：只有最末尾的形参才可以指定默认值。例如，"def func(a,b = 5)："是有效的函数定义；而 "def func(a = 5,b)："则是无效的函数定义，会抛出 "Syntax-Error：non-default argument follows default argument" 的提示信息。

除了刚刚介绍的为形参指定默认值的方法外，还可以通过关键字（keyword）来指定实参值。这样做的优点是不必考虑各个形参的顺序，编写代码时更加自由。调用函数时，只需为需要的参数进行赋值，而不必为指定默认值的形参赋值。

【实例 1-36】　通过关键字为形参指定默认值。

本实例（见资源包中的 chapter 1\keyparameter. py）将演示通过关键字为形参指定默认值的方法。程序的源代码如下：

```
1    #! /user/bin/python
2    #- * -coding:UTF-8- * -
3    def func( a,b = 55,c = 20)：
4        print 'a is',a,'and b is',b,'and c is',c

6    func(1,7)
7    func(20,c = 11)
8    func(c = 50,a = 10)
```

- 第 3 行代码定义了函数 func( )，并分别为形参 b 和 c 指定默认值 55 和 20。
- 第 4 行代码是函数体，实现输出形参 a、b 和 c 的值。
- 第 6 行代码调用函数 func( )。根据形参和实参的对应关系，形参 a 的值为 1，b 的值为 7，c 取默认值 20，输出结果为 a is 1 and b is 7 and c is 20。
- 第 7 行代码调用函数 func( )。根据形参和实参的对应关系，形参 a 的值为 20，b 取默认值 55，c 的值为 11，输出结果为 a is 20 and b is 55 and c is 11。
- 第 8 行代码调用函数 func( )。根据形参和实参的对应关系，形参 a 的值为 10，b 取默认值 55，c 的值为 50。由于使用了关键字，形参的顺序可以是任意的，本行代码的输出结果为 a is 10 and b is 55 and c is 50。

1.6.1.3　函数的返回值

函数的返回值使用 return 语句获取，其后可以跟变量或表达式。如果 return 语句后面没有任何参数，则返回值为 "None"。"None" 也是 Python 语言中的对象，代表 "空" 对象，它既不属于数值类型也不属于字符串类型。

【实例 1-37】　函数的返回值。

本实例（见资源包中的 chapter 1\function_return. py）将演示函数的返回值。程序的源代码如下：

```
1    #! /user/bin/python
2    #- * -coding:UTF-8- * -
3    #返回 None 对象
4    def func1( ):
5        return

7    print func1( )

9    #返回多个值时将值打包到元组,需要时解包
10   def func2(x,y,z):
11       list1 = [x,y,z]
12       list1. reverse( )
13       numbers = tuple(list1)
14       return numbers

16   a,b,c = func2(3,4,5)
17   print 'a = ',a,'b = ',b,'c = ',c
```

- 第 4 ~ 5 行代码定义了函数 func1( )。由于 return 语句后不跟任何参数,返回值为 None。
- 第 7 行代码调用函数 func1( ),输出结果为 None。
- 第 10 行代码定义了函数 func2(x,y,z)。
- 第 11 行代码将 3 个形参打包到列表 list1 中。
- 第 12 行代码调用列表的 reverse( )方法对元素进行逆序排列。
- 第 13 行代码将列表 list1 封装到元组 numbers 中。
- 第 14 行代码返回元组 numbers。
- 第 16 行代码调用函数 func2( ),将元组 numbers 中的元素解包给 3 个变量 a、b 和 c。
- 第 17 行代码输出 3 个变量的值,输出结果为 a = 5b = 4c = 3。

☞ **提示**:编写代码时,同一函数中尽量不要使用多个 return 语句,过多将使得程序十分冗杂。

1.6.1.4　递归函数

Python 语言允许函数调用自身,在函数体内直接或间接调用自身的函数称为递归函数。递归函数可以减少程序中代码的重复,使得程序更加简洁、易读。默认情况下,Python 语言允许函数调用自身最多 1000 次。

递归函数的实现分为递推和回归两个过程。

1) 递推:函数调用自身的过程。每次调用都重新执行函数体中的代码,直到满足递归结束条件为止。

2) 回归:函数从后向前返回的过程。递归函数调用完毕,再按照相反的顺序逐级返回。

【实例 1-38】 递归函数的使用。

阶乘是使用递归函数来实现的典型实例。本实例(见资源包中的 chapter 1\factorial. py)将

演示如何使用递归函数计算阶乘。

阶乘的计算公式如下:

$$n!=\begin{cases}1 & n=1,n=0 \text{ 时}\\ n\times(n-1)\times(n-2)\times\cdots\times1 & n>1 \text{ 时}\end{cases}$$

假设要计算 4!, 设计程序时: 首先, 要进行条件判断, 根据 n 是否等于 0 进行判断, 如果 n 的值不等于 0, 每次递推调用函数时都传入参数 $(n-1)$。

回归过程则依次返回 2!、3!、4!的计算结果, 如图 1-36 所示。

程序的源代码如下:

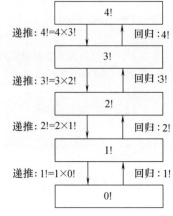

```
1    #! /user/bin/python
2    #- * -coding:UTF-8- * -
3    def factorial( n):
4        if n ==0:
5            return 1
6        else:
7            return n * factorial( n - 1)
```

图 1-36　递归函数的实现过程

```
10   factorial(10)
11   print '10! is:',factorial(10)
```

- 第 3 行代码定义了递归函数 factorial(n)。定义递归函数的方法与定义普通函数的方法完全相同。
- 第 4 ~ 7 行代码定义了条件判断语句: 如果 n 的值等于 0, 则返回 1; 否则, 调用函数自身并返回 n!的计算结果。
- 第 10 行和第 11 行代码分别调用递归函数 factorial(n)并输出计算值, 输出结果为 10! is:3628800。

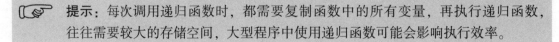

☞ 提示: 每次调用递归函数时, 都需要复制函数中的所有变量, 再执行递归函数, 往往需要较大的存储空间, 大型程序中使用递归函数可能会影响执行效率。

1. 6. 1. 5　lambda 函数

lambda 函数的功能是创建匿名函数。介绍普通函数和递归函数时, 函数的标识符就是函数名, 而匿名函数的函数名与标识符没有进行绑定。lambda 函数中只能使用变量和表达式, 而不允许使用条件判断语句或循环语句。因此, lambda 函数也可以称为表达式函数。定义 lambda 函数的格式如下:

lambda variable1,variable2… :expression

其中,

1) variable1、variable2 等变量用于计算表达式 expression。

2) lambda 函数也是函数, 在变量列表后也一定要包含冒号。

如果将 lambda 函数赋值给变量，该变量也可以作为函数来使用。例如

```
1    #!/user/bin/python
2    #-*-coding:UTF-8-*-
3    #赋值操作
4    func1 = lambda variable1,variable2...:expression
5    #调用函数 func1
6    func1( )
```

- 第 4 行代码创建了 lambda 函数，并将其赋值给变量 func1。此时，就将 lambda 函数与变量 func1 进行绑定，变量名 func1 即函数名。
- 第 6 行代码调用函数 func1( )进行计算。

【实例 1-39】　lambda 函数为变量赋值。

本实例（见资源包中的 chapter 1\lambda_variable.py）将演示把 lambda 函数赋值给变量的用法。程序的源代码如下：

```
1    #!/user/bin/python
2    #-*-coding:UTF-8-*-
3    # lambda 函数赋值给变量时的用法
4    def multi( ):
5        a = 3
6        b = 5
7        c = 8
8        d = 10
9        sum = lambda a,b:a + b
10       print " sum =",sum
11       sub = lambda c,d:c - d
12       print " sub =",sub
13       return sum(a,b) * sub(c,d)

15   #调用函数 multi( )
16   print multi( )
```

- 第 4 行代码定义了普通函数 multi( )。
- 第 9 行代码定义了 lambda 函数，用于计算表达式 a + b，并将 lambda 函数赋值给变量 sum。
- 第 10 行代码输出变量 sum 的值。变量 sum 保存了 lambda 函数的地址，输出结果为

    sum =<function<lambda>at 0x00B10A70>

- 第 11 行代码定义了 lambda 函数，用于计算表达式 c-d，并将 lambda 函数赋值给变量 sub。
- 第 12 行代码输出变量 sub 的值。变量 sub 保存了 lambda 函数的地址，输出结果为

    sub =<function<lambda>at 0x00BA42B0>

- 第 13 行代码返回 sum(a,b)与 sub(c,d)的乘积。

- 第 16 行代码调用函数 multi( )，并输出计算结果 – 16。

☞ **提示**：lambda 函数的最大特点是一行语句实现了多行代码的功能。在适当位置使用 lambda 函数将使得程序更加简洁。

除了将 lambda 函数作为变量使用之外，编写程序时还可以直接使用该函数。

【实例 1-40】 lambda 函数的使用。

本实例（见资源包中的 chapter 1 \lambda_function. py）将演示直接使用 lambda 函数的方法。程序的源代码如下：

```
1    #! /user/bin/python
2    #- * -coding:UTF-8- * -
3    # lambda 函数作为变量使用
4    a = lambda x:x * x
5    print a(3)

7    #将 lambda 函数直接作为函数使用
8    print(lambda x:x * x)(3)
```

- 第 4 行代码将 lambda 函数赋值给变量 a。
- 第 5 行代码调用函数 a(3)，输出结果为 9。
- 第 8 行代码定义了匿名函数（没有函数名）lambda x:x * x，用来返回 x^2。圆括号中的 3 表示 lambda 函数中变量 x 的参数值，输出结果为 9。

1. 6. 1. 6　Generator 函数

Generator 函数的功能是每次生成并输出 1 个数据项，一般用于 for. . . in 循环中对数据项进行遍历，也可以用于迭代计算。Generator 函数的定义格式如下：

def 函数名(形参列表)：

. . .

yield 表达式

Generator 函数的定义格式与普通函数的定义格式完全相同，唯一区别是，Generator 函数使用保留字 yield 来返回生成的数据项，而普通函数使用保留字 return 返回函数的计算结果。虽然 yield 和 return 的功能都是从函数中返回数据项，但二者的返回值和执行原理均不同：yield 保留字不会中止程序的执行，返回数据后程序继续向后执行；而 return 保留字返回值后，程序将终止执行。读者可以尝试编写简单程序，验证二者的不同。

【实例 1-41】 Generator 函数的使用。

本实例（见资源包中的 chapter 1 \Generator. py）将演示 Generator 函数的使用方法。程序的源代码如下：

```
1    #! /user/bin/python
2    #- * -coding:UTF-8- * -
3    #定义 Generator 函数
4    def gen_numbers(n):
```

```
5          for i in range(n):
6              yield i

8      gen = gen_numbers(2)
9      #使用 next 方法进行输出
10     print gen. next( )
11     print gen. next( )
12     print gen. next( )
```

- 第 4 行代码定义了 Generator 函数 gen_numbers(n)，用来生成从 0 ~ (n - 1) 共 n 个数字。
- 第 6 行代码使用保留字 yield 生成 n 个数字。
- 第 8 行代码将调用函数 gen_numbers( )，并将 gen_numbers(2)赋值给列表 gen。
- 第 10 行和第 11 行代码将调用 next 方法输出列表 gen 中的值。输出结果为

  0
  1

- 由于 n 的值为 2，第 11 行代码执行完毕就已经获得 2 个数字。因此，第 12 行代码再次调用 gen. next( )时，已经没有数据可以生成。Python 解释器将抛出下列异常：

```
Traceback(most recent call last):
    File "Generator. py", line 12, in < module >
        print gen. next( )
StopIteration
```

1.6.2　模块

使用函数可以大大减少代码的重复编写工作，如果程序中需要重复调用某些函数，就可以编写模块（module）来减少编程的工作量。

本节将介绍模块的相关知识，包括模块的创建和导入、模块的属性、sys 模块和__builtin__模块。

1.6.2.1　模块的创建和导入

模块指的是包含重复使用的变量、函数和类的文件。1 个 Python 文件（扩展名为 . py）就是 1 个模块。使用某个模块中的变量、函数或类之前，必须首先导入该模块。例如，Abaqus 软件中包含 Part 模块、Interaction 模块、Step 模块等，从第 2 章 "Abaqus 中的 Python 脚本接口" 开始，将陆续介绍许多 Python 语言与 Abaqus 结合的实例，会经常使用 from abaqus import * 语句来导入 Abaqus 中的模块。

导入模块的语句格式如下：

```
import module_name
```

上述语句表示导入模块 module_name。调用模块中的函数或类时，必须使用模块名作为前缀。例如，module_name. func( )表示将调用模块 module_name 中的函数 func( )。关于类的详细介绍，请参见第 1.7.1 节 "类和对象"。

使用 from... import... 语句也可以导入模块，语句格式如下：

```
from module_name import function_name
```

上述语句表示从模块 module_name 中导入函数 function_name。此时，调用函数 function_name 时无须使用模块名作为前缀。

☞ **提示**：from... import... 语句无须使用模块名限定函数所在的模块。如果不同模块中包含同名函数，很容易引起混淆，建议使用 import 语句导入模块。

下列几种导入模块的方法也会经常用到：

1）导入模块中的所有类和函数，使用下列语句：

```
from module_name import *
```

2）只导入模块中的某个类或函数，使用下列语句：

```
from module_name import function_name
```

3）如果导入模块的类名或函数名过长，可以使用 as 语句将类名或函数名命名为较短的别名，并使用别名作为类名或函数名来使用。格式如下：

```
from module_name import function_name as short_alias_name
```

☞ **提示**：import 语句的使用方法非常灵活，可以放在程序中的任意位置。为了使程序更加易读，建议在程序的开始导入所需模块。

【实例 1-42】 模块的创建和导入。

本实例（见资源包中的 chapter 1\create_import_module）将演示模块的创建和导入方法。程序的源代码如下：

1）创建模块 create_module. py 该模块中包含函数和变量。程序的源代码如下：

```
1    #! /user/bin/python
2    #- * -coding：UTF-8- * -
3    #创建模块 create_module. py
4    hw ='Hello World'
5    c = 76

7    def pr(x):
8        print x
```

- 第 4 行代码创建了字符型变量 hw。
- 第 5 行代码创建了整型变量 c。
- 第 7 行和第 8 行代码定义了函数 pr( )。

2）建立新的 Python 文件 import_module. py 用来调用模块 create_module. py 中的变量和函数。import_module. py 的源代码如下：

```
1    #! /user/bin/python
2    #- * -coding：UTF-8- * -
```

```
3       #导入模块 create_module. py
4       import create_module
5       print create_module. hw
6       print create_module. c
7       print create_module. pr(58)
```

- 第 4 行代码导入了模块 create_module。由于使用 import 语句导入模块，访问模块中的变量和函数时，必须使用模块名作为前缀。
- 第 5 行代码输出模块 create_module 中变量 hw 的值，输出结果为 Hello World。
- 第 6 行代码输出模块 create_module 中变量 c 的值，输出结果为 76。
- 第 7 行代码调用模块 create_module 中的函数 pr(58)，输出结果为 58。

☞　提示：将常用的函数、常数、变量等都存放于某个 . py 文件（即模块）中，编写程序时可以通过导入该模块来提高程序的编写效率，也能为多个程序员进行联合开发提供便利。

1. 6. 2. 2　模块的属性

每个模块都包含用来完成某些特定任务的内置属性。例如，属性__name__用来判断当前模块是否是程序的入口。如果正在运行当前程序，则__name__的值为"__main__"。一般情况下，编程时最好为每个模块添加一个条件判断语句，用来测试模块的功能。属性__doc__用来输出模块中字符串的内容。

☞　提示：__name__、__doc__和__main__都以英文输入状态下的双下划线开始和结束。

【实例 1-43】　__name__属性的使用方法。

本实例（见资源包中的 chapter 1\module_attribute）将演示模块属性__name__的使用方法。

1）首先创建模块 myModule. py。源代码如下：

```
1       #! /user/bin/python
2       #- * -coding:UTF-8- * -
3       if __name__ =='__main__':
4           print 'myModule 作为主程序运行'
5       else：
6           print 'myModule 被其他程序调用'
```

说明：第 3 行代码用来判断模块 myModule 是否作为主程序运行。运行模块 myModule 后的输出结果为"myModule 作为主程序运行"。

2）编写模块 call_myModule. py 来调用模块 myModule。源代码如下：

```
1       #! /user/bin/python
2       #- * -coding:UTF-8- * -
3       import myModule
```

说明：运行模块 call_myModule，输出结果为"myModule 被其他程序调用"。

【实例 1-44】 __doc__ 属性的使用方法。

本实例（见资源包中的 chapter 1\module_attribute\myDoc. py）将演示模块属性__doc__ 的使用方法。程序的源代码如下：

```
1    #! /user/bin/python
2    #- * -coding:UTF-8- * -
3    #使用三引号制作__doc__文档
4    class Hello:
5        ''' hello class'''
6        def printHello( ):
7            ''' print hello world'''
8            print 'hello world!'

10   #使用__doc__属性来输出模块中字符串的内容
11   print Hello.__doc__
12   print Hello. printHello.__doc__
```

- 第 4 行代码定义了类 Hello。关于类的详细介绍，请参见第 1.7.1 节 "类和对象"。
- 第 5 行代码对 Hello 类进行描述，该字符串将存放在类的__doc__ 属性中。
- 第 6 行代码定义函数 printHello( )。
- 第 7 行代码对 printHello 函数进行描述，并将字符串存放在__doc__ 属性中。
- 第 8 行代码是 printHello 函数的执行语句。
- 第 11 行代码输出类 Hello 的__doc__ 属性，输出结果为 hello class。
- 第 12 行代码输出 printHello( )的__doc__ 属性，输出结果为 print hello world。

1. 6. 2. 3　sys 模块和__builtin__模块

Python 语言中提供了许多标准库模块（例如，sys 模块、__builtin__模块等）。本节将介绍标准库模块的使用方法。

1. sys 模块

sys（system 的缩写）模块中包含与 Python 解释器及其环境相关的函数。

【实例 1-45】 sys 模块的使用方法。

本实例（见资源包中的 chapter 1\sys_module. py）将演示 sys 模块的使用方法。程序的源代码如下：

```
1    #! /user/bin/python
2    #- * -coding:UTF-8- * -
3    import sys

5    print '命令行参数如下:'
6    for i in sys. argv:
7        print i

9    print '\n Python 语言的路径为:',sys. path,'\n'
```

- 第 3 行代码导入 sys 模块。执行 import sys 语句时，Python 语言将在 sys. path 的所有目录下查找文件 sys. py。如果搜索到该文件，则执行主块中的语句。
- 第 6 行和第 7 行代码使用 for... in 循环输出 sys 模块中的变量 argv(sys. argv)。这种表示方法的优点：sys 模块中的变量名不会与程序中的变量名产生冲突，而且可以明确地知道该变量属于 sys 模块。
- 第 9 行代码将输出 sys. path(sys 模块的路径)，并使用\n 开始一个新行。

运行模块 sys_module 后，输出结果为

> 命令行参数如下：
>
> sys_module. py
>
> Python 语言的路径为:['F:\\abaqus\xd6\xd0\xb5\xc4\xd3\xc3\xbb\xa7\xd7\xd3\xb3\xcc\xd0\xf2\xba\xcdPython\xd3\xef\xd1\xd4\cd\\python\\chapter 1\\1. 6 ','C:\\WINDOWS\\system32\\python26. zip ',C:\\Python26\\DLLs ',' C:\\Python26\\lib ',' C:\\Python26\\lib\\plat- win ',' C:\\Python26\\lib\\lib-tk ',' C:\\Python26 ',' C:\\Python26\\lib\\site- packages ',' C:\\Python26\\lib\\site-packages\\win32 ',' C:\\Python26\\lib\\site-packages\\win32\\lib ',' C:\\Python26\\lib\\site – packages\\Pythonwin ',' C:\\Python26\\lib\\site-packages\\setuptools-0. 6c11-py2. 6. egg-info ']

☞　**提示**：导入模块时，为了提高解释速度，Python 语言首先将该文件转换为字节代码文件（扩展名为 . pyc）。当再次导入该模块时，直接读入 . pyc 文件即可。第 1.3.5.2 节 "字节代码文件" 介绍过将源代码文件转换成字节代码文件的方法。

Python 语言中每个模块都包含了许多变量、函数、类。如何搞清楚各个模块中究竟包含了哪些属性和方法呢？

最简单的方法就是调用 dir( ) 函数，它的功能是列出模块中定义的所有标识符（函数、类、变量等）。如果将模块名作为 dir( ) 函数的参数，则返回该模块的所有属性列表；如果不给定参数，则返回模块的内置属性列表。

【实例 1-46】　调用 dir( ) 函数查看模块的属性和方法列表。

本实例（见资源包中的 chapter 1\dir_sys. py）将演示调用 dir( ) 函数查看 sys 模块的属性列表。程序的源代码如下：

```
1    #! /user/bin/python
2    #- * -coding:UTF-8- * -
3    import sys
4    print dir( sys)
```

说明：第 4 行代码输出 sys 模块中的所有属性名和方法名的列表，输出结果如下

> ['__displayhook__','__doc__','__excepthook__','__name__','__package__','__stderr__','__stdin__','__stdout__','_clear_type_cache','_current_frames','_getframe','api_version','argv','builtin_module_names','byteorder','call_tracing','callstats','copyright','displayhook','dllhandle','dont_write_bytecode','exc_clear','exc_info','exc_type','excepthook','exec_prefix','executable','exit','flags','float_info','getcheckinterval','getdefaultencoding','getfilesystemencoding','getprofile','getrecursionlimit','getrefcount',

'getsizeof','gettrace','getwindowsversion','hexversion','maxint','maxsize','maxunicode','meta_path',
'modules','path','path_hooks','path_importer_cache','platform','prefix','py3kwarning','setcheckinterval','setprofile','setrecursionlimit','settrace','stderr','stdin','stdout','subversion','version','version_info','warnoptions','winver']

☞ 提示：学习 Python 语言的过程中，应经常使用 help( )、type( )、dir( )、__members__、__methods__ 方法来获取对象中的信息，以帮助快速编程。

2. __builtin__ 模块

Python 语言中的内置模块 __builtin__ 定义了各种常用函数（例如，数据类型的转换、数值计算、序列的切片和索引等）。第 1.6.1 节"函数"中表 1-11 列出了 __builtin__ 中的常用函数，本节将详细介绍部分函数的使用方法。

（1）apply( )函数　apply( )函数能够调用由可变参数组成的列表，并允许将参数存放在元组或序列中。声明语句如下：

apply(func,[,args[,kwargs]])

其中，

1）参数 func 表示自定义函数名。

2）参数 args 表示 func 函数中各参数组成的列表或元组。如果不包含参数 args，则表示函数中没有任何参数。

3）参数 kwargs 表示字典，字典中的键（key）指的是函数的参数名，值（value）指的是实参值。

4）apply( )函数的返回值是自定义函数 func( )的返回值。

【实例 1-47】　apply( )函数调用自定义函数。

本实例（见资源包中的 chapter 1\func_apply. py）将演示使用 apply( )函数调用自定义函数的方法。程序的源代码如下：

```
1    #!/user/bin/python
2    #-*-coding:UTF-8-*-
3    #使用 apply( )调用自定义函数 multi( )
4    def multi(a=5,b=2):
5        return a*b

7    print apply(multi,(1,3))
```

- 第 4 行代码定义了函数 multi( )，并分别为两个形参 a 和 b 指定默认值 5 和 2。
- 第 7 行代码通过函数 apply( )来调用 multi(1,3)，输出结果为 3。

☞ 提示：apply( )函数中各参数的顺序必须与自定义函数 multi( )中的形参顺序保持一致，否则将抛出异常。

（2）filter( )函数　filter( )函数的功能是对某个序列进行过滤操作。如果自定义函数中参数的返回值为"真"，则进行过滤操作并返回输出结果。声明语句如下：

filter(func or None, sequence) -> list, tuple, or string

其中,

1) 参数 func 表示需要过滤的自定义函数, 过滤规则在函数 func(item) 中定义。如果 func 为 "None", 表示过滤项 item 为 "真", 则返回序列的所有元素。

2) 参数 sequence 表示待处理的序列。

3) filter() 函数将返回由 func() 返回值组成的序列, 序列的类型与参数 sequence 的类型相同。

【实例 1-48】　使用 filter() 函数过滤序列中的元素。

本实例 (见资源包中的 chapter 1\func_filter. py) 将演示如何调用 filter() 函数对序列进行过滤, 从给定列表中过滤出小于 2 的数字。程序的源代码如下:

```
1    #!/user/bin/python
2    #-*-coding:UTF-8-*-
3    def func(x):
4        if x<2:
5            return x

7    print filter(func,range(-8,8))
```

- 第 7 行代码调用函数 range() 生成待处理的列表, 并将列表中各元素依次传入函数 func() 中。func() 函数的返回值将传递给 filter() 函数, 最后 filter() 函数将返回值重组成列表并返回。

- 运行该文件后的输出结果为 [-8,-7,-6,-5,-4,-3,-2,-1,1]。

☞　**提示**:过滤函数 filter() 中必须包含形参, 用来存储序列 (sequence) 中的变量, 否则无法对函数 func() 进行过滤。

(3) map() 函数　map() 函数的功能十分强大, 它可以同时对多个序列的每个元素执行相同的操作, 并返回由计算结果组成的列表。声明语句如下:

map(func, sequence [, sequence ,...]) -> list

其中,

1) 参数 func 表示自定义函数, 用来对序列中的每个元素进行操作。

2) 参数 sequence 表示待处理的序列, 可以包含多个参数。

3) map() 函数将返回对序列中元素操作完毕后的列表。

【实例 1-49】　使用 map() 函数对多个数据进行幂运算。

本实例 (见资源包中的 chapter 1\func_map. py) 将演示使用 map() 函数对列表中的多个数据进行幂运算。程序的源代码如下:

```
1    #!/user/bin/python
2    #-*-coding:UTF-8-*-
3    def power1(x):
```

```
4          return x * * x
5      print map(power1,range(2,6))

7      def power2(x,y):
8          return x * * y
9      print map(power2,range(1,4),range(4,1,-1))
```

- 第 3 行代码定义了 power1(x)函数，用来实现对形参 x 的求幂运算。
- 第 5 行代码将数字 2、3、4、5 依次传入函数 power1()中，并返回由元素 2^2、3^3、4^4、5^5 组成的列表，输出结果为 [4,27,256,3125]。
- 第 7 行代码定义了 power2(x,y) 函数，实现求幂运算 x^y。
- 第 9 行代码调用 range() 函数生成了两个列表参数：range(1,4) 将返回列表 [1,2,3]；range(4,1,-1) 则返回列表 [4,3,2]。map()函数则返回由元素 1^4、2^3 和 3^2 组成的列表，输出结果为 [1,8,9]。

☞ **提示：** 如果 map()函数中给出多个序列参数，则将序列中的元素一一对应计算。如果序列的长度不完全相同，则在较短序列后面使用 "None" 对象补齐，然后再进行计算。

(4) reduce()函数　　ruduce()函数的功能是对序列中的元素进行连续处理，与循环语句的功能类似。声明语句如下：

reduce(func,sequence[,initial])->value

其中，

1) 参数 func 表示自定义函数。

2) 参数 sequence 表示待处理的序列。

3) 参数 initial 可以省略。如果 initial 非空，首先将 initial 值传递到 func()中进行计算。如果 sequence 参数为空，则对 initial 值进行运算。

4) reduce()函数将返回 func()计算得到的结果。

【实例 1-50】　使用 reduce()函数对列表各元素累加求和。

本实例（见资源包中的 chapter 1\func_reduce. py）将演示调用 reduce()函数对列表中各个元素进行累加求和。程序的源代码如下：

```
1      #! /user/bin/python
2      #- * -coding:UTF-8- * -
3      def sum(x,y):
4          return x + y

6      print reduce(sum,range(5,10))
7      print reduce(sum,range(5,10),5)
8      print reduce(sum,range(5,5),5)
```

- 第 3 行代码定义了函数 sum(x,y)，实现对形参 x 和 y 的求和运算。

- 第 6 行代码调用 reduce( ) 函数对 5 + 6 + 7 + 8 + 9 进行累加求和，输出结果为 35。
- 第 7 行代码给定 initial 值是 5，该值将首先传递到函数 sum( ) 中进行计算。因此，本行代码将调用 reduce( ) 函数对 5 + 5 + 6 + 7 + 8 + 9 进行累加求和，输出结果为 40。
- 对于第 8 行代码，由于 range(5,5) 的返回值为空列表，因此，函数 reduce( ) 返回值也就是 initial 的值 5，输出结果为 5。

除了本节介绍的内置函数之外，Python 语言中还提供了许多其他内置函数，详细介绍请参见帮助手册 *Python v 2.7.3 documentation*→"The Python Standard Library"→第 2 章 "Built-in Functions"。

1.6.3　包

包（package）是由一系列模块组成的集合，也是完成某些特定任务的工具箱，使用包可以重复使用程序。Python 语言提供了许多便捷的工具包（例如，字符串处理、图形用户接口、Web 应用、图形图像处理等），使用它们可以提高编程效率，减少程序的复杂程度。Python 语言自带的工具包和模块均位于安装目录下的 Lib 子目录中，例如，笔者的自带工具包位于 C:\Python27\Lib\。

包中至少包含一个由 __init__. py 文件组成的文件夹。__init__. py 文件的功能是标识当前文件夹是一个包，相当于包的注册文件，该文件的内容可以为空。但如果不包含该文件，Python 语言将无法识别 xml 包。例如，Lib 目录中的 xml 文件夹是一个包，功能是实现 XML 的应用开发。xml 包中还包含子包 dom、etree、parsers 和 sax。

用户也可以将常用的代码合并到某个包中，通过调用该包的各种功能实现代码的重用。例如，可以自定义包 package，在包 package 中创建 subpackage1 和 subpackage2 两个子包；subpackage1 子包中定义了模块 myModule1. py，subpackage2 子包中定义了模块 myModule2. py；模块 myModule1. py 中定义了函数 myFunction1. py，模块 myModule2. py 中定义了函数 myFunction2. py；最后，在包 package 中定义专门调用子包 subpackage1 和 subpackage2 的模块 main。包、子包、模块和函数之间的关系如图 1-37 所示。关于自定义包的步骤和方法的详细介绍，请参见实例 1-51。

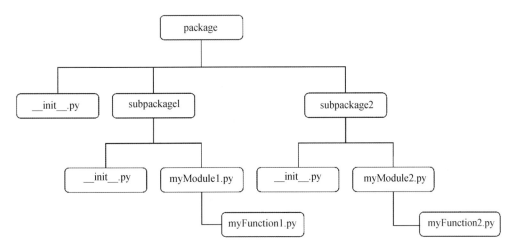

图 1-37　包、子包、模块和函数之间的关系示意图

【实例 1-51】　自定义包。

本实例（见资源包中的 chapter 1\package_user）将演示自定义包的方法。

（1）子包 subpackage1 中的 __init__. py 文件（见资源包中的 chapter 1\package_user\sub-package1__init__. py）　源代码如下：

```
1    #! /user/bin/python
2    #- * -coding:UTF-8- * -
3    if __name__ =='__main__':
4        print "作为主程序运行"
5    else:
6        print "初始化子包 subpackage1 "
```

本段代码的功能是初始化子包 subpackage1。当 subpackage1 被其他模块调用时，将输出信息"初始化包 subpackage1"。

（2）子包 subpackage1 中的模块 myModule1. py（见资源包中的 chapter 1\package_user\subpackage1\myModule1. py）　源代码如下：

```
1    #! /user/bin/python
2    #- * -coding:UTF-8- * -
3    def myFunction1( ):
4        print " subpackage1. myModule1. myFunction1( )"

6    if __name__ =='__main__':
7        print 'myModule1 作为主程序运行'
8    else:
9        print 'myModule1 被其他模块调用'
```

（3）子包 subpackage2 中的 __init__. py 文件（见资源包中的 chapter 1\package_user\sub-package2__init__. py）　源代码如下：

```
1    #! /user/bin/python
2    #- * -coding:UTF-8- * -
3    if __name__ =='__main__':
4        print "作为主程序运行"
5    else:
6        print "初始化包 subpackage2 "
```

（4）子包 subpackage2 中的模块 myModule2. py（见资源包中的 chapter 1\package_user\subpackage2\myModule2. py）　源代码如下：

```
1    #! /user/bin/python
2    #- * -coding:UTF-8- * -
3    def myFunction2( ):
4        print " subpackage2. myModule2. myFunction2( )"

6    if __name__ =='__main__':
```

```
7        print 'myModule2 作为主程序运行'
8    else：
9        print 'myModule2 被其他模块调用'
```

（5）main 模块（见资源包中的 chapter 1\package_user\main. py）　该模块的功能是调用子包 subpackage1 和 subpackage2 中的函数，源代码如下：

```
1    #! /user/bin/python
2    #- * -coding：UTF-8- * -
3    from subpackage1 import myModule1
4    from subpackage2 import myModule2

6    myModule1. myFunction1（）
7    myModule2. myFunction2（）
```

- 第 3 行代码表示从子包 subpackage1 中导入 myModule1 模块。由于 main 模块也调用 myModule1，因此输出结果为

    初始化包 subpackage1
    myModule1 被其他模块调用

- 第 4 行表示代码从子包 subpackage2 中导入 myModule2 模块。由于 main 模块也调用 myModule2，因此输出结果为

    初始化包 subpackage2
    myModule2 被其他模块调用

- 第 6 行代码表示调用 myModule1 模块中的 myFunction1（）函数，输出结果为

    subpackage1. myModule1. myFunction1（）

- 第 7 行代码调用 myModule2 模块中的 myFunction2（）函数，输出结果为

    subpackage2. myModule2. myFunction2（）

__init__. py 文件还可以给出当前包的所有模块列表。对于子包 subpackage1 和 subpackage2，如果在__init__. py 文件的开始位置添加下列代码：

```
    __all__ = ["myModule1"]
    __all__ = ["myModule2"]
```

在 main 模块中可以一次导入子包中的所有模块。__all__ 的功能是记录当前包中的所有模块，方括号表示以 "模块名" 作为元素的列表。如果包含两个以上模块，则在各个模块名之间使用逗号进行分隔。此时，main 模块中的源代码则修改为

```
1    from subpackage1 import *
2    from subpackage2 import *

4    myModule1. myFunction1（）
5    myModule2. myFunction2（）
```

- 第 1 行代码首先执行子包 subpackage1 的 __init__. py 文件，并在 __all__ 属性中查找 subpackage1 模块。如果 __init__. py 文件没有使用 __all__ 属性记录模块名，运行第 4 行代码时 Python 语言将无法识别 myModule1 而抛出下列异常：

    NameError:name 'myModule1' is not defined

- 第 2 行代码的功能与第 1 行代码类似，此处不再赘述。

 提示：由于包中包含了子包、模块和函数等，往往较复杂。建议读者在编写自定义包之前，先绘制四者之间的树状关系图。这样做的好处是可以让代码层次更清晰，不容易出错。

1.7　面向对象编程

编写程序时，如果根据函数或语句块来设计程序，一般称为面向过程编程（process- oriented programming）；如果将数据和功能结合起来编程，则称为面向对象编程（object- oriented programming）。Fortran 语言和 C 语言都属于面向过程的编程语言，而 Python 语言、Java 语言等则属于面向对象的编程语言。本节将介绍面向对象编程的概念和方法，包括类和对象、属性和方法、继承、多态性。

 提示：本节介绍的概念（类、对象、属性、方法、继承、多态性等）都非常重要，深刻理解它们将有助于在 Abaqus 脚本接口中进行编程。

1.7.1　类和对象

在面向对象的程序设计中，编程人员可以创建任何新的类型来描述每个对象的数据和特征，这种新的类型称为类（class）。类是对某些对象（object）的抽象，它隐藏了对象内部复杂的结构。

类和对象是面向对象编程的两个重要概念，初学者易把二者混淆。类是对客观世界中事物的抽象，而对象则是类实例化（an instance of a class）后的变量，图 1-38 给出了类和对象之间关系的示例。

从图 1-38 中可以看出，相同的汽车模型可以制造出不同的汽车，每辆汽车都是一个对象。而不同的汽车可以有不同的颜色和价格等，因此

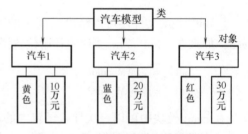

图 1-38　类和对象之间关系的示意图

颜色、价格是汽车的属性。因此，可以定义汽车模型类，汽车 1、汽车 2 和汽车 3 都是汽车模型类实例化的变量，即它们是 3 个对象，而颜色、价格等则表示汽车的属性（attribute），也称为成员（member），汽车能够实现的功能（例如，前进、后退、刹车等）则称为方法（method），类似于函数。

1. 7. 1. 1　定义类

如果编程人员所创建的类型无法用简单类型表示，此时就需要定义新类，然后将该类实例化后创建对象。类将需要使用的变量和函数组合在一起，称为封装（encapsulation）。定义类的语句声明如下：

```
class class_name:
    ...
```

其中，

1）使用 class 关键字来定义 Python 语言中的类。

2）class_name 表示类的名称，首字母一般大写。

【实例 1-52】　使用 class 关键字创建类。

本实例（见资源包中的 chapter 1\Myclass. py）将演示 class 关键字创建类的方法。程序的源代码如下：

```
1    #! /user/bin/python
2    #- * -coding:UTF-8- * -
3    class Myclass:
4        print 'a simple example class'
5        def flow(self):
6            print 'hello world'

8    myclass = Myclass()
9    myclass. flow()
```

- 第 3 行代码使用 class 关键字创建新类 Myclass，后面的缩进语句块构成类体。
- 第 5 行代码在类 Myclass 中创建了方法 flow()。类的方法中至少包含 1 个参数 self，但调用方法时可以不传递该参数。Python 语言中的 self 参数等价于 C ++ 语言中的 self 指针。例如，如果已经创建了类 MyClass 以及该类的实例 MyObject，当调用方法 MyObject. method(arg1,arg2) 时，Python 语言将自动将其转换为 MyClass. method(MyObject, arg1,arg2)，这就是使用 self 参数的优点所在。虽然 flow() 方法没有任何其他参数，但是在函数定义后 self 仍然存在。

1. 7. 1. 2　创建对象

创建对象的过程称为实例化。创建一个对象后，该对象将包含 3 个方面的特性：句柄、属性和方法。句柄用于区分不同的对象，创建对象后，它将获取一块存储空间，存储空间的地址即为对象的标识。对象的属性和方法与类的成员（member）变量和成员函数相对应。在实例 1-52 中：

1）第 8 行代码对 Myclass 类进行实例化，创建了新对象 myclass。Python 语言的实例化与函数的调用类似，均表示为类名加圆括号的方式。本行代码的输出结果为

```
a simple example class
```

2）第 9 行代码表示调用类 Myclass 中的 flow() 方法，输出结果为 hello world。

1.7.2　属性和方法

类由属性（attribute）和方法（method）组成。类的属性指的是对数据的封装，类的方法则表示对象具有的行为。

1.7.2.1　类的属性

根据作用范围，类的属性分为私有属性（private attribute）和公有属性（public attribute）。类之外的函数不能调用的属性称为类的私有属性；反之，类之外的函数能够调用的属性称为类的公有属性。

根据类属性的名称可以判断类属性的类型，如果函数、方法或属性的名称以双下划线开始，则表示是私有属性；如果函数、方法或属性的名字不是以两个下划线开始，则表示是公有属性。类的方法同样遵循这个约定，Python 语言中的许多语法都通过约定变量名的方式实现。

类的属性又分为实例属性和静态属性。

1）实例属性指的是以 self 作为前缀的属性。__init__方法（详细介绍请参见第 1.7.2.3 节 "__init__方法"）是 Python 类的构造函数，如果该方法中定义的变量没有使用 self 作为前缀，则表示该变量是普通的局部变量。类中其他方法定义的变量也只是局部变量，而非类的实例属性。

2）静态属性指的是静态变量。类可以直接调用静态变量，但是实例化对象却不能够调用静态变量。创建新的实例化对象后，静态变量并不会获取新的内存空间，而仍然使用创建类后静态变量的内存空间。因此，多个实例化对象可以共享静态变量。

【实例 1-53】　实例属性和类属性的区别。

本实例（见资源包中的 chapter 1\class_attribute. py）将演示实例属性和类属性的区别。程序的源代码如下：

```
1    #! /user/bin/python
2    #- * -coding:UTF-8- * -
3    class Fruit:
4        price = 0                    #类属性

6        def __init__(self):
7            self. color = 'red'      #实例属性
8            country = "China"        #局部变量

10   if __name__ == "__main__":
11       print Fruit. price
12       apple = Fruit( )
13       print apple. color
14       Fruit. price = Fruit. price + 15
15       print "apple's price:" + str( apple. price)

17       banana = Fruit( )
18       print "banana's price:" + str( banana. price)
```

- 第 4 行代码定义了公有的类属性 price，设置其初始值为 0。
- 第 7 行代码定义了公有的实例属性 color，设置其值为"red"。需要注意的是，__init__ 方法中实例属性前需要使用前缀 self 加以声明。
- 第 8 行代码定义了局部变量 country。Fruit 类的实例化对象不能够使用该变量，如果实例化对象直接引用 country，Python 语言将抛出下列错误异常

  AttributeError：Fruit instance has no attribute 'country'

- 第 11 行代码将输出类属性 price 的值，输出结果为 0。
- 第 12 行代码对 Fruit 类进行实例化，并创建对象 apple。
- 第 13 行代码将输出实例属性 color 的值，输出结果为 red。
- 第 14 行代码设置类属性 price 的值为 15。
- 第 15 行代码输出 apple 对象的属性 price 的值，输出结果为"apple's price：15"。
- 第 17 行代码对 Fruit 类进行实例化，创建对象 banana。
- 第 18 行代码输出对象 banana 的属性 price 的值，输出结果为"banana's price：15"。

需要注意的是，在类的外部不能够直接访问私有属性。本例中如果将 color 属性修改为私有属性__color，当执行语句 print Fruit.color 时，Python 解释器无法识别属性__color，将抛出错误异常"AttributeError：Fruit instance has no attribute '__color'"。

为了便于测试和调试程序，Python 语言还提供了直接访问私有属性的方法。访问私有属性的格式如下：

instance._classname__attribute

其中，instance 表示实例化对象，classname 表示类名，attribute 表示私有属性。

【实例 1-54】 使用直接访问私有属性的方法调用私有属性。

接实例 1-53，对类 Fruit 稍加修改，采用直接访问私有属性的方法调用私有属性（见资源包中的 chapter 1\class_attribute_modify.py）。程序的源代码如下：

```
1    #!/user/bin/python
2    #-*-coding：UTF-8-*-
3    #访问私有属性
4    class Fruit：
5        def__init__(self)：
6            self.__color='red'    #私有属性

8    if __name__ =="__main__"：
9        apple = Fruit()
10       print apple._Fruit__color
```

- 第 6 行代码定义了私有属性__color。
- 第 10 行代码输出私有属性__color 的值，输出结果为 red。

虽然本实例实现了在主程序中直接访问类的私有属性，但是，这种直接暴露数据的做法不提倡使用。原因是，这种方法可以任意更改实例属性的值，存在程序数据安全性问题，一般只用于程序开发阶段的测试和调试。

☞　**提示**：Python 语言中对类的属性和方法的定义顺序没有要求。一般情况下，首先
定义类的属性，然后定义类的私有方法，最后定义类的公有方法。

1.7.2.2　类的静态方法

与类的属性分为私有属性和公有属性类似，类的方法也分为私有方法和公有方法。私有
方法不能被该类之外的其他函数调用，也不能被外部类或函数调用；反之，则为公有方法。

Python 语言可以使用 staticmethod( ) 函数或 "@ staticmethod" 命令将普通函数转换为静
态方法，静态方法相当于全局函数，没有与类的实例进行名称绑定。

【**实例 1-55**】　类的静态方法。

本实例（见资源包中的 chapter 1\class_method. py）将演示类的方法和静态方法的用法。
程序的源代码如下：

```
1      #! /user/bin/python
2      #- * -coding:UTF-8- * -
3      class Fruit:
4          price = 0

6          def __init__(self):
7              self.__color = "red"

9          def getColor(self):
10             print self.__color

12         @ staticmethod     #静态方法
13         def getPrice():
14             print Fruit. price

16         def __getPrice():
17             Fruit. price = Fruit. price + 10
18             print Fruit. price

20         count = staticmethod(__getPrice)   #静态方法

22     if __name__ == "__main__":
23         apple = Fruit()
24         apple. getColor()
25         Fruit. count()
26         banana = Fruit()
27         Fruit. count()
28         Fruit. getPrice()
```

- 第 9 行代码定义了公有方法 getColor( )，用来获取属性__color 的值。
- 第 12 行代码使用指令 "@ staticmethod" 声明 getPrice( ) 为静态方法。
- 第 13 行代码定义了 getPrice( ) 方法，该方法不包含 self 参数。

- 第 16 行代码定义了 __getPrice( ) 方法，该方法也不包含 self 参数。
- 第 20 行代码调用函数 staticmethod( ) 将 __getPrice( ) 方法转换为静态方法，并赋值给变量 count。count( ) 即为 Fruit 类的静态方法。
- 第 23 行代码对类 Fruit 进行实例化，创建对象 apple。
- 第 24 行代码调用方法 getColor( ) 返回属性 __color 的值，输出结果为 red。
- 第 25 行代码调用静态方法 count( )。由于创建了对象 apple，所以静态属性 price 执行一次加 10 的运算，输出结果为 10。
- 第 26 行代码创建了实例化对象 banana。
- 由于创建了对象 banana，第 2 次调用第 27 行代码中的静态方法 count( )，静态属性 price 的值在第 25 行代码的基础上再次加 10，输出结果为 20。
- 第 28 行代码调用静态方法 getPrice( )，输出结果为 20。

在本实例中，getColor( ) 方法中包含 1 个 self 参数，该参数是区别类的方法和普通函数的标识。类的方法中至少需要 1 个参数，调用时不必为该参数赋值。通常情况下，将该特殊参数命名为 self，self 参数表示指向对象本身，一般用它来区分属于函数还是属于类的方法。

Python 语言中还包含一种与静态方法类似的类方法，也必须提供 self 参数，还可以被其他实例对象共享。该类方法可以使用 classmethod( ) 函数或 "@ classmethod" 命令进行定义。

【实例 1-56】 将静态方法改为类方法。

接实例 1-55，将其中的静态方法改为类方法（见资源包中的 chapter 1 \ class_method_modify. py）。程序的源代码如下：

```
1     #! /user/bin/python
2     #- * -coding:UTF-8- * -
3     @ classmethod    #类方法
4     def getPrice( ) :
5         print Fruit. price
6
7     def __getPrice( ) :
8         Fruit. price = Fruit. price + 10
9         print Fruit. price
10
11    count = classmethod( __getPrice)   #类方法
```

通过本实例可以看出，类方法与静态方法的使用非常相似。如果某个方法既需要被其他实例共享，又需要使用当前实例的属性，则可将其定义为类方法。

☞ 提示：self 参数可以是任意合法的变量名。但是，为了便于阅读程序和使得程序统一，建议使用 self 作为参数名。

1. 7. 2. 3 __init__ 方法

Python 语言的构造函数为 __init__，用来初始化类的内部状态并为类的属性设置默认值。根据需要，__int__ 方法也可以不定义。如果没有定义 __int__ 方法，Python 语言将给出

默认的 __int__ 方法。__init__ 方法类似于 C++ 和 Java 语言中的 constructor。

【实例 1-57】　对类进行初始化的方法。

本实例（见资源包中的 chapter 1__init__method. py）将演示对类进行初始化的方法。程序的源代码如下：

```
1    #! /user/bin/python
2    #- * -coding:UTF-8- * -
3    class Person：
4        def __init__(self,name)：
5            self. name = name
6        def sayHi(self)：
7            print 'Hello,my name is ',self. name

9    p = Person('nancy')
10   p. sayHi()
```

- 第 4 行代码中的 __init__ 是类 Person 的初始化函数，即构造函数。__init__ 方法中包含 self 和 name 两个参数。
- 第 5 行代码创建了名为 name 的属性。需要注意的是，第 4 行代码中的 name 与 self. name 中的 name 虽然名字相同，但却表示两个不同的变量。
- 第 6 行代码定义方法 sayHi()。
- 第 9 行代码创建类的实例 p，并将参数 nancy 包含在类的圆括号中，再传递给 __init__ 方法。
- 第 10 行代码将调用方法 sayHi()，输出结果为 "Hello,my name is nancy"。

1. 7. 2. 4　__del__ 方法

Python 语言中提供了析构函数 __del__()，用来释放对象所占用的资源。析构函数也是可选的，如果程序中未明确给出析构函数，Python 语言将在后台中提供默认的析构函数。

【实例 1-58】　析构函数的用法。

析构函数比较简单，在 __init__method. py 源代码的基础上稍做修改即可。本实例（见资源包中的 chapter 1__del__method. py）将演示析构函数的用法。程序的源代码如下：

```
1    #! /user/bin/python
2    #- * -coding:UTF-8- * -
3    class Person：
4        def __init__(self,name)：   #初始化属性
5            self. name = name
6        def __del__(self)：      #析构函数
7            self. name =''
8            print "free..."
```

本例中第 6 行代码定义了析构函数 __del__()，析构函数中的参数 self 是不可缺少的。

1. 7. 2. 5　类的内置方法

Python 类定义了一些内置方法，这些方法丰富了程序的设计功能。第 1. 7. 2. 3 节 "__init__

方法"和第 1.7.2.4 节"__del__方法"都属于类的内置方法。表 1-12 中列出了其他常用的内置方法。

表 1-12 类的常用内置方法

类的内置方法	说　明
__cmp__(src,dst)	比较对象 src 和 dst
__call__(self,*args)	将实例对象作为函数来调用
__delattr__(s,name)	删除 name 属性
__del__(self)	删除对象，释放资源
__eq__(self,other)	判断 self 对象是否等于 other 对象
__ge__(self,other)	判断 self 对象是否大于等于 other 对象
__getattr__(s,name)	获取 name 属性的值
__getattribute__()	与 __getattr__ 类似，获取属性值
__getiterm__(self,key)	获取序列索引 key 的对应值，与 seq[key] 等价
__gt__(self,other)	判断 self 对象是否大于 other 对象
__init__(self,...)	用来初始化对象，在创建新对象时调用
__le__(self,other)	判断 self 对象是否小于等于 other 对象
__len__(self)	使用内置函数 len() 时调用该函数
__lt__(self,other)	判断 self 对象是否小于 other 对象
__str__(self)	在 print 语句中调用该函数
__setattr__(s,name,val)	设置 name 属性的值为 val

关于类的内置方法的详细介绍，请参见帮助手册 Python v 2.7.3 documentation→"The Python Tutorial"→第 9 章"Classes"。

1.7.2.6 内部类的使用

Python 语言允许在类的内部定义类（inclass）。对于第 1.7.1 节"类和对象"中介绍的汽车模型，由于汽车由车门、车轮、发动机等部件组成，因此，可以设计出汽车、车门、车轮、发动机 4 个类。由于它们只是汽车模型的某一部分，因此可以将其放到汽车类的内部，这就是内部类。有两种调用内部类的方法：

1）直接使用外部类来调用内部类，生成内部类的实例，再调用内部类的方法。调用格式如下：

object_name = outclass_name. inclass_name()
object_name. method()

其中，outclass_name 表示外部类的名称，inclass_name 表示内部类的名称，object_name 表示内部类的实例。

2）先对外部类进行实例化，再实例化内部类，最后调用内部类的方法。调用格式如下：

out_name = outclass_name()
in_name = out_name. inclass_name()
in_name. method()

其中，out_name 表示外部类的实例，in_name 表示内部类的实例。

【实例 1-59】　内部类的使用方法。

本实例（见资源包中的 chapter 1\in_class. py）将演示内部类的使用方法。程序的源代码如下：

```
1    #! /user/bin/python
2    #- * -coding:UTF-8- * -
3    class Car:
4        class Door:                  #内部类
5            def open(self):
6                print "open door"
7        class Wheel:                 #内部类
8            def run(self):
9                print "car run"
10       class Motor:                 #内部类
11           def operate(self):
12               print "motor running properly"

14   if __name__ =="__main__":
15       car = Car()
16       backDoor = Car. Door()        #内部类的实例化方法 1
17       frontDoor = car. Door()       #内部类的实例化方法 2
18       backDoor. open()
19       frontDoor. open()
20       wheel = Car. Wheel()
21       wheel. run()
22       motor = Car. Motor()
23       motor. operate()
```

- 第 4、7、10 行代码分别定义了内部类 Door、Wheel 和 Motor。
- 第 5、8、11 行代码分别为内部类 Door、Wheel 和 Motor 定义方法 open( )、run( ) 和 operate( )。
- 第 15 行代码创建了 Car 类的实例 car（注意大小写！）。
- 第 16 行代码创建了 Door 内部类的实例 backDoor，此处使用类名前导的方式创建实例。
- 第 17 行代码创建了 Door 内部类的实例 frontDoor，此处使用对象名前导的方式创建实例。
- 第 18、19 行代码调用 open( )方法，输出结果均为 open door。
- 第 20 行代码创建内部类 Wheel 的实例 wheel。
- 第 21 行代码调用 run( )方法，输出结果为 car run。
- 第 22 行代码创建内部类 Motor 的实例 motor。
- 第 23 行代码调用 operate( )方法，输出结果为 motor running properly。

提示：内部类不适合描述类之间的组合关系，而且会使程序结构更加复杂，建议读者尽量不要使用。在本例中，最好将内部类 Door、Wheel、Motor 的对象作为属性来使用。

1.7.2.7　垃圾回收机制

在 Python 语言中，不仅可以使用析构函数 __del__ 释放对象所占用的资源，还可以采用垃圾回收机制来清除对象。Python 语言中的 gc 模块专门用于释放不再使用的对象，它采用"引用计数算法"确定是否需要回收某个对象。如果某个对象不再被其他对象引用，Python 语言将自动清除该对象。collect( ) 函数可以一次性收集所有待处理的对象。

【实例 1-60】　使用 gc 模块显式调用垃圾回收机制。

本实例（见资源包中的 chapter 1\gc_clear. py）将演示使用 gc 模块显式调用垃圾回收机制的方法。程序的源代码如下：

```
1    #! /user/bin/python
2    #- * -coding:UTF-8- * -
3    import gc
4    class Animal:
5        def__init__(self,name,color):        #初始化 name 和 color 属性
6            self.__name = name
7            self.__color = color

9        def setName(self):
10           self.__name = name

12       def setColor(self):
13           self.__color = color

15   class AnimalToys:                         #玩具店类
16       def__init__(self):
17           self. animaltoys = [ ]

19       def addAnimal(self,animal):           #添加动物玩具
20           animal. parent = self             #将 Animal 类关联到 AnimalToys 类
21           self. animaltoys. append(animal)

23   if __name__ =="__main__":
24       toys = AnimalToys( )
25       toys. addAnimal( Animal(" monkey "," black "))
26       toys. addAnimal( Animal(" tiger "," yellow "))
27       print gc. get_referrers(toys)
28       del toys
29       print gc. collect( )                  #显式调用垃圾回收器
```

- 第 5 行代码在__init__方法中定义了两个私有属性，__name 表示动物的名称，__color 表示动物的颜色。
- 第 15 行代码定义了动物玩具店类 AnimalToys。
- 第 17 行代码为 AnimalToys 类定义了属性 animaltoys，用来存放动物玩具店中的动物，它是 1 个列表。
- 第 19 行代码定义了 addAnimal( )方法，用来将对象 animal 添加到 animaltoys 列表中。
- 第 20 行代码设置 animal 对象的 parent 属性为 self，即把 AnimalToys 实例化对象的引用关联到添加的 animal 对象上。
- 第 25 行和第 26 行代码分别向 toys 对象添加两个 Animal 对象。
- 第 27 行代码，调用 gc 模块中的函数 get_referrers( )列出与 toys 对象关联的所有对象。输出结果如下：

> [{'_Animal__color ':' black ',' _Animal__name ':' monkey ',' parent ': < __main__ . AnimalToys instance at 0x00BA6698 > } ,{'_Animal__color ':' yellow ',' _Animal__name ':' tiger ',' parent ': < __main__ . AnimalToys instance at 0x00BA6698 > } ,{'__builtins__ ': < module '__builtin__'(built – in) > ,' AnimalToys ': < class __main__ . AnimalToys at 0x00B9C3C0 > ,' __file__ ':' gc_clear. py ',' __package__ ':None ,' gc ': < module ' gc '(built – in) > ,' Animal ': < class __main__ . Animal at 0x00B9C180 > ,' toys ': < __main__ . AnimalToys instance at 0x00BA6698 > ,'__name__ ':'__main__ ',' __doc__ ':None}]

- 第 28 行代码表示删除对象 toys，但与 toys 对象关联的其他对象并未释放。
- 第 29 行代码调用 gc 模块中的 collect( )函数释放与 toys 对象关联的其他对象。collect( )函数的返回结果表示释放对象的个数，输出结果为 7。

关于垃圾回收模块 gc 中各个函数的详细介绍，请参见帮助手册 *Python* v2. 7. 3 *documentation*→"The Python Standard Library"→"28 Python Runtime Services"→"28. 12 gc-Garbage Collector interface"。

1.7.3 继承

继承（inheritance）是面向对象编程的重要特性之一，它可以重复使用已经存在的数据（属性）和行为（方法），避免重复编写代码。对于两个有继承关系的类，继承指的是父子关系，子类继承父类的所有公有实例变量和方法。

1.7.3.1 使用继承

Python 语言中通过在类名后使用一对圆括号的方式来表示继承关系，括号中的类表示父类。例如，class Teacher(SchoolMember) 表示 Teacher 类将继承 SchoolMember 类。如果父类定义了__init__方法，子类必须显式调用父类的__init__方法；如果子类需要扩展父类的行为，可以添加__init__方法中的参数。

例如，如果希望记录学校中的教师和学生情况，教师和学生二者包含一些共同属性（姓名、年龄和地址等），也包含一些专有属性（教师的薪水、课程和假期，学生的成绩和学费等）。此时，可以为教师和学生分别建立独立的类。如果增加一个新的共有属性，则需要在两个独立的类中都增加这个属性，这样显得非常麻烦。一种比较好的解决方法是：创建一个父类（SchoolMember），让教师类和学生类都继承这个共有的类，即它们都是该类的子类，然后再为子类添加专有属性。

【**实例 1-61**】　子类与父类之间的继承关系。

本实例（见资源包中的 chapter 1\inherit. py）将演示子类与父类之间的继承关系。程序的源代码如下：

```
1    #! /user/bin/python
2    #- * -coding：UTF-8- * -
3    class SchoolMember：
4        ''' Represents any school member. '''
5        def__init__(self，name，age)：
6            self. name = name
7            self. age = age
8            print '(Initialized SchoolMember：% s)' % self. name

10       def tell(self)：
11           ''' Tell my details. '''
12           print ' Name："% s " Age："% s ''' % (self. name，self. age)，

14   class Teacher(SchoolMember)：
15       ''' Represents a teacher. '''
16       def__init__(self，name，age，salary)：
17           SchoolMember.__init__(self，name，age)
18           self. salary = salary
19           print '(Initialized Teacher：% s)' % self. name

21       def tell(self)：
22           SchoolMember. tell(self)
23           print ' Salary："% d ''' % self. salary

25   class Student(SchoolMember)：
26       ''' Represents a student. '''
27       def__init__(self，name，age，marks)：
28           SchoolMember.__init__(self，name，age)
29           self. marks = marks
30           print '(Initialized Student：% s)' % self. name

32       def tell(self)：
33           SchoolMember. tell(self)
34           print ' Marks："% d ''' % self. marks

36   t = Teacher(' Mrs. Gao ',30 ,6000)
37   s = Student(' Wang ',20 ,95)
```

```
39    members = [t,s]
40    for member in members：
41        member. tell( )        #对老师和学生都起作用
```

- 第 3 行代码定义了父类 SchoolMember。
- 第 6 行和第 7 行代码在__init__方法中分别定义了公有属性 name 和 age。
- 第 10 行代码定义了公有方法 tell( )。
- 第 14 行代码定义了 Teacher 子类，它将继承父类 SchoolMember。
- 第 17 行代码调用 SchoolMember 父类中的__init__方法进行初始化。
- 第 19 行代码继承 SchoolMember 父类的属性 name。
- 第 21 行代码定义了 tell( )方法，该方法与 SchoolMember 父类中的 tell( )方法同名。
- 第 22 行代码调用 SchoolMember 父类中的 tell( )方法。
- 第 23 行代码使用 Teacher 子类的私有属性 salary。
- 第 25 ~ 34 行代码定义了 Student 子类，它也继承 SchoolMember 父类。Student 子类的定义方法与 Teacher 子类的定义方法类似。
- 第 36 行代码对 Teacher 子类实例化并赋值给变量 t。由于 Teacher 子类的__init__方法调用了 SchoolMember 父类的__init__方法，因此，将首先输出父类中的信息，然后输出子类中的信息。输出结果如下：

  （Initialized SchoolMember：Mrs. Gao）
  （Initialized Teacher：Mrs. Gao）

- 第 37 行代码对 Studenet 子类实例化并赋值给变量 s，由于 Student 子类的__init__方法调用了 SchoolMember 父类的__init__方法，因此，将首先输出父类中的信息，然后输出子类中的信息。输出结果如下：

  （Initialized SchoolMember：Wang）
  （Initialized Student：Wang）

- 第 39 行代码创建了包含元素 t 和 s 的列表 members。
- 第 40 行代码使用 for... in 循环语句对 members 列表中的元素进行循环操作。
- 第 41 行代码将分别调用 Teacher 子类和 Student 子类中的 tell( )方法。由于子类的 tell( )方法都调用了 SchoolMember 父类的 tell( )方法，因此，将首先输出父类 tell( )方法中的信息，然后输出子类 tell( )方法中的信息。输出结果如下：

  Name：" Mrs. Gao " Age：" 30 " Salary：" 6000 "
  Name：" Wang " Age：" 20 " Marks：" 95 "

通过本实例，可以发现使用继承的优点：

1）如果增加/改变 SchoolMember 父类中的任何功能，它将自动反映到子类中。例如，如果希望为教师和学生都增加"身份证号码"属性，只需将该属性添加到 SchoolMember 类中即可。

2）子类中做的任何修改均不会影响到别的子类，即子类代码具有相互独立性。

3）可以将教师和学生都作为 SchoolMember 类的对象使用，在某些情况下将非常有用。

例如，统计教师和学生的总人数等。

1.7.3.2　多重继承

如果一个子类继承了多个父类，则称为多重继承（multi-inheritance）。多重继承的声明语句格式如下：

class_name(parent_class1,parent_class2,...)

其中，class_name 表示子类名，parent_classs1 表示第 1 个父类名，parent_class2 表示第 2 个父类名。

【实例 1-62】　多重继承。

鸡蛋既可以煮着吃，也可以煎着吃。因此，煮和煎就可以作为鸡蛋的父类。本实例（见资源包中的 chapter 1\multi_inherit.py）将演示鸡蛋的多重继承关系。程序的源代码如下：

```
1    #! /user/bin/python
2    #- * -coding:UTF-8- * -
3    class Fry：
4        def __init__(self)：
5            print " initialized Fry "
6        def frying(self)：
7            print " frying..."

9    class Cook：
10       def __init__(self)：
11           print " initialized Cook "
12       def cooking(self)：
13           print " cooking..."

15   class Egg(Fry,Cook)：    #多重继承
16       pass

18   if __name__ =="__main__"：
19       egg = Egg()
20       egg. frying()
21       egg. cooking()
```

- 第 3 行代码定义了 Fry 类。
- 第 9 行代码定义了 Cook 类。
- 第 15 行代码定义了 Egg 子类，它同时继承 Fry 父类和 Cook 父类。由于 Egg 子类继承 Fry 父类和 Cook 父类，因此，Egg 子类也将继承父类中的__init__()方法。但是，Egg 子类将只调用第 1 个父类的__init__方法，因此，输出结果为 initialized Fry。
- 第 19 行代码创建了 Egg 类的实例 egg。
- 第 20 行代码调用 frying()方法，输出结果为 frying...。
- 第 21 行代码调用 cooking()方法，输出结果为 cooking...。

1.7.4　多态性

如果相同信息被不同类型的对象接收，可能出现完全不同的行为，则称为多态性（poly-morphism）。在程序运行的过程中，类的成员函数能够根据被调用的对象类型自动调整其行为。

【实例 1-63】　多态性的用法。

本实例（见资源包中的 chapter 1\polymorphism. py）将演示多态性的使用方法。程序的源代码如下：

```
1    #! /user/bin/python
2    #- * -coding:UTF-8- * -
3    class Fruit：
4        def__init__(self,color = None)：
5            self. color = color

7    class Apple(Fruit)：
8        def__init__(self,color =" red ")：
9            Fruit.__init__(self,color)

11   class Banana(Fruit)：
12       def__init__(self,color =" yellow ")：
13           Fruit.__init__(self,color)

15   class FruitShop：
16       def sellFruit(self,fruit)：
17           if isinstance(fruit,Apple)：          #判断参数 fruit 的类型
18               print " sell apple "
19           if isinstance(fruit,Banana)：
20               print " sell banana "
21           if isinstance(fruit,Fruit)：
22               print " sell fruit "

24   if __name__ ==" __main__"：
25       shop = FruitShop( )
26       apple = Apple(" red ")
27       banana = Banana(" yellow ")
28       shop. sellFruit(apple)                    #参数的多态性,传递 apple 对象
29       shop. sellFruit(banana)                   #参数的多态性,传递 banana 对象
```

- 第 16 行代码在 FruitShop 类中定义了 sellFruit( )方法，参数 fruit 可以是子类 Apple 和 Banana 中的实例。
- 第 17 ~22 行代码判断参数 fruit 的类型，并根据判断结果输出不同的提示信息。
- 第 28 行代码调用 sellFruit( )方法并传递 apple 对象。输出结果为

```
sell apple
sell fruit
```

● 第 29 行代码调用 sellFruit( )方法并传递 banana 对象。输出结果为

sell banana

sell fruit

1.8　输入/输出

很多情况下，程序代码与程序开发人员之间需要进行交互式的输入和输出。前面介绍的大多数实例都使用 input( )函数、raw_input( )函数实现输入功能，使用 print 语句和 str（字符串）类实现部分输出功能。这些输入、输出语句仅能够满足简单的程序设计，许多复杂问题往往需要创建、读取或写入文件。本节将详细介绍文件和存储器的输入/输出功能。

1.8.1　文件

借助文件和数据库等都可以存储数据，但是，二者各有利弊：数据库能够保持数据的关联性和完整性，数据更安全可靠；用文件存储数据非常简单，不必安装数据库管理系统，一般用于存储临时性数据库，Python 语言提供了 os、os. path 和 shutil 等模块来处理文件。关于数据库的详细介绍，请读者参考专门书籍，本书只介绍采用文件存储数据的方法。

1.8.1.1　文件的创建或打开

调用 file( )函数可以创建或打开文件。file( )函数的声明语句如下：

file(name[,mode[,buffering]]])

其中，

1）参数 name 表示打开的文件名。如果文件不存在，file( )函数将创建名为 name 的文件并打开该文件。

2）参数 mode 表示文件的打开模式，表 1-13 列出了可选的文件打开模式。

3）参数 buffering 表示设置缓存模式。

4）file( )函数将返回 1 个 file 对象，以便执行各种文件操作。

文件的打开模式见表 1-13，file 类的常用属性和方法见表 1-14。

表 1-13　文件的打开模式

参数	说　　　明
r	以只读方式打开文件
r +	以读/写方式打开文件
w	以写入方式打开文件，首先删除文件的原有信息，然后写入新信息；如果文件不存在，则创建 1 个新文件
w +	以读/写方式打开文件，首先删除文件的原有信息，然后写入新信息；如果文件不存在，则创建 1 个新文件
a	以写入方式打开文件，并在文件的末尾追加新的信息；如果文件不存在，则创建 1 个新文件
a +	以读/写方式打开文件，并在文件的末尾追加新的信息，如果文件不存在，则创建 1 个新文件
b	以二进制方式打开文件，可以与 r、w、a、a + 联合使用
U	支持所有的换行符号。例如，"\r" "\n" 和 "\r\n" 等表示换行

表 1-14　file 类的常用属性和方法

属性和方法	说　明
Closed	判断文件是否关闭。如果文件被关闭，则返回 True
Encoding	显示文件的编码类型
Mode	显示文件的打开模式
Name	显示文件的名称
Newlines	文件使用的换行模式
flush()	将缓冲区的信息写入磁盘
close()	关闭文件
read([size])	从文件中读取 size 个字节的信息，并作为字符串返回
readline([size])	从文件中读取 1 行并作为字符串返回。如果指定 size 的大小，则表示每次读取的字节数，但必须要读完整行信息
readlines([size])	将文件的每行信息均存储在列表中返回。若指定 size 的大小，则表示每次读取的字节数
tell()	返回文件指针当前的位置
next()	返回文件中下一行的信息，同时将指针移到下一行
truncate([size])	删除 size 个字节的信息
write(str)	将字符串 str 中的信息写入文件

1.8.1.2　文件的读取和写入

读取文件的方法主要包括 3 种。

1. 一次性读取文件中的所有信息，需要调用 read() 方法

这种方法是最简单的读取文件的方法，read() 方法将读取文件中的所有信息，并赋值给 1 个字符串变量。

2. 按行读取文件中的信息，需要调用 readline() 方法

该方法每次只读取文件中的一行信息，如果希望读取整个文件中的信息，则需要使用"永真表达式"来循环读取文件。当文件指针移动到文件末尾处时，如果仍然调用 readline() 方法读取文件，则将抛出异常信息。此时，必须在程序中添加判断指针是否到达文件末尾的语句，并根据判断结果来终止循环。

3. 一次读取文件中多行信息，需要调用 readlines() 方法

readlines() 方法可以一次读取文件中的多行信息。读取文件时，需要通过循环语句来访问 readlines() 返回列表中的元素。

与读取文件的方法类似，写入文件时可以调用 write() 方法或 writelines() 方法来实现。

【实例 1-64】　文件的创建、读取、写入和关闭。

本实例（见资源包中的 chapter 1\file. py）将演示文件的创建、读取、写入和关闭操作。程序的源代码如下：

```
1    #! /user/bin/python
2    #- * -coding:UTF-8- * -
3    poem = ''''\
4    I cannot choose the best.
```

```
5        The best chooses me.
6        '''

8        f = file('poem.txt','w')              #以写入方式打开文件 poem.txt
9        f.write(poem)                          #将字符串写入文件中
10       f.close()                              #关闭文件

12       f = file('poem.txt')
13                                              #如果未指定模式,默认的模式是读取
14       while True：
15           line = f.readline()
16           if len(line) == 0：                #长度为 0 表明到达文件末尾
17               break
18           print line,                        # 注意:逗号可以避免 Python 自动增加新行
19       f.close()                              #关闭文件
```

- 第 8 行代码指定以写入方式打开文件 poem.txt。
- 第 9 行代码调用 write() 函数将字符串 poem 中的信息写入到文件 poem.txt 中。
- 第 10 行代码调用 close() 方法关闭文件。
- 第 12 行代码再一次打开 poem.txt 文件。如果未指定打开模式,默认情况下选择读取模式。
- 第 14 行代码设置"永真表达式"实现循环读取文件。
- 第 16 行代码使用 if 语句判断是否到达文件末尾,如果判断结果为"真",则终止循环。
- 由于从文件中读取的信息已经以换行符结束,因此,第 18 行代码中的 print 语句使用逗号来取消自动换行,否则将抛出异常信息。输出结果为

  I cannot choose the best.
  The best chooses me.

1.8.1.3　文件的删除和重命名

删除和重命名文件时需要导入 os 模块和 os.path 模块：os 模块中提供了系统环境、文件、目录等系统级的接口函数；os.path 模块则用于处理文件和目录的路径。表 1-15 列出了 os 模块中的常用文件处理函数,表 1-16 列出了 os.path 模块中的常用函数。

表 1-15　os 模块中常用的文件处理函数

文件处理函数	说　　明
access(path,mode)	按照 mode 指定的权限访问 path 路径下的文件
chmod(path,mode)	改变访问 path 路径下文件的权限
open(filename,flag[,mode = 0777])	按 mode 指定的权限打开文件。默认情况下,所有用户均拥有读、写、执行权限
remove(path)	删除 path 路径下的文件

（续）

文件处理函数	说　　明
rename(old,new)	对文件或目录进行重命名。old 表示原文件或目录，new 表示新文件或目录
stat(path)	返回 path 路径下文件的所有属性
fstat(path)	返回 path 路径下打开文件的所有属性
tmpfile()	在临时目录下创建临时文件

表 1-16　os. path 模块的常用函数

常　用　函　数	说　　明
abspath(path)	返回 path 的绝对路径
dirname(p)	返回目录 p 的路径
exists(path)	判断路径 path 是否存在
getatime(filename)	返回文件 filename 的最后访问时间
getctime(filename)	返回文件 filename 的创建时间
getmtime(filename)	返回文件 filename 的最后修改时间
getsize(filename)	返回文件 filename 的大小

【实例 1-65】　文件的删除和重命名。

本实例（见资源包中的 chapter 1\file_del_rename. py）将演示文件的删除和重命名操作。
程序的源代码如下：

```
1    #!/user/bin/python
2    #- * -coding:UTF-8- * -
3    import os
4    #文件的删除操作
5    file("hello. txt","w")
6    if os. path. exists("hello. txt"):
7        os. remove("hello. txt")
8    #文件的重命名操作
9    file("old. txt")
10   os. rename("old. txt","new. txt")
```

- 第 5 行代码创建文件 hello. txt。
- 第 6 行代码调用 os. path 模块中的 exists() 函数判断文件 hello. txt 是否存在。
- 第 7 行代码调用 os 模块中的 remove() 函数删除文件 hello. txt。
- 第 9 行代码打开已经存在的 old. txt 文件（见资源包中的 chapter 1\old. txt）。
- 第 10 行代码调用 os 模块中的 rename() 函数将文件 old. txt 重命名为 new. txt。运行程序后，当前文件夹下的 old. txt 文件就替换成 new. txt 文件。

1.8.2　存储器

Python 语言中包含另一个标准模块 pickle（也可称其为永久存储器）。它的功能是存储文件中的任意 Python 对象，并可以根据需要从文件中取出关心的对象。Python 语言中还包含

cPickle 模块，其功能与 pickle 模块完全相同，唯一的区别是 cPickle 模块是使用 C 语言编写的，执行效率要比 pickle 模块快 1000 倍左右。通常情况下，这两个模块都称为 pickle 模块。

【实例 1-66】　使用 cPickle 模块存储对象。

本实例（见资源包中的 chapter 1\cpickle. py）将演示使用 cPickle 模块存储对象的方法。程序的源代码如下：

```
1    #! /user/bin/python
2    #- * -coding:UTF-8- * -
3    import cPickle as p
4    fruitlistfile = 'fruit. data'   #存储对象的文件名为 fruit. data

6    fruitlist = ['apple','orange','carrot','banana']
7    f = file(fruitlistfile,'w')   #写文件

9    p. dump(fruitlist,f)          #将对象 fruitlist 放入文件 f 中
10   f. close()

12   del fruitlist                #删除 fruitlist 对象

14   #从存储器中读取对象
15   f = file(fruitlistfile)
16   fruitslist = p. load(f)
17   print fruitslist
```

- 第 3 行代码将 cPickle 模块简写为 p。后面的代码中，p 就表示 cPickle 模块。
- 第 7 行代码以写入模式打开文件 fruit. data（见资源包中的 chapter 1\fruit. data）。
- 第 9 行代码调用 cPickle 模块的 dump()函数，将对象存储在 fruit. data 中，该过程称为"存储"。
- 第 10 行代码关闭文件 fruit. data。
- 为了测试 cPickle 模块的存储效果，第 12 行代码删除对象 fruitlist。
- 第 16 行代码调用 cPickle 模块的 load()函数取回对象值，该过程称作"取存储"。
- 第 17 行代码输出对象 fruitlist 中各元素的值，输出结果为

    ['apple','orange','carrot','banana']

可以发现，输出结果与存储结果完全一致。

1.9　Python 语言中的异常和异常处理

如果在运行程序的过程中出现了错误，则表明出现了异常（exception）。Python 语言中的异常指的是能够解决的对象。异常处理则是处理程序运行过程中的错误。如果程序中出现了异常，Python 语言将会及时地给出相关提示信息，并中止程序的执行。Python 语言提供了强大的异常处理机制。程序开发人员通过捕获异常可以提高程序的健壮性。

Exception 类是最常用的异常类，包括 StandardError、StopIteration、GeneratorExit、Warning 等异常类。StandardError 类表示错误异常类，如果程序中出现逻辑方面的错误，将引发该类异常（例如，分母为 0 引发的异常）。此外，StandardError 类是所有内联异常的基类（base class），放在默认的命名空间。因此，对于 IOError、EOFError、ImportError 类等无须导入 exceptions 模块。表 1-17 列出了 StandardError 类中常见的异常。StopIteration 类用于判断循环是否执行到结尾，如果循环到达结尾处则抛出该异常。GeneratorExit 类是由 Generator 函数引发的异常，调用方法 close() 时将引发该异常。Warning 类表示程序代码引起的警告信息。

表 1-17　StandardError 类中常见的异常

异　常　名	说　　明
ZeroDivisionError	分母为 0 时引发的异常
AssertionError	assert 语句失败引发的异常
AttributeError	属性引用和分配错误引发的异常
IOError	I/O 操作（例如，文件读/写）引发的异常
OSError	os 模块中函数错误引发的异常
ImportError	导入模块时引发的异常
IndexError	索引操作错误引发的异常
KeyError	字典中由于不存在 key 值而引发的异常
MemoryError	内存错误引发的异常
NameError	变量名不存在引发的异常
NotImplementedError	方法没有实现引发的异常
SyntaxError	语法错误引发的异常
IndentationError	代码缩进错误引发的异常
TabError	空格和制表符混合使用引发的异常
TypeError	使用不当类型执行运算而引发的异常
ValueError	使用不当参数值引发的异常

下面给出只包含一条 print 语句的最简单异常实例，如图 1-39 所示。

图 1-39　抛出语法错误异常

由于 Python 语言是大小写敏感的，图 1-39 中误将 print 写为 Print，此时，Python 语言会引发语法错误（SyntaxError）。正确的语句及执行结果如图 1-40 所示。

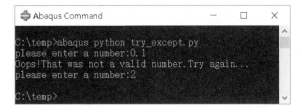

图 1-40　正确的 print 语句及其执行结果

本节将详细介绍使用 try… except 语句测试异常，使用 raise 语句引发异常，自定义异常和使用 try… finally 语句关闭文件等内容。

　提示：能够及时判断出异常的种类并修改程序是程序开发人员的基本功。读者在编写代码过程中，应该积累经验，对抛出的异常及时处理。

1.9.1　使用 try… except 语句测试异常

try… except 语句一般用于处理问题语句和捕捉可能出现的异常等。编程时将可能出现异常的语句放在 try 从句，except 从句中的代码块则用来处理异常。如果运行程序的过程中出现了异常，Python 语言将自动生成 1 个异常对象，给出详细的异常信息、异常类型和错误位置。

【**实例 1-67**】　使用 try… except 语句测试异常。

本实例（见资源包中的 chapter 1\try_except. py）将演示使用 try… except 语句测试异常的方法。程序的源代码如下：

```
1    #! /user/bin/python
2    #- * -coding:UTF-8- * -
3    while True：
4        try：
5            x = int( getIput('please enter a number：'))#可能出现异常的语句放在 try 从句中
6            break
7        except ValueError：
8            print "Oops！ That was not a valid number. Try again. . ." #处理异常
```

- 第 3 行代码给定"永真表达式"，以便始终满足 while 循环条件。
- 第 5 行代码要求输入整数。如果输入信息不满足要求，则输出提示信息"Oops！ That was not a valid number. Try again. . . "。
- 该文件的运行结果如图 1-41 所示。

图 1-41　运行文件 try_except. py 后的结果

编程时将所有可能引发错误的语句放在 try 从句中，而在 except 从句中处理所有的错误和异常。except 从句不仅可以处理单个错误或异常，也可以处理包含在圆括号内的一组错误或异常。需要注意的是，每个 try 从句都应该至少与 1 个 except 从句关联。

如果某个错误或异常没有被处理，Python 语言将调用默认的处理器中止程序的执行，并给出错误信息。此外，还可以将 try... except 语句与 else 语句一起使用，如果没有异常，则执行 else 语句的内容。

【实例 1-68】　try... except 与 else 语句关联抛出异常。

本实例（见资源包中的 chapter 1\try_except_else. py）将演示 try... except 与 else 语句关联来抛出异常的方法。程序的源代码如下：

```
1    #!/user/bin/python
2    #- * -coding:UTF-8- * -
3    while True:
4        try:
5            x = int(raw_input('please enter a number:'))
6        except ValueError:
7            print "Oops! That was not a valid number. Try again..."
8        else:
9            print "You has input a right number."
10           break
```

说明：如果没有出现异常，则执行第 8 行代码（else 语句块）。

运行文件 try_except_else. py 后的结果如图 1-42 所示。

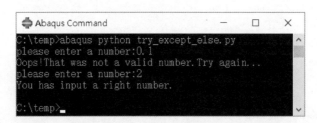

图 1-42　运行文件 try_except_else. py 后的结果

1.9.2　使用 raise 语句引发异常

使用 raise 语句也可以引发异常。此时，必须指明错误或异常的名称以及引发的异常对象。引发的错误或异常应该是 Error 类或 Exception 类的直接或间接导出类。

【实例 1-69】　使用 raise 语句引发异常。

本实例（见资源包中的 chapter 1\raise. py）将演示使用 raise 语句来引发异常的方法。程序的源代码如下：

```
1    #!/user/bin/python
2    #- * -coding:UTF-8- * -
3    try:
```

```
4        s = None
5        if s is None：
6            print "s 是空对象"
7            raise NameError        #NameError 是 Error 类的导出类
8        print len(s)
9    except TypeError：
10       print "空对象没有长度" try：
```

- 第 4 行代码创建变量 s，该变量值为空。
- 第 5 行代码判断变量 s 的值是否为空。如果为空，则抛出异常 NameError。
- 由于引发了 NameError 异常，第 8 行及以后的代码将都不再执行。

运行文件 raise. py 后的结果如图 1-43 所示。

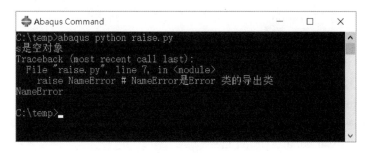

图 1-43　运行文件 raise. py 后的结果

1.9.3　自定义异常

在编程过程中，如果遇到 Python 语言没有包含的异常情况，可以根据需要自定义异常。按照 Python 语言中的命名规则，自定义异常必须以 "Error" 结束，以便告知程序开发人员该类是异常类。自定义异常必须继承 Exception 类，而且只能通过手工方式使用 raise 语句来触发。

【实例 1-70】　自定义异常的方法。

本实例（见资源包中的 chapter 1\raise_user. py）将演示自定义异常的方法。程序的源代码如下：

```
1    #! /user/bin/python
2    #- * -coding：UTF-8- * -
3    class ShortInputException(Exception)：
4        '''用户自定义异常类'''
5        def__init__(self,length,atleast)：
6            Exception.__init__(self)
7            self. length = length
8            self. atleast = atleast

10   try：
11       s = raw_input('Enter something - ->')
```

```
12          if len(s)<3：
13              raise ShortInputException(len(s),3)#抛出自定义异常
14          #可以接着编写程序代码
15      except EOFError：
16          print '\nWhy did you do an EOF on me?'
17      except ShortInputException,x：
18          print 'ShortInputException:The input was of length %d,\
19      was expecting at least %d' % (x.length,x.atleast)
20      else：
21          print 'No exception was raised.'
```

- 第 3 行代码定义异常类 ShortInputException（注意大小写!），该异常将继承 Exception 类。
- 第 5 行代码定义 __init__ 方法。
- 第 6 行代码调用 Exception 类的 __init__ 方法进行初始化。
- 第 7 行和第 8 行代码分别定义属性 length 和 atleast。其中，length 表示给定的输入长度，atleast 表示希望的最小输入长度。
- 第 10~13 行代码对输入的字符串 s 的长度进行判断，如果长度小于 3，则抛出自定义异常 ShortInputException。
- 第 15 行代码的 except 从句表示：如果输入的字符串属于 EOFError 错误类，则抛出异常 "Why did you do an EOF on me?"。
- 第 17 行代码将抛出 ShortInputException 异常，并输出异常提示信息。
- 第 20 行代码表示：如果输入的字符串长度大于等于 3，则输出信息

    No exception was raised.

运行文件 raise_user.py 后的结果如图 1-44 所示。

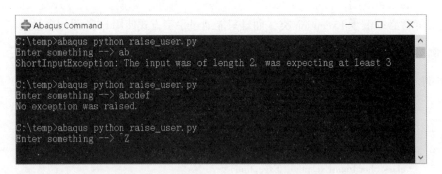

图 1-44　运行文件 raise_user.py 后的结果

1.9.4　使用 try…finally 语句关闭文件

如果在读取文件的过程中，无论是否发生异常都希望关闭文件，则可以使用 try…finally 语句来实现。同一个 try 块可以包含多个 finally 从句，也可以只包含 1 个 finally 从句。

【实例 1-71】　使用 try…finally 语句关闭文件。

本实例（见资源包中的 chapter 1\try_finally.py）将演示使用 try…finally 语句来关闭文

件的方法。程序的源代码如下：

```
1    #! /user/bin/python
2    #- * -coding:UTF-8- * -
3    import time
4    try:
5        f = file('happy. txt')
6        while True:
7            line = f. readline( )
8            if len( line) ==0:
9                break
10           time. sleep( 2)
11           print line,
12    finally:
14       file('happy. txt'). close( )    #关闭文件
15       print 'Cleaning up. . . closed the file'
```

happy. txt 文件（见资源包中的 chapter 1\happy. txt）包含下列语句行：

happy every day!
happy every year!

- 第 3 行代码导入 time 模块，实现在读取文件的过程中，每输出一行文字之前通过 time. sleep 让程序暂停 2s，使得执行速度慢一些。
- 第 12 行代码定义 finally 从句用来关闭文件 happy. txt，并输出给定信息。
- 运行文件 try_finally. py 后的结果如图 1-45 所示。

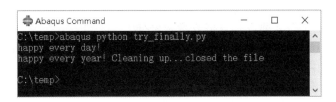

图 1-45　运行文件 try_finally. py 后的结果

在程序执行过程中，如果故意按 < Ctrl + c > 组合键来中断（或取消）程序，执行结果如图 1-46 所示。

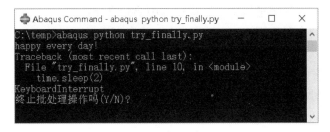

图 1-46　中断程序后 finally 从句的执行结果

比较图 1-45 和图 1-46 可以发现，由于 KeyboardInterrupt 被异常触发，在图 1-46 中程序意外退出。但是，在程序退出之前，仍然执行 finally 从句并关闭文件。

1.10　本章小结

本章介绍了 Python 语言的基础知识，为在 Abaqus 软件中进行二次开发奠定了基础。本章主要包括下列内容：

1）Python 语言的主要特性，包括面向对象性、简单性、健壮性、可扩展性、动态性、内置的数据结构、跨平台性、强类型。

2）运行 Python 脚本的 3 种主要方法：使用交互式命令行、执行脚本程序源文件、通过第三方的 Python 语言接口（例如，Abaqus/CAE 软件）。

3）Python 语言的 2 种常用开发工具：Abaqus 中的 Python 开发环境（PDE）和 EditPlus 编辑器的 Python 开发环境。其中，重点介绍了 Editplus 编辑器的 Python 开发环境配置方法。

4）导入模块的 2 种方法：import 语句和 from...import... 语句。为了避免变量或函数同名时引起歧义，建议使用 import 语句导入模块，并使用模块名作为前缀来调用模块中的函数或类。

5）合理地使用注释将使得程序更加易读。越复杂的程序代码，就应该包含越多的注释行。提倡养成良好的编程习惯，定义每个函数、每个类、执行某个功能之前都加上适当的注释。

6）空行的作用是分隔两段不同功能或含义的代码。一般情况下，应该在函数与函数之间、类的方法之间、类和函数入口之间来设置 1 或 2 个空行。

7）Python 语言的语法规则：

① 大小写敏感。

② 每一行的开始字符之前没有空格或者制表符。

③ 如果在 1 行代码中声明多个变量，每个变量都以英文分号（;）隔开。

④ 注释行以 # 开头。

⑤ 使用反斜线（\）来续行。

⑥ 通过缩进区分各语句块。

8）合理设置缩进的方法：

① 不要混合使用制表符（Tab）和空格键设置缩进。

② 每个缩进层次只使用单个制表符或偶数个空格（一般设 4 个空格）。

③ 一旦选择了某一种缩进风格，编程过程中要始终保持如一。

9）Python 语言的命名规则：

① 变量名一般以英文字母或下划线开始，其他字符则可以由字母、下划线或数字组成。不得使用 Python 语言的保留字作为变量名。

② 类名的首字母大写，其他字母采用小写。类的私有变量、私有方法以两个下划线作为前缀。

③ 函数名的首字母通常小写，并使用下划线或英文单词首字母大写的方式来增加函数名的可读性。

④ 对象名使用小写字母。访问类的属性和方法时，使用对象名作为前缀，后面跟操作符 "."。

10）Python 语言的 4 种数字类型：整型、长整型、浮点型和复数类型。

11）Python 语言中字符串类型的 3 种表示方法：单引号（'）、双引号（"）或三引号（'''）。其中，单引号和双引号的作用相同，定义字符串时将保留字符串中的所有空格和制表符；三引号用来定义多行字符串，在三引号内可以任意使用单引号、双引号或换行符等。

12）Python 语言的 4 种运算符：赋值运算符、算术运算符、关系运算符和逻辑运算符。通常情况下，运算符由左向右计算。写表达式时，建议使用圆括号来分组运算符和操作数，以便明确指出运算的先后顺序。

13）Python 语言的 3 种文件类型：源代码文件（. py）、字节代码文件（. pyc）和优化代码文件（. pyo）。源代码文件由 python. exe 解释执行；字节代码文件与平台无关，而且无法使用文本编辑器打开或进行编辑操作；优化代码文件需要使用命令行工具生成，也不允许使用文本编辑器打开或修改。

14）Python 语言的内置数据结构包括：元组、列表、字典和序列等。

① 元组的各个元素包含在圆括号中，各元素之间使用英文逗号进行分隔。在输出语句中可以使用元组，通过使用% 对数据进行定制。元组中的元素不允许修改，元组不包含任何方法。

② 列表指的是存储有序元素的可变数据结构。各元素包含在方括号（[ ]）中，使用英文逗号进行分隔。

③ 字典中键-值对的表示方法为 "d = {key1：value 1, key2：value 2}"。键与值之间使用英文冒号进行分隔，各个键-值对之间使用英文逗号进行分隔，所有的键-值对都包含在大括号（{ }）中。

④ 序列的两个主要特征是索引和切片。索引操作可以提取序列中的特定元素，切片操作可以获取序列的一部分。

15）条件判断语句（if... elif... else）、循环语句（while 循环和 for... in 循环）、break 语句和 continue 语句的使用方法。

① if 语句用来判断条件的真假，如果判断结果为 "真"，则执行 if 块的语句，否则执行 else 块中的语句。

② 如果条件判断结果为 "真"，while 循环重复执行块语句。

③ for... in 循环语句可以对序列对象进行递归，即对序列中的每个元素执行循环操作。

④ 如果条件判断结果为 "真"，也希望中止执行循环语句，则需要使用 break 语句。

⑤ 如果希望跳过当前循环块中的其他语句，而继续进行下一轮循环，则需要使用 continue 语句。

16）函数、模块和包的定义和使用方法。

① 函数中包含可以重复调用的代码，是程序的重要组成部分。可以根据需要创建任意函数，并调用该函数。

② 模块是处理某一类问题的函数和类的集合，使用模块将会使代码的编写工作变得简单。如果程序中需要重复调用某些函数，就可以将这些函数放在某个模块中。一个 Python

文件就是一个模块。使用 dir( )函数可以查看模块的属性列表。

③ 包是由一系列模块组成的集合。可以将经常使用的代码合并到包中，通过调用包提供的功能来实现代码重用。

17）面向对象编程指的是将数据和功能结合起来进行编程。介绍了面向对象编程的几组重要概念，包括：类和对象、属性和方法、继承、多态性等。

① 类是客观世界中对事物的抽象。

② 对象是类实例化后的变量。

③ 类的属性是对数据的封装，类的方法则表示对象具有的行为。

④ 对于两个类来讲，继承指的是父子关系。子类继承父类的所有公有实例变量和方法。继承的优点包括：对父类的任何修改都将自动反映到子类，子类中的修改不会影响其他子类；重用父类代码时，无须在不同的类中进行重复。

18）使用文件和存储器来存储数据的方法。使用文件存储数据非常简单，该方法一般用于存储临时性数据库。Python 语言中提供了 pickle 模块和 cPickle 模块，二者的功能都是存储任意的 Python 对象，并根据需要取出关心对象。cPickle 模块使用 C 语言编写，其执行效率比 pickle 模块快 1000 倍左右。

19）异常指的是能够处理的 Python 对象，异常处理则是用来处理执行过程中的错误。如果程序中出现了异常，Python 语言将及时抛出异常的相关信息，并中止程序的运行。

① 使用 try… except 语句测试异常时，将可能出现异常的语句放在 try 块中，except 块则用来处理异常。

② 使用 raise 语句来引发异常，但是，必须指明错误或异常的名称以及引发的异常对象。引发的错误或异常应该是 Error 类或 Exception 类的直接或间接导出类。

③ 可以根据需要自定义异常，必须以“Error”结束。

④ 读取文件时，无论是否发生异常都希望关闭文件，可以通过使用 try… finally 语句来实现。

第 2 章　Abaqus 中的 Python 脚本接口

本章内容

Python 语言是一门功能强大的面向对象的编程语言，它允许在多种平台上编写脚本和快速开发。Abaqus 软件二次开发环境提供的脚本接口（下面简称为 Abaqus 中的脚本接口（Abaqus scripting interface，ASI））就是基于 Python 语言进行的定制开发。

在 Abaqus/CAE 中建模和后处理时，对话框中的所有设置均由 Abaqus/CAE 从内部发出与之对应的 Python 命令（command）。在执行过程中，首先将它们传送到 Abaqus/CAE 的内核（kernel），然后对这些命令逐行解释，同时建立模型并分析。实质上，内核是隐藏在 Abaqus/CAE 中的大脑，Abaqus/CAE 的图形用户界面（GUI）则是用户与内核进行交流的接口（interface）。

Abaqus 中的脚本接口直接与内核进行通信，而与 GUI 无关。将所有的 Abaqus 脚本接口命令存储于文件中，该文件称为脚本（script）。脚本由一系列纯 ASCII 格式的 Python 语句组成，扩展名一般为.py。

基于 Abaqus 软件编写脚本，可以实现下列功能：

1）自动执行重复任务。例如，可以将经常使用的材料参数编写为一个脚本，用来生成材料库。每次开启新的 Abaqus/CAE 任务后就执行该脚本，所有的材料属性都将在 Property 模块的材料管理器中自动显示。关于创建材料库的详细介绍及实例，请参见第 3.2 节"创建材料库"。

2）创建和修改模型。对于形状异常复杂或者形状特殊的模型，在 Abaqus 软件或其他 CAD 软件中难以实现时，可以尝试编写脚本来建立或修改模型，详见 3.1 节"创建几何模型并划分单元网格"。

3）编写脚本访问输出数据库（ODB）文件是最常使用的功能，包括：

① 对输出数据库文件中的分析结果进行后处理，详细介绍请参见第 4 章"编写脚本访问输出数据库"。

② 对分析结果的自动后处理，详细介绍请参见第 5.1 节"自动后处理"。

③ 对于其他软件的分析结果，可以编写脚本构造 ODB 文件，再进行自动后处理，详细介绍请参见第 5.2 节"外部数据的后处理"。

④ 优化分析。例如，可以编写脚本来实现逐步修改部件的几何尺寸或某个参数，然后提交分析作业，通过脚本来控制某个量的变化情况，如果达到指定要求，则停止分析，并输出优化后的结果。关于优化分析的详细介绍，请参见第 6.1 节"优化分析"。

⑤ 进行参数化研究（parameter study），更详细的介绍请参见第 6.4 节"参数化研究"。

⑥ 创建 Abaqus 插件程序，详细介绍请参见第 2.6 节"插件"。

本章将介绍下列内容：Abaqus 中的脚本接口简介、Abaqus 中的脚本接口基础知识、在 Abaqus/CAE 中使用 Python 脚本接口、Abaqus 中的 Python 开发环境（Abaqus PDE）、宏管理器（Macro manager），插件（plug-ins）、查询对象和调试脚本的方法等。关于 Abaqus 中的脚本接口更详细的介绍，请参见 Abaqus 6.18 帮助手册 *Abaqus*→"Scripting"→"About the Abaqus Scripting Interface"和"Using the Abaqus Scripting Interface"。

☞　提示：Abaqus 中的脚本接口在 Python 语言的基础上进行扩展，其语法和运行脚本的方法与 Python 语言类似。

☞ **提示**：本节将介绍 Abaqus 中的脚本接口概念，读者一定要深刻理解并掌握它们。在学习过程中，要善于归纳和总结，只有找出类似概念之间的差异，才能举一反三，以不变应万变。

☞ **提示**：为了便于将 Python 命令与 Abaqus/CAE 操作界面一一对应，强烈建议读者选用 Abaqus/CAE 的英文界面。

2.1 Abaqus 中的脚本接口简介

本节将简单介绍 Abaqus 中的脚本接口的相关知识，包括：Abaqus 中的脚本接口与 Abaqus/CAE 的通信、Abaqus 脚本接口的命名空间、Abaqus 与 Python 脚本接口相关的文件、运行脚本的方法、快速编写脚本的方法等。

2.1.1 Abaqus 中的脚本接口与 Abaqus/CAE 的通信

Abaqus 中的脚本接口可以实现 Abaqus/CAE 的所有功能，两者之间的通信关系如图 2-1 所示。用户可以通过图形用户界面（GUI）、命令行接口（Command Line Interface，CLI）和脚本来执行命令，所有的命令都必须经过 Python 解释器后才能进入到 Abaqus/CAE 中执行，同时生成扩展名为 .rpy(replay) 的文件；进入到 Abaqus/CAE 中的命令将转换为 INP 文件，再经过 Abaqus/Standard 隐式求解器或 Abaqus/Explicit 显式求解器进行分析，得到输出数据库文件，再进行各种后处理（变形图、云图、动画等）。

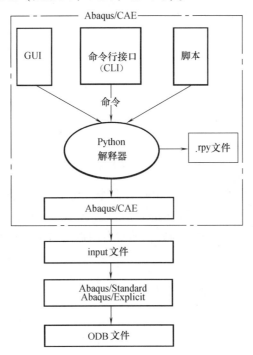

图 2-1 Abaqus 中的脚本接口与 Abaqus/CAE 的通信关系

　　从图 2-1 中可以看出，除了编写脚本之外，Abaqus 中的脚本接口命令可以通过下列两种方式之一传递给 Abaqus/CAE 内核：

　　1）图形用户界面（GUI）。例如，单击对话框中的 OK 或 Apply 按钮后，GUI 将自动生成一条脚本命令。使用宏管理器（Macro manager）也可以录制脚本接口命令，并保存在宏文件中。关于录制宏的详细介绍，请参见第 3.2 节"创建材料库"和 Abaqus 6.18 帮助手册 *Abaqus*→"Abaqus/CAE"→"Understanding and working with Abaqus/CAE models, model databases, and files"→"Managing macros"。

　　2）单击窗口左下方的 >>> 按钮显示命令行接口。输入一条命令或者粘帖多条命令并按 < Enter > 键，此时所有的命令都将自动执行，如图 2-2 所示。

> ☞ **提示**：启动 Abaqus/CAE 后，建模过程中的警告信息和错误信息都将显示在信息提示区，单击 按钮可以从命令行接口切换到信息提示区。

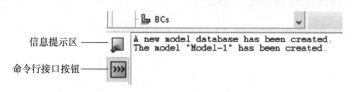

图 2-2　信息提示区和命令行接口按钮

　　对此，第 1.1.2.3 节"植入 Abaqus/CAE 软件"已经介绍过，Python 语言也可以在 Abaqus/CAE 中执行。启动 Abaqus/CAE 时将自动启用 Python 解释器。此时，可以在命令行接口中输入任意的 Python 语句，如图 2-3 所示。建模过程中，可以将命令行接口作为计算器使用，对数据执行加、减、乘、除等各种数学运算。

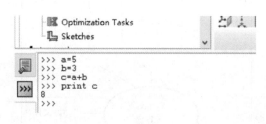

图 2-3　在 Abaqus/CAE 的命令行接口执行 Python 语句

　　如果需要执行多条命令或重复执行相同的命令，可以将它们保存为脚本，不仅便于管理，而且使用起来更加方便。在使用 Python 语言对 Abaqus 的功能进行二次开发的过程中，通常都使用脚本来管理模块或函数。例如，编写专门进行自动后处理的脚本，编写标准材料库脚本等。

2.1.2　Abaqus 脚本接口的命名空间

　　在 Abaqus 脚本接口中编写脚本时，命名空间是非常重要的概念之一，可以将其理解为程序的执行环境。不同的命名空间相互独立，同一命名空间不允许变量名发生冲突，不同的命名空间允许使用相同的变量名表示不同的对象。

Abaqus/CAE 可以在脚本命名空间（script namespace）和日志命名空间（journal namespace）中执行脚本接口命令。

1. 脚本命名空间

脚本命名空间是脚本接口命令的主要命名空间。下列方式发出的 Abaqus 脚本接口命令将在脚本命名空间中执行：

1）脚本文件。

2）命令行接口（CLI）。

3）在 Abaqus/CAE 的 File 菜单下，选择 Run Script 命令。

例如，在命令行接口中输入下列命令创建新视口 newViewport：

$$myViewport = session. Viewport(name = 'newViewport', width = 100, height = 100)$$

本行代码创建的变量 myViewport 仅在脚本命名空间中可用。

2. 日志命名空间

从 GUI 中发出的 Abaqus 脚本接口命令将在日志命名空间中执行。例如，在 Tools 菜单下使用 Partition 工具分割边时，Abaqus/CAE 将向 abaqus. rpy 文件中写入下列代码：

```
1    p1 = mdb. models['Model A']. parts['Part 3D A']
2    e = p1. edges
3    edges = (e[23],)
4    p1. PartitionEdgeByParam(edges = edges, parameter = 0. 5)
```

本段代码定义的变量 p1、e 和 edges 仅在日志命名空间中可用。

如果在脚本命名空间中使用上述三个变量的任意一个，Abaqus/CAE 都将抛出异常。例如，如果在命令行接口（脚本命名空间）中输入下列代码，对同一条边进行分割，将抛出 NameError 异常。

```
p1. PartitionEdgeByParam(edges = edges, parameter = 0. 75)
NameError:p1
```

使用语句"from abaqus import ∗"将向脚本命名空间中导入 abaqus 模块下的所有属性和方法。编写脚本时，如果使用对象的完整路径（mdb. models['Model A']），并给出库的关键字，脚本命名空间仍然可以引用在日志命名空间中创建的对象。仍以刚才介绍的例子加以说明，虽然脚本命名空间无法访问变量 p1，但是可以使用命令行接口访问 p1 指定的部件 Part 3D A：

```
myPart = mdb. models['Model A']. parts['Part 3D A']
```

此时，models 库和 parts 库在两种命名空间都可用，在命令行接口或脚本中可以使用下列代码来创建变量 p1：

```
p1 = myPart
```

说明：此行代码中的变量 p1 是脚本命名空间中的变量，它与第 1 行代码中日志命名空间的变量 p1 相互独立，并非同一个变量。

2.1.3　Abaqus 与 Python 脚本接口相关的文件

除了命令行接口之外，Abaqus 软件中还提供了下列与脚本接口相关的文件：

1）INP 文件中 * PARAMETER 数据行中的参数定义使用的是 Python 语句。关于 * PA-RAMETER 用法的详细介绍，请参见 Abaqus 6.18 帮助手册 *Abaqus*→"Keywords"→"P,Q"→"* PARAMETER"。

2）运行参数分析需要编写和执行 Python 脚本(.psf)，详细介绍请参见第 6.4 节 "参数化研究"。

3）Abaqus/CAE 将所有的命令均记录在扩展名为 .rpy 的文件中，而 abaqus. rpy 文件中的所有命令均为 Python 语句，如图 2-4 所示。

```
1  # -*- coding: mbcs -*-
2  #
3  # Abaqus/CAE Release 6.14-1 replay file
4  # Internal Version: 2014_06_05-06.11.02 134264
5  # Run by a on Thu Dec 05 13:23:44 2019
6  #
7
8  # from driverUtils import executeOnCaeGraphicsStartup
9  # executeOnCaeGraphicsStartup()
10 #: Executing "onCaeGraphicsStartup()" in the site directory ...
11 from abaqus import *
12 from abaqusConstants import *
13 session.Viewport(name='Viewport: 1', origin=(0.0, 0.0), width=89.72265625,
14     height=88.2083358764648)
15 session.viewports['Viewport: 1'].makeCurrent()
16 session.viewports['Viewport: 1'].maximize()
17 from caeModules import *
18 from driverUtils import executeOnCaeStartup
19 executeOnCaeStartup()
20 session.viewports['Viewport: 1'].partDisplay.geometryOptions.setValues(
21     referenceRepresentation=ON)
22 o1 = session.openOdb(name='d:/Temp/Job-without Aluminum foam.odb')
23 session.viewports['Viewport: 1'].setValues(displayedObject=o1)
```

图 2-4　abaqus. rpy 文件中记录的 Python 命令

4）在 Abaqus/CAE 的 File 菜单下选择 Run Script 命令，可以直接运行脚本。详细介绍请参见第 2.1.4 节 "运行脚本的方法"。

5）在 Abaqus/CAE 的 File 菜单下选择 Macro Manager 命令，可以录制宏文件。详细介绍请参见第 2.1.5.1 节 "录制宏文件"。

2.1.4　运行脚本的方法

在第 1.1.2 节 "运行 Python 脚本" 中已经介绍了执行 Python 语句或脚本文件的方法，本节将重点介绍在 Abaqus 中执行 Python 脚本的方法。如果脚本中包含 Abaqus/CAE 无法访问的某些功能，则需要在 Abaqus 命令行接口输入命令，Abaqus 将借助 Python 解释器来运行脚本；如果 Abaqus/CAE 的任意模块都能够访问脚本中的所有语句，则由 Abaqus/CAE 的内核来解释执行脚本。

☞ 提示：第 1 章中编写的 Python 代码可以在 Python 的解释器下执行，也可以在 Abaqus 的执行环境下执行；但是与 Abaqus 操作相关的 Python 代码，只能在 Abaqus 环境下执行，而无法在 Python 解析器下执行，否则，将抛出如图 2-5 所示的提示信息。

```
Traceback (most recent call last):
  File "autopostll29test.py", line 11, in <module>
    from abaqus import *
ImportError: No module named abaqus
```

图 2-5　在 Python 解释器下执行包含 Abaqus 命令时的错误信息

包含 Abaqus 命令的脚本可以采用下列方法之一来运行。

1. 启动 Abaqus/CAE 的同时运行脚本

如果从 Abaqus 命令行窗口中执行脚本文件，具体的操作如下：单击【开始】→【Dassault Systemes SIMULIA Abaqus CAE 6. 18】→【Abaqus Command】命令，在命令行窗口中输入下列命令，可以在启动 Abaqus/CAE 的同时运行脚本。

　　　　abaqus cae script = **myscript. py**

　　　　abaqus cae startup = **myscript. py**

其中，**myscript. py** 表示脚本文件名。使用下列命令可以在启动 Abaqus/Viewer 的同时运行脚本：

　　　　abaqus viewer script = **myscript. py**

　　　　abaqus viewer startup = **myscript. py**

如果命令行中包含其他参数，各个参数之间可以使用一个或多个空格进行分隔。

☞　提示：下面两条命令是错误的，将出现如图 2-6 所示的提示信息。

　　　　abaqus python **abaqusfilename. py**

　　　　abaqus script **abaqusfilename. py**

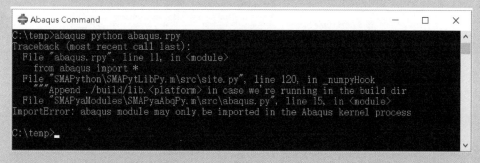

图 2-6　输入 abaqus python 或 abaqus script 命令时的提示信息

错误原因：如果在 Abaqus 的命令行中执行脚本，输入命令时一定要加入 Abaqus 解释器 abaqus cae 或 abaqus viewer，否则将出现图 2-6 所示的提示信息。如果只执行包含 Python 命令的脚本（不包含 Abaqus 命令），则无须加入 Abaqus 解释器。

2. 不启动 Abaqus/CAE 直接运行脚本

如果不启动 Abaqus/CAE 直接运行脚本，使用下列命令：

　　　　abaqus cae noGUI = **myscript. py**

其中，**myscript. py** 表示脚本文件名称。使用下列命令，可以不启动 Abaqus/Viewer 而直接运行脚本：

    abaqus viewer noGUI = **myscript. py**

如果脚本的功能是实现自动前、后处理，不启动 Abaqus/CAE 来运行脚本是非常好的做法，因为无须在 Abaqus/CAE 中显示分析结果，降低了计算分析的代价。脚本运行结束的同时，Abaqus/CAE 内核也将终止运行。但是，这种做法也存在不足之处，即在脚本的执行过程中不能与用户进行交互，也就无法监控分析作业。

3. 从启动屏幕运行脚本

当启动一个新的 Abaqus/CAE 任务时，Abaqus 将显示启动屏幕（见图 2-7）。单击 Run Script 按钮将弹出 Run Script 对话框（见图 2-8），选择需要执行的脚本文件，单击【OK】按钮即可。

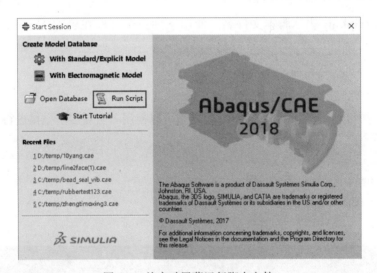

图 2-7　从启动屏幕运行脚本文件

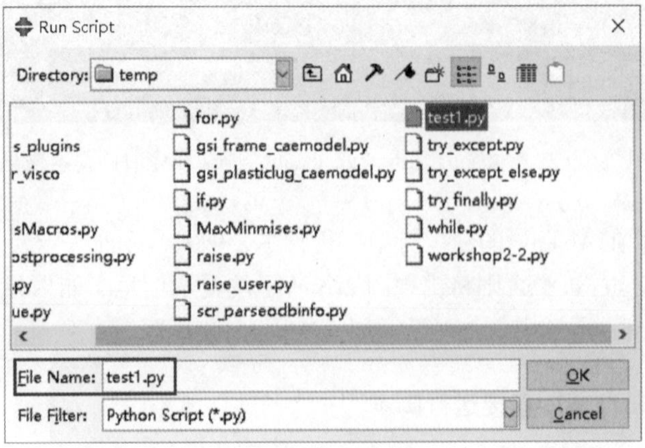

图 2-8　选择脚本文件

4. 从 File 菜单运行脚本

在 Abaqus/CAE 操作界面下，选择【File】菜单→【Run Script】命令，也将弹出如图 2-8 所示的对话框，选择要执行的脚本文件即可。

5. 从命令行接口运行脚本

在命令行接口中也可以运行脚本，输入的命令如下：

execfile('**file_name**')

其中，**file_ name** 表示待运行的脚本文件名。

图 2-9 给出了在命令行接口运行脚本的实例。图中，test1. py 表示需要运行的脚本文件名。该文件应该保存在当前工作目录下，否则需要给出脚本的完整路径，例如 execfile（r'd：\temp\beam1031. py'）。

图 2-9　在命令行接口中运行脚本 test1. py

2.1.5　快速编写脚本的方法

第 2.1.4 节介绍了在 Abaqus 中运行脚本文件的方法，本节将介绍快速编写脚本的 3 种方法，分别是录制宏文件、编辑 abaqus. rpy 文件和交互式输入。

2.1.5.1　录制宏文件

录制宏文件的操作如下：单击【开始】→【Dassault Systemes SIMULIA Abaqus CAE 6.18】→【Abaqus CAE】→【Macro Manager】命令，将弹出如图 2-10 所示的对话框；单击【Create】按钮，在图 2-11 所示的对话框中指定宏的名称和保存位置，单击【Continue】按钮开始录制；此时，与

图 2-10　Macro Manager 对话框

Abaqus/CAE 所有操作对应的 Python 命令都将保存在宏文件中；单击【Stop Recording】按钮，退出录制宏的操作（见图 2-12）。

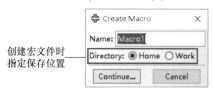

创建宏文件时
指定保存位置

图 2-11　创建宏

图 2-12　停止录制宏

采用录制宏文件来快速编写脚本文件的优点在于，可以录制任意与 Abaqus/CAE 操作对应的 Python 命令。例如，复杂的几何模型的创建、经常使用的材料参数、重复的荷载和边界条件的定义等。Abaqus 将录制的所有宏放在名为 abaqusMacros. py 的文件里（笔者的该文件位于 C：\Users\a\abaqusMacros. py）。宏录制完毕，无须保存，再次启动 Abaqus/CAE 时将自动加载该文件，单击图 2-10 中的【Run】按钮，将自动执行录制的操作。

【实例 2-1】　录制宏对 ODB 文件后处理。

本实例（见资源包中的 chapter 2\abaqusMacros. py）给出了对 ODB 文件进行后处理时录

制的宏。程序的源代码如下：

```
1    def Macro_postprocess( ):
2        import section
3        import regionToolset
4        import displayGroupMdbToolset as dgm
5        import part
6        import material
7        import assembly
8        import step
9        import interaction
10       import load
11       import mesh
12       import optimization
13       import job
14       import sketch
15       import visualization
16       import xyPlot
17       import displayGroupOdbToolset as dgo
18       import connectorBehavior
19       session. viewports['Viewport:1']. odbDisplay. display. setValues(plotState = (
20           CONTOURS_ON_DEF, ) )
21       odb = session. odbs['d:/Temp/contact - cor5mesh25. odb']
22       xyList = xyPlot. xyDataListFromField( odb = odb, outputPosition = INTEGRATION_POINT,
23           variable = ( ( ('S', INTEGRATION_POINT, ( ( INVARIANT, 'Mises'), ) ), ), ),
24           elementLabels = ( ( ('PLATE - 1', ('10', ) ), ), ) )
25       xyp = session. XYPlot('XYPlot-1')
26       chartName = xyp. charts. keys( )[0]
27       chart = xyp. charts[chartName]
28       curveList = session. curveSet( xyData = xyList)
29       chart. setValues( curvesToPlot = curveList)
30       session. viewports['Viewport:1']. setValues( displayedObject = xyp)
```

- 第 1 行代码定义了函数 Macro_postprocess，该函数名为在图 2-11 中创建宏时定义的文件名。实质上，宏录制的过程中，自动定义了一个新函数，该函数中无参数。
- 第 2 ~ 18 行代码导入了可能需要的模块，每个模块名各占一行。本例这部分代码只涉及后处理相关功能，第 15 ~ 17 行的导入模块是必需的，其他各行可以根据需要删减。
- 第 19 ~ 30 行代码都为后处理相关命令，详见第 5.1 节"自动后处理"。

☞ 提示：在编写代码时，可以将录制的宏函数复制出来，添加相关的参数以快速编写函数。例如，实例 2-1 中的函数 Macro_postprocess( )，默认为无参数。如果在函数 Macro_ postprocess( ) 中增加参数 odb_filename，改为 Macro_postprocess(odb_ filename)，以后再对 d:/Temp/contact - cor5mesh25. odb 文件进行自动后处理时，可以直接调用函数 Macro_postprocess('d:/Temp/contact-cor5mesh25. odb')。

2. 1. 5. 2　编辑 abaqus. rpy 文件

在 Abaqus/CAE 中建立模型时，工作目录下将自动生成 abaqus. rpy 文件。该文件记录了所有与 Abaqus/CAE 操作对应的命令，将其复制到其他位置并将扩展名由 . rpy 改为 . py 文件，使用文本编辑软件 EditPlus 打开，就可以修改、编辑和添加 Python 语句，快速创建新的脚本文件。

☞　提示：借助 abaqus. rpy 文件来编写脚本文件，不仅可以避免编写较长的 Python 命令，而且可以减少语法和拼写错误，强烈建议读者使用。

【实例 2-2】　编辑 abaqus. rpy 文件快速编写脚本旋转视窗中的对象。

在 Visualization 模块中对分析结果进行后处理时，只能够观察模型在某个方位的显示效果图。本实例将编写脚本实现视窗的自动旋转显示，旋转角度为 180°。借助 abaqus. rpy 文件编写脚本的步骤如下：

1）在 Abaqus/CAE 的【View】菜单下选择【Spec-ify】命令，弹出如图 2-13 所示的对话框。在对话框中指定方法（Method）为 Rotation Angles，绕 X 轴、Y 轴和 Z 轴的旋转角度增量分别是（0,10,0），选择模式（Mode）为 Increment About Model Axes（绕模型的轴按指定增量旋转），单击【OK】按钮。不必保存模型，

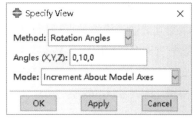

图 2-13　指定旋转视窗角度

直接退出 Abaqus/CAE，abaqus. rpy 文件将会自动录制所有的命令，如下所示：

session. viewports['Viewport:1']. view. rotate(xAngle = 0, yAngle = 10, zAngle = 0, mode = MODEL)

本行代码表示将视窗"Viewport:1"绕 Y 轴按照 10°增量进行旋转。

2）在 EditPlus 下创建新的脚本文件 rotateview. py，并将第 1）步中生成的命令粘帖到该文件中。

3）在 rotateview. py 中添加下列循环语句，实现视窗绕 Y 轴旋转 180°。对应的源代码如下：

```
1    for x in range(18):
2        session. viewports['Viewport:1']. view. rotate(xAngle = 0,,
3        yAngle = 10, zAngle = 0, mode = MODEL)
```

本段代码的含义是：使用 for... in 循环让视窗绕 Y 轴旋转 18 次，每次旋转增量为 10°，共旋转 18 × 10° = 180°。

4）保存 rotateview. py 脚本文件（见资源包中的 chapter 2\rotateview. py）。

5）在 Abaqus/CAE 中打开任意一个模型数据库（model database(* . cae)）或输出数据库（output database(* . odb)），运行脚本 rotateview. py 后可以实现对视窗绕 Y 轴旋转 180°。图 2-14a 是运行 rotateview. py 之前的视窗，图 2-14b 则是运行 rotateview. py 之后的视窗。运行脚本时，可以查看整个模型绕 Y 轴转动的效果。

☞　提示：①只有退出 Abaqus/CAE 之后，才可以打开 abaqus. rpy 文件。②本例中，如果读者感觉旋转太快，可以将每次的旋转角度改得更小（例如，1°）；如果希望旋转一圈或两圈，则可以将循环次数改为 36 或 72；如果希望查看绕 X 轴或 Z 轴的旋转效果，则可以将 xAngle、yAngle 和 zAngle 参数改成需要的值。③本实例虽仅有几行代码，但是可以实现不同的旋转效果，这也是编程的魅力所在。

a) 运行脚本rotateview.py之前的视窗　　　b) 运行脚本rotateview.py之后的视窗

图 2-14　运行 rotateview. py 脚本前、后的视窗

2. 1. 5. 3　交互式输入

交互式输入指的是直接指定模型参数，而无须在 Abaqus/CAE 下选择多个菜单、多个按钮，可以节省许多建模时间。Abaqus 中的 Python 脚本接口提供了 3 种交互式输入函数，分别是 getInput(…)函数、getInputs(…)函数和 getWarningReply(…)函数。详细介绍请参见 SIMULIA 帮助文档 *SIMULIA User Assistance 2018*→"Abaqus"→"Scripting"→"Using the Abaqus Scripting Interface"→"Using the Abaqus Scripting Interface with Abaqus/CAE"→"Prompting the user for input"。

 提示：如果脚本中包含 getInput(…)函数、getInputs(…)函数或 getWarningReply(…)函数，在命令行中执行脚本时不允许使用参数 – start、 – reply 或 – noGUI，应该在 Abaqus/CAE 界面下运行包含上述 3 个函数的脚本文件。

1. getInput(…)函数

getInput(…)函数可以定义只包含一组标签项和文本框的对话框，在文本框中可以输入任意参数值，也可以为其指定默认值，当按 < Enter > 键或单击【OK】按钮后，返回值将转换为字符串类型的数据。

调用 getInput(…)函数时，需要注意下列几个问题：

1）getInput(…)函数不具备错误检查功能，用户应该保证输入参数的正确性。

2）getInput(…)函数只允许在 Abaqus 的图形用户界面（GUI）下使用，而不能在命令行接口下使用。

3）getInput(…)函数的返回值为字符串类型，可以调用 float( )函数或 int( )函数将返回值转换为浮点型或整型数据。

下面通过实例说明 getInput(…)函数的使用方法，更详细的介绍请参见 SIMULIA 帮助文档 *SIMULIA User Assistance 2018*→"Abaqus"→"Scripting"→"Using the Abaqus Scripting Interface"→"Using the Abaqus Scripting Interface with Abaqus/CAE"→"Prompting the user for input"→"Requesting a single input from the user"。

【实例 2-3】　使用 getInput( )函数完成单个参数的输入。

脚本 getInput. py （见资源包中的 chapter 2\getInput. py）将调用 getInput(…)函数自定义输入参数，开平方运算后输出计算结果。程序的源代码如下：

```
1    from abaqus import *
2    from math import sqrt
3    input = getInput('please enter a number','25')
4    number = float(input)
5    print sqrt(number)
```

- 第 1 行和第 2 行代码分别导入 abaqus 模块的所有方法和 math 模块中的 sqrt 方法。
- 第 3 行代码调用 getInput(…) 函数定义了 1 个对话框，标签项的文本提示输入为 "please enter a number"，输入值为 25（注意：此处的 25 为字符串类型数据），并赋值给变量 input。
- 第 4 行代码调用 float() 函数将 input 转换为浮点型数据，并赋值给变量 number。
- 第 5 行代码将输出 number 开平方运算后的计算结果。本实例的计算结果为 $\sqrt{25.0} = 5.0$。

选择 Abaqus/CAE 的【File】菜单→【Run Script】→【getInput. py】脚本，执行结果如图 2-15 和图 2-16 所示。

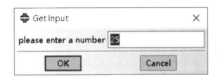

图 2-15　执行 getInput. py 后的文本框

图 2-16　输出结果

2. getInputs(…) 函数

在 Abaqus/CAE 中建模时通常需要输入多个参数。例如，在 Part 模块定义零部件时，需要输入长度、宽度、高度、倒角等尺寸；在 Property 模块中定义材料属性时，需要输入弹性模量、泊松比、密度、塑性等参数。由于 getInput(…) 函数每次只能输入 1 个参数值，输入多个参数时就需要多次调用 getInput(…) 函数，十分不便。此时，就可以使用 getInputs(…) 函数，getInput(…) 函数允许在一个对话框中显示多个文本输入框。如果需要定义 n 个参数值，只需要在 getInputs(…) 函数中定义 n 个文本框即可，按 <Enter> 键或单击【OK】按钮后，函数的返回值将转换为字符串类型。与 getInput(…) 函数类似，也可以为 getInputs(…) 函数的文本框指定默认值。

使用 getInputs(…) 函数时，需要注意下列几个问题：

1）getInputs(…) 函数不具备错误检查功能，读者应该保证输入数据的正确性。

2）getInputs(…) 函数只允许在 Abaqus 的图形用户界面（GUI）下使用，而不能在命令行中使用。

3）getInputs(…) 函数将返回多个字符串类型的数值，根据需要，应该对输入的数据进行强制类型转换。

下面通过 2 个实例说明 getInputs(…) 函数的使用方法，更详细的介绍请参见 SIMULIA 帮助文档 *SIMULIA User Assistance 2018*→"Abaqus"→"Scripting"→"Using the Abaqus Scripting Interface"→"Using the Abaqus Scripting Interface with Abaqus/CAE"→"Prompting the user for input"→"Requesting multiple inputs from the user"。

【实例 2-4】　使用 getInputs(…) 函数完成多个参数的输入。

脚本 getInputs. py（见资源包中的 chapter 2\getInputs. py）调用 getInputs(…) 函数自定义输入并输出数据信息。程序源代码如下：

```
1    from abaqus import *
2    x = getInputs ( ( ( ('please enter the first number','2'),
3                  ('please enter the second number','5'),
4                  ('please enter the third number','8')))
5    print x
```

- 第 1 行代码导入 abaqus 模块中的所有属性和方法，包含 getInputs(…) 函数。
- 第 2 ~ 4 行代码调用 getInputs(…) 函数同时定义多个对话框 please enter the first number、please enter the second number 和 please enter the third number，并且分别为其指定默认值 2、5 和 8。
- 第 5 行代码将输出包含多个文本框的对话框。

选择 Abaqus/CAE 的【File】菜单→【Run Script】→【getInputs. py】脚本，执行结果如图 2-17 和图 2-18 所示。

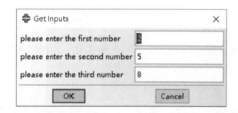

图 2-17　执行 getInputs. py 脚本后的对话框

图 2-18　输出结果

☞　提示：在编写代码的过程中，一定要养成好习惯，经常使用 print 函数输出对象的值，便于掌握对象的类型，为后续代码的编写奠定基础。例如，实例 2-4 的执行结果为列表类型的数据 ['2','5','8']，且列表中的每个元素都为字符串类型。结合第 1 章所学 Python 基础知识，可知对返回结果可以进行索引、切片等操作。如果需要对列表中的元素进行操作，则需要首先对所需元素进行索引，并根据需要进行类型转换或直接对字符串类型的数据进行运算。

【实例 2-5】　使用 getInputs(…) 函数输入材料参数。

脚本 getInputs_material. py（见资源包中的 chapter 2 \ getInputs_material. py）调用 getInputs(…) 函数来输入材料参数：弹性模量 E、泊松比 mu 和密度 den。程序源代码如下：

```
1    from abaqus import *
2    fields = ( ( ('E:','2. 08E11'),('mu:','0. 3'),('Density:','7800'))
3    E,m,den = getInputs(fields = fields,label ='Define Material Property:',dialogTitle ='Create Material',)
4    E = float( E)
5    print E
6    m = float( m)
```

```
7        print m
8        den = float( den)
9        print den
```

- 第 1 行代码导入 abaqus 模块中的所有属性和方法，包含函数 getInputs(…)。
- 第 2 行代码创建元组 fields，它的 3 个元素分别为元组（' E：',' 2.08E11 '）、（' mu：',
  '0.3'）和（' Density：',' 7800'）。这 3 个元组中的元素均为字符串类型（包含在单引号中）。
- 第 3 行代码调用 getInputs(…) 函数同时为弹性模量 E、泊松比 mu 和材料密度 den 赋值，
  而且变量的顺序与元组 fields 中的元素顺序一一对应。赋值符号（ = ）左边的 fields 和
  label 分别是 getInputs(…) 函数的必选参数和可选参数。本行代码中第 2 个 fields 指的是
  第 2 行代码中定义的元组。虽然出现了两个 fields，但是二者含义完全不同。
- 由于 getInputs(…) 函数的返回值为字符串类型数据，而材料属性都为浮点型数据，第 4
  行、第 6 行和第 8 行代码调用 float( ) 方法将 3 个变量 E、mu 和 den 转换为浮点型数据。
- 第 5 行、第 7 行和第 9 行代码则分别输出变量 E、mu 和 den 的值。

选择 Abaqus/CAE 的【File】菜单→【Run Script】→【getInputs_material. py】脚本，执行结果如图 2-19 和图 2-20 所示。

图 2-19　执行 getInputs_material. py 脚本后的文本框

图 2-20　输出结果

实例 2-4 和实例 2-5 介绍了 getInputs(…) 函数的使用方法，可以发现，在快速建模方面，Python 脚本要比 Abaqus/CAE 和 INP 文件更具优势，具体体现在下面几个方面：

1）只需要 1 条语句就可以同时定义多个参数，非常便捷。

2）第 1 章 "Python 语言编程基础" 已经介绍过，每个 Python 文件（扩展名为 . py）均为 1 个模块，导入后可以直接使用。因此，可以根据需要建立相应模块，直接导入即可。在 Abaqus/CAE 中建模，需要反复选择菜单、子菜单命令并输入数值，浪费很多时间。

3）企业用户的研发人员往往只关心或接触某一类问题，此时，可以调用 getInputs(…) 函数将共性的部分编制脚本，如果需要用到共性参数，则可以直接运行脚本来实现。

4）代码具有可重用性。对于相同或相似的对话框，只需对实例代码稍加修改即可。将实例 2-5 中的文本框提示信息换为荷载参数输入，并把参数名和参数值对应替换，就可以实现荷载和边界条件的定义。

> 提示：getInput(…) 函数和 getInputs(…) 函数的返回值均为字符串类型数据，如果需要对其进行数学运算，一定要调用相关方法将其进行类型转换。

3. getWarningReply(…) 函数

getWarningReply(…) 函数的功能是在主窗口中心位置显示警告对话框，单击对话框中某

个标准按钮后，将返回执行脚本并同时关闭警告对话框。如果需要输入多行警告信息，可以使用"\n"进行换行。

【实例 2-6】 使用 getWarningReply(…) 函数创建警告对话框。

脚本 getWarningReply. py（见资源包中的 chapter 2\getWarningReply. py）调用 getWarningReply(…)函数创建警告对话框。程序源代码如下：

```
1    from abaqus import *
2    from abaqusConstants import *
3    reply = getWarningReply( message = 'Would you like to close the window?',
4    buttons = (YES,NO))
5    if reply == YES:
6        print ' clicked YES '
7    elif reply == NO:
8        print ' clicked NO '
```

- 第 1 行代码导入 abaqus 模块中的所有属性和方法，包含函数 getWarningReply(…)。
- 第 2 行代码导入 abaqusConstants 模块中的常数。本例中将导入常数 YES 和 NO（注意：二者均为大写）。
- 第 3 行代码调用 getWarningReply(…) 函数创建警告对话框并赋值给变量 reply，对话框中的警告信息为 "Would you like to close the window?"，对话框中的按钮分别为 Yes 和 No，如图 2-21 所示。
- 第 5 ~ 8 行代码将对 reply 变量值进行判断：如果变量值为 YES，则输出 "clicked YES"；如果变量值为 NO，则输出 "clicked NO"，如图 2-22 所示。

选择 Abaqus/CAE 的【File】菜单→【Run Script】→【getWarningReply. py】脚本，执行结果如图 2-21 和图 2-22 所示。

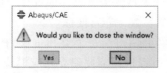

图 2-21　执行 getWarningReply. py 脚本后的警告对话框图　　　　图 2-22　输出结果

关于 getWarningReply(…) 函数的详细介绍，请参见 SIMULIA 帮助文档 *SIMULIA User Assistance 2018*→"Abaqus"→"Scripting"→"Using the Abaqus Scripting Interface"→"Using the Abaqus Scripting Interface with Abaqus/CAE"→"Prompting the user for input"→"Requesting a warning reply from the user"。

2.2　Abaqus 中的脚本接口基础知识

有人曾这样评价 Python 语言，"只有你想不到，没有它做不到"，可见该语言的功能是多么强大。前面已经介绍过，Abaqus 中的脚本接口是在 Python 应用程序接口的基础上开发的，两种功能强大的工具（有限元软件 Abaqus 和 Python 语言）强强联合，其结果必定使得 Abaqus 脚本接口的功能更加强大！很显然，要将两种功能强大的软件面面俱到地都详细介绍，在一本书中很难实现。

编写程序本身是一项极具创造力的工程，要实现同样的目的，不同的编程人员会编写出不同界面、不同算法的脚本。引用中国古代的一句老话，"师傅领进门，修行靠个人"。本书只介绍 Abaqus 脚本接口的基本概念、基本方法、基本约定，更深的"造化"要靠读者日积月累地"修炼"才能实现。

本节将介绍 Abaqus 中与 Python 脚本接口相关的基础知识，主要包括下列内容：使用帮助文档、Abaqus 中的数据类型、面向对象编程与 Abaqus 脚本接口、异常和异常处理。这些内容是编写 Abaqus 脚本的最基本的"武器"。只有掌握了基本概念、基本理论和基本方法等基础知识，上层建筑才会越建越高，才能更好地编写脚本。

> 提示：本节涉及的知识点比较多且非常烦琐，有些概念也比较拗口。学习过程中，读者应对重点概念和易混淆概念应反复学习并熟练掌握。

2.2.1　使用帮助文档

基于 Abaqus 软件编写 Python 脚本时，应该善于使用 SIMULIA 公司提供的各种帮助文档，尤其是 *SIMULIA User Assistance 2018* 中"Abaqus"下的"Scripting Reference"。该帮助文档中主要包括以下 3 部分：

1）所有的 Python 命令。

2）所有的 C ++ 命令。

3）不同 Abaqus 版本中，Abaqus 脚本接口和 C ++、ODB、API 的更新信息。

本节将主要介绍 Python 命令的编写风格，包括：命令的排列顺序、访问（access）对象、路径（path）、参数（arguments）和返回值（return value）。学习过程中建议读者打开帮助手册，将本节介绍的内容与帮助手册比较学习。

> 提示：由于 Python 语言功能强大，且对象拥有多个属性和方法、模块可以相互导入，使其对象模型异常庞大，对象之间的关系异常复杂，任何人都不可能把所有对象的层次关系搞清楚。编写脚本过程中，应该养成经常查阅帮助文档的好习惯。

2.2.1.1　命令的排列顺序

Abaqus 6.18 帮助手册"Scripting Reference"的第 I 部分"Python Commands"介绍了所有的 Python 命令，各个命令按照下列约定排列：

1）所有的命令按照英文字母顺序（A ~ Z）排列。每个命令与 Abaqus/CAE 中某一模块或者某一工具集（toolset）对应。例如，Amplitude commands 与 Abaqus/CAE 中幅值曲线工具对应（Tools 菜单→Amplitude），Animation commands 与 Visualization 模块中 Animate 菜单对应。

2）所有的命令首先介绍主要对象（primary object），然后按照英文字母的排列顺序介绍其他对象。例如，Mesh commands 中各个对象的排列顺序如图 2-23 所示，MeshElement object 中的属性和方法如图 2-24 所示。

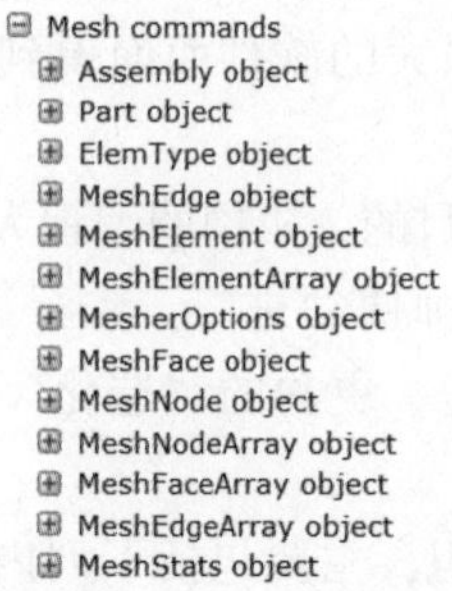

```
⊟ Mesh commands                          ⊟ MeshElement object
  ⊞ Assembly object                        ⚬ Access
  ⊞ Part object                            ⚬ Element(...)
  ⊞ ElemType object                        ⚬ getNodes()
  ⊞ MeshEdge object                        ⚬ getElemEdges()
  ⊞ MeshElement object                     ⚬ getElemFaces()
  ⊞ MeshElementArray object                ⚬ getAdjacentElements()
  ⊞ MesherOptions object                   ⚬ getElementsByFeatureEdge(...)
  ⊞ MeshFace object                        ⚬ setValues(...)
  ⊞ MeshNode object                        ⚬ Members
  ⊞ MeshNodeArray object
  ⊞ MeshFaceArray object
  ⊞ MeshEdgeArray object
  ⊞ MeshStats object
```

图 2-23　Mesh commands 中的各个对象 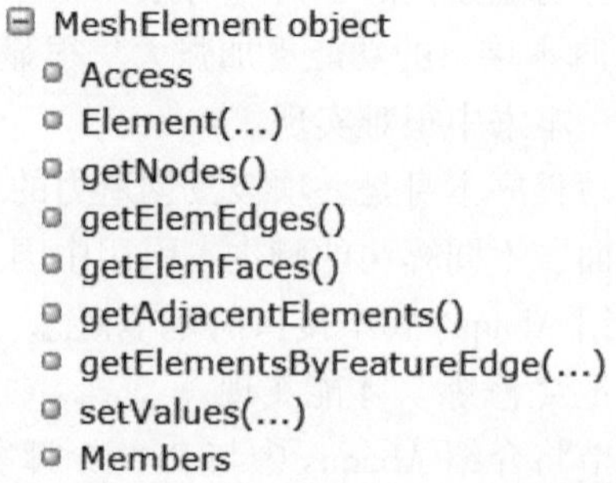　　　　图 2-24　MeshElement object 中的属性和方法

3）同一对象中的命令按照下列顺序排列：

① 构造函数（constructor，按照英文字母顺序排列）。关于构造函数的详细介绍，请参见第 2.2.1.3 节 "路径"。

② 执行某功能的方法，也称为函数（methods，按英文字母顺序排列）。关于方法的详细介绍，请参见第 1.7.2 节 "属性和方法"。

③ 对象的属性或特性，也称为成员（members）。关于成员的详细介绍，请参见第 1.7.2 节 "属性和方法"。

如果某个方法中不包含任何对象，该方法将放在每一章的末尾处。例如，Material commands 中的 evaluateMaterial 方法。

4）帮助文档中每一条命令按照下列顺序排列：

① 该命令的功能。

② 访问（access）对象或路径（path），详见第 2.2.1.2 节 "访问对象" 和第 2.2.1.3 节 "路径"。

③ 必选参数（required argrments），详见第 2.2.1.4 节 "参数"。

④ 可选参数（optional arguments），详见第 2.2.1.4 节 "参数"。

⑤ 返回值（return value），详见第 2.2.1.5 节 "返回值"。

⑥ 异常（exceptions），详见第 2.2.4.3 节 "错误处理"、第 1.9 节 "Python 语言中的异常和异常处理" 和第 2.8 节 "调试脚本的方法"。

图 2-25 中给出了 Mdb(...) 命令的详细介绍，包括路径、必选参数、可选参数、返回值以及异常等信息。

2.2.1.2　访问对象

单击【开始】→【Dassault Systemes SIMULIA Abaqus CAE 6.18】→【Abaqus CAE】启动新会话（session）时，Abaqus/CAE 将导入所有相关模块，无须使用 import module_name 语句。需要注意的是，启动 Abaqus/CAE 时并未导入符号常数模块，应该使用下列语句导入：

```
from abaqusConstants import *
```

说明：本行代码一般出现在脚本文件的第 1 行，用来导入符号常量，Abaqus/CAE 中的符号常量全为大写英文字母。例如，单元类型、应力、应变分量等。

下列语句将访问 Material 对象：

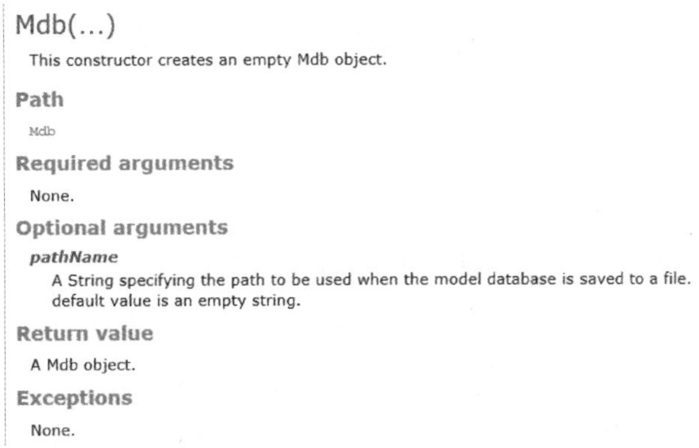

```
Mdb(...)
This constructor creates an empty Mdb object.

Path
    Mdb

Required arguments
    None.

Optional arguments
    pathName
        A String specifying the path to be used when the model database is saved to a file.
        default value is an empty string.

Return value
    A Mdb object.

Exceptions
    None.
```

图 2-25　Mdb(...)命令

```
1    import material
2    mdb. models[ model_name ]. materials[ material_name ]
```

- 第 1 行代码导入 material 模块。此时，material 对象、方法和属性都将变得可用。
- 第 2 行代码将访问模型 **model_name** 中的材料 **material_name**，必须使用 mdb 限定材料对象、命令或成员。例如

    mdb. models[crash]. Material[steel]

    mdb. models[crash]. materials[steel]. Elastic(table = ((30000000. 0 ,0. 3) ,))

    elasticityType = mdb. models[crash]. materials[steel]. elastic. type

下列代码表示将要访问 HistoryRegion 对象：

```
1    import odbAccess
2    session. odbs[ odb_name ]. steps[ step_name ]. historyRegions[ region_name ]
3    session. odbs[ odb_name ]. steps[ step_name ]. frames[ i ]. fieldOutputs[ field_output_name ]
```

- 第 1 行代码导入 odbAccess 模块。此时，Odb 对象、方法和属性都将变得可用。
- 第 2 行代码表示访问输出数据库 **odb_ name** 的分析步 **step_name** 中的 HistoryRegion 对象 **region_name**。
- 第 3 行代码表示访问输出数据库 **odb_ name** 的分析步 **step_name** 中帧 i 的 FieldOutput 对象 **field_output_name**。

细心的读者可能发现，如果访问对象的路径很长，对应的 Python 命令也会非常长，书写和阅读都十分不便。下面介绍为访问对象语句创建新变量的方法，这样做会使得代码变得简短、明了。例如

```
1    sideLoadStep = session. odbs[ ' Forming loads ' ]. steps[ ' Side load ' ]
2    lastFrame = sideLoadStep. frames[ - 1 ]
3    stressData = lastFrame. fieldOutputs[ ' S ' ]
4    integrationPointData = stressData. getSubset( position = INTEGRATION_POINT )
5    invariantsData = stressData. validInvariants
```

- 第 1 行代码创建新变量 sideLoadStep，用它表示访问输出数据库 Foming loads 中的分析

步 Side Load。

- 第 2 行代码表示访问 sideLoadStep 变量的最后一帧，并创建新变量 lastFrame。本行代码与下面的代码等效：

  session. odbs['Forming loads']. steps['Side load']. frames[−1]

- 第 3 行代码表示访问 lastFrame 变量中 fieldOutputs 对象 S（Mises 应力），并创建新变量 stressData。本行代码与下面的代码等效：

  session. odbs['Forming loads']. steps['Side load']. frames[−1]. fieldOutputs['S']

- 第 4 行代码对 stressData 对象调用 getSubset 方法访问积分点（INTEGRATION_POINT）处的 Mises 应力 S，并创建新变量 integrationPointData。本行代码与下面的代码等效：

  session. odbs['Forming loads']. steps['Side load']. frames[−1]. fieldOutputs['S']. getSubset(position = INTEGRATION_POINT)

- 第 5 行代码访问 stressData 对象的不变量（validInvariants），并创建变量 invariantsData。

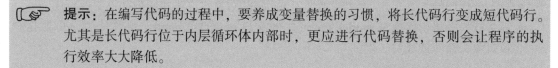

提示：在编写代码的过程中，要养成变量替换的习惯，将长代码行变成短代码行。尤其是长代码行位于内层循环体内部时，更应进行代码替换，否则会让程序的执行效率大大降低。

2.2.1.3　路径

创建对象的方法称为构造函数（constructor），构造函数的首字母必须为大写。例如：

```
1    mdb. models['Model-1']. Part(name ='Part-1',dimensionality = THREE_D,
2         type = DEFORMABLE_BODY
3    mdb. models['Model-1']. parts['Part-1']
```

- 第 1 行和第 2 行代码调用构造函数 Part 创建了三维变形体对象 Part-1。构造函数 Part 的路径如下：mdb. models ['Model-1']. Part。注意：Part 的首字母为大写 P，且为单数 Part。
- 第 3 行代码将刚创建的对象 Part-1 放入部件库 parts 中。库的功能是存放对象，所以为复数，且首字母为小写。本行代码中的零部件库为 parts，包含部件 Part-1。注意：parts 的首字母为小写 p，且为复数 parts。

Abaqus 脚本接口的一般命名惯例为：构造函数的首字母为大写，其他字母小写（例如，Part 函数）；其他方法则以小写字母开头（例如，setValues 方法）。Abaqus 帮助手册 *Scripting Reference* 中介绍每个构造函数时，都首先列出命令的路径。例如，下列语句给出构造函数 Viewport 的路径。

  session. Viewport

由于 Viewport 的首字母为大写，说明它属于构造函数，功能是创建视窗对象。

需要注意的是，有些构造函数的路径可能超过 1 个。例如，编写脚本时既可以为 Part 对象创建基准（datum），也可以为 RootAssembly 对象创建基准（datum），两者的路径分别如下：

mdb. models[name]. parts[name]. DatumAxisByCylFace

mdb. models[name]. rootAssembly. DatumAxisByCylFace

如果某个方法不是构造函数，Abaqus 帮助手册 *Scripting Reference* 将不会列出路径。例如，setValues(...)方法的首字母为小写，说明该方法不是构造函数，因此描述命令时就没有列出路径，如图 2-26 所示。

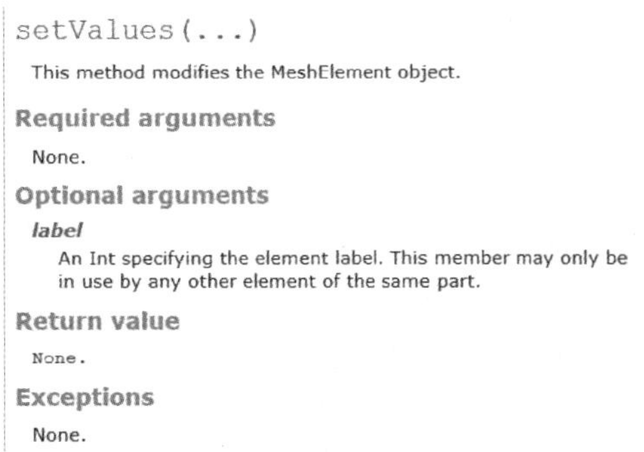

编写脚本读取 ODB 文件中的数据时，如果对象已经保存在数据库中了，就无须调用构造函数创建对象；如果需要创建 ODB 文件或者需要向 ODB 文件中写入数据，则必须调用构造函数来创建对象。Abaqus 帮助手册 *Scrip-*

setValues(...)

This method modifies the MeshElement object.

Required arguments

None.

Optional arguments

label

An Int specifying the element label. This member may only be in use by any other element of the same part.

Return value

None.

Exceptions

None.

图 2-26　不是构造函数则不列出路径

ting Reference 详细介绍了创建 ODB 对象的构造函数路径。例如，构造函数 FieldOutput( ) 的路径如下：

session. odbs[name]. steps[name]. frames[i]. FieldOutput

再如

```
1    myFieldOutput = session. odbs[ name ]. steps['Side load']. frames[ -1 ].\
2         FieldOutput( name ='S', description ='stress', type = TENSOR_3D_FULL)
```

该代码调用构造函数 FieldOutput( ) 创建了名为 S、描述为 stress、类型为 TENSOR_3D_FULL 的对象，并将其赋给变量 myFieldOutput。

☞　**提示**：实现某个功能的函数称为方法。构造函数是方法中的一种，它的功能是创建对象，即让一个对象从无到有。非构造函数的方法能够实现某个功能，但是不能够创建对象。因此，构造函数一定是方法，而方法不一定是构造函数。

2. 2. 1. 4　参数

Abaqus 帮助手册 *Scripting Reference* 介绍的所有命令中，如果后面跟省略号 (...) 的，则表示该命令需要 1 个或多个参数。例如，构造函数 Viewport 需要提供参数，则表示为 Viewport(...) ；makeCurrent 方法不包含任何参数，则表示为 makeCurrent( )。

命令中的参数分为两类：必需参数 (requierd arguments) 和可选参数 (optional arguments)。介绍每个命令时，帮助文档都首先列出必需参数，然后列出可选参数。读者也可以为可选参数指定默认值。但是，setValues 方法的所有参数均为可选参数，调用该方法时如果省略了某些参数，则这些参数都取当前值。

需要注意的是，并非所有对象都需要使用构造函数来创建。如果某些对象没有构造函数，它们必须由 Abaqus 创建，而且 Abaqus 会为这些对象的成员指定初始值。例如，defaultViewportAnnotationOptions 对象中不包含构造函数，启动新会话时，Abaqus 将创建默认的 defaultViewportAnnotationOptions 对象，如果创建新视窗，所有设置同当前视窗设置，使用 setValues 方法可以修改属性的值。例如

session. defaultViewportAnnotationOptions. setValues(triad = OFF)

本行代码修改了 defaultViewportAnnotationsOptions 对象中 triad 属性的值，将其设置为 OFF，而其他属性的值保持不变。setValues 方法的这种特性称为"不变性"（as is）。

第 1.6.1 节"函数"已经介绍过，为函数定义形参和实参时可以使用关键字（keyword）和定位参数（positional arguments），并且可以指定参数的默认值。编写脚本时，建议尽可能通过关键字指定参数，优点在于：①参数的顺序可以任意；②脚本更加易读、更易于调试。更详细的介绍，请参见 SIMULIA 帮助文档 *SIMULIA User Assistance 2018*→"Abaqus"→"Scripting"→"_Using the Abaqus Scripting Interface"→"Introduction to Python"→"Programming techniques"→"Creating functions"。

下列 3 行代码分别使用 name、origion、width 和 height 这 4 个关键字定义参数，虽然顺序不同，但是执行结果完全相同。

newViewport = session. Viewport(name = 'myViewport', origin = (10,10), width = 100, height = 50)

newViewport = session. Viewport(width = 100, height = 50, name = 'myViewport', origin = (10,10))

newViewport = session. Viewport(origin = (10,10), name = 'myViewport', width = 100, height = 50)

如果没有使用关键字，则要求参数的顺序与帮助文档中该方法所定义的顺序必须完全一致。例如，下列 3 行代码中只有第 1 行代码正确。

```
1    newViewport = session. Viewport('myViewport',(10,10),100,50)
2    newViewport = session. Viewport(100,50,'myViewport',(10,10))
3    newViewport = session. Viewport((10,10),'myViewport',100,50)
```

读者也可以使用关键字和定位参数相结合的方法编写脚本。关键字参数可以放在定位参数之后，但定位参数却不允许放在关键字参数之后。例如

```
1    newViewport = session. Viewport('myViewport',(10,10),width = 100,height = 50)
2    newViewport = session. Viewport('myViewport',(10,10),height = 50,width = 100)
3    newViewport = session. Viewport(width = 100,height = 50,'myViewport',(10,10))
```

其中，第 1 行和第 2 行代码是正确的，第 3 行代码是错误的。

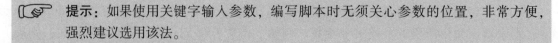 **提示：** 如果使用关键字输入参数，编写脚本时无须关心参数的位置，非常方便，强烈建议选用该法。

2.2.1.5 返回值

Abaqus 的脚本接口中，所有命令都有返回值（return value），不同的命令有不同的返回值。例如，构造函数的返回值是所创建的对象，有些命令的返回值为 None 对象（表示空值）。读者还可以将返回值赋值给新变量。例如

```
1    newViewport = session. Viewport( name = 'myViewport',
2        origin = (10,10), width = 100, height = 50)
3    if newViewport. titleBar:
4        print 'The title bar will be displayed.'
```

- 第 1 行和第 2 行代码创建了名为 myViewport、坐标原点在（10,10）、宽度为 100、高

度为 50 的新视窗，并将其赋值给变量 newVewport。

- 第 3 行代码判断 newViewport. titleBar 的返回值（布尔类型，返回值为 ON 或 OFF），如果返回值为 "ON"，则输出 "The title bar will be displayed."。

2.2.2　Abaqus 中的数据类型

Python 语言的数据类型包括整型、浮点型、字符串类型和序列等，详细介绍请参见第 1.3.2 节 "数据类型" 和第 1.4 节 "内置的数据结构"。在 Python 语言的基础上，Abaqus 脚本接口又增加了 500 多种数据类型，因此 Abaqus 脚本接口中的数据类型更加复杂，功能更加强大。

本节将介绍常用的 Abaqus 脚本接口中的数据类型，包括符号常数、库、数组、布尔类型和序列。

2.2.2.1　符号常数

符号常数（symbolic constants）一般用于方法中的自变量或 Abaqus 对象中的成员值。Abaqus 脚本接口中定义了多种符号常数，并规定符号常数的所有字母必须大写。例如，符号常数 QUAD 表示四边形网格，符号常数 SAX2T 表示单元类型，符号常数 DEFORMABLE 表示变形体，符号常数 3D、2D 表示三维和二维。

> a. setMeshControls(elemShape = QUAD)

本行代码使用 setMeshControls 方法设置单元形状为四边形，由于使用了符号常数 QUAD，就必须使用下面的语句导入所有的符号常数。

> from abaqusConstants import *

如果函数中的参数值为符号常数，则须查阅 SIMULIA 帮助文档 *SIMULIA User Assistance 2018*→"Abaqus"→"Scripting Reference" 获取参数的所有可能值。例如，输出图片的格式可以是 BLACK_AND_WHITE、GREYSCALE 或 COLOR。数据成员（data member）也可能是符号常数，例如，Elastic 对象中的 type 成员可能是 ISOTROPIC、ORTHOTROPIC、ANISOTROP-IC、ENGINEERING_CONSTANTS、LAMINA、TRACTION 或 COUPLED_TRACTION。

如果 Abaqus 脚本接口中提供的符号常数无法满足需要，读者也可以调用构造函数自行创建任意的符号常数。关于构造符号常数的详细介绍，请参见 SIMULIA 帮助文档 *SIMULIA User Assistance 2018*→"Abaqus"→"Scripting Reference"→"Python commands"→"Utility commands"→"SymbolicConstant object"。

2.2.2.2　库

库（repositories）指的是存储某一特定类型对象的容器。例如，分析步库（steps repository）存储了模型中的所有分析步。库具有下列几个特点：

1）对象的类型相同。

2）对象之间建立映射（map）关系，与 Python 语言中的字典类型的数据类似。

3）库的所有字母均小写。例如，材料库表示为 materials、部件库表示为 parts。

4）库中一般存储多个对象，表示库的单词均为复数形式。

5）库通常用于存储模型、部件、材料、分析步等。例如，储存模型的模型库（models

repository)、储存部件的部件库（parts repository）等。

　　6）通过调用构造函数可以向某个库中添加对象。例如

```
1      mdb. models
2      mdb. models['Model-1']. parts
```

- 第 1 行代码中，库 models 包含了模型数据库的所有模型。
- 第 2 行代码中，库 parts 包含了模型 Model-1 的所有部件。

再如

```
1      mdb. models['engine']. Material('steel')
2      steel = mdb. models['engine']. materials['steel']
```

- 第 1 行代码调用构造函数 Material 创建了对象 steel。注意：构造函数首字母 M 为大写，而且为单数。
- 第 2 行代码将名为 steel 的材料添加到材料库 materials 中。

与字典类似，调用库中的对象时，可以指定关键字。例如

```
1      session. Viewport(name = 'Side view', origin = (10,10), width = 50, height = 50)
2      session. viewports['Side view']. viewportAnnotationOptions. \
3          setValues(legend = OFF, title = OFF)
```

- 第 1 行代码调用构造函数 Viewport 创建了名为 Side view 的新视窗对象。
- viewports 库中新视窗对象的关键字是 Side view。因此，第 2 行和第 3 行代码使用关键字 Side View 来访问该对象。

编写脚本时，可以将库中的对象赋值给某个变量，使得代码简短、易读。例如，第 2 行和第 3 行代码可以改写成：

```
1      myViewport = session. viewports['Side view']
2      myViewport. viewportAnnotationOptions. setValues(legend = OFF, title = OFF)
```

- 第 1 行代码将 viewports 库中关键字为 Side view 的对象赋值给变量 myViwport。
- 第 2 行代码中对 myViewport 对象进行设置，实质上是对 Side view 对象进行设置。

☞　**提示：**使用这种方法编写的脚本可读性强、代码简短，强烈推荐使用此方法。

　　需要注意的是，一般情况下，库中的关键字为字符串。但是，在 Abaqus/CAE 中为创建的对象命名时，可以使用整型数据或符号常数。

　　与字典类似，调用 keys() 方法可以访问库中的关键字。例如

```
>>> session. Viewport(name = 'Side view')
>>> session. Viewport(name = 'Top view')
>>> session. Viewport(name = 'Front view')
>>> for key in session. viewports. keys():
        print key
```

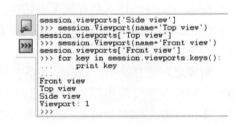

上述代码行的执行结果如图 2-27 所示。

由于大多库中的对象排列都是无序的，　　　图 2-27　调用 keys() 方法访问库的关键字

虽然调用 keys( )[i] 方法可以访问某个关键字，但是可能导致访问的关键字并非需要的关键字，建议不选用这种方法。

调用 changeKey( ) 方法可以改变库的关键字名。例如

```
1    myPart = mdb. models['Model-1']. Part(name = 'housing',
2        dimensionality = THREE_D, type = DEFORMABLE_BODY)
3    mdb. models['Model-1']. parts. changeKey(fromName = 'housing', toName = 'form')
```

- 第 1 行和第 2 行代码调用构造函数 Part( ) 创建了关键字为 housing 的部件对象，并将其赋值给变量 myPart。
- 第 3 行代码调用 changeKey( ) 方法将库中对象的关键字由 housing 改为 form。

2.2.2.3　数组

与序列中的元组类似，数组（arrays）是一个可以被索引的容器。例如，Abaqus 中所有的节点和单元分别储存在数组 MeshNodeArrays 和 MeshElementArrays 中。关于数组的详细介绍，请参见第 1.4.1 节 "元组"、第 1.4.4 节 "序列" 和 SIMULIA 帮助文档 *SIMULIA User Assistance 2018*→"Abaqus"→"Scripting"→"Using the Abaqus Scripting Interface"→"Introduction to Python"→"The basics of Python"→"Sequences"。

2.2.2.4　布尔类型

Python 语言中的布尔类型（Booleans）为 < type 'bool' >，如图 2-28 所示。布尔类型包括两种布尔值：True 和 False。

Abaqus 脚本接口也定义了布尔类型的对象（boolean objects），它由符号常数对象（symbolic constant objects）派生而来，其值为 ON 和 OFF。例如，noPartsInputFile 是 Model 对象的一个成员，表示是否将部件和装配件的信息写入 INP 文件。成员 noPartsInputFile 的类型为 < type 'AbaqusBoolean' >。

```
>>> myBoolean=TRUE
>>> type(myBoolean)
<type 'bool'>
>>>
```

图 2-28　Python 语言中的布尔类型

布尔类型的使用方法与符号常数类似，唯一的不同在于，布尔类型的值可以测试，符号常数的值却不可以测试。例如，视窗对象中包含成员 titleBar，它属于布尔类型，用来确定是否显示标题栏，代码如下：

```
1    if vp. titleBar:
2        print "The title bar will be displayed"
```

- 第 1 行代码判断 vp. titleBar 的布尔值。如果判断结果为 ON，则执行第 2 行代码。
- 第 2 行代码输出 "The title bar will be displayed"。

在编写脚本时，一定要避免出现不确定的布尔值。例如

```
1    newModel = mdb. ModelFromInputFile(name = 'beamTutorial', inputFileName = 'Deform')
2    newModel. setValues(noPartsInputFile = False)
3    print newModel. noPartsInputFile
4    OFF
```

- 第 1 行代码调用构造函数 ModelFromInputFile 创建名为 beam Tutorial 的新模型，并赋值给变量 newModel。

- 第 2 行代码设置 noPartsInputFile 为 False。
- 第 3 行代码输出 noPartsInputFile 的布尔值。
- 第 4 行代码的输出结果为 OFF。从执行结果可以推断 noPartsInputFile 的布尔值为 OFF。但是，代码中却未明确表示是否写入部件和装配件信息，阅读脚本时容易混淆。

为了避免出现混淆，可以根据不同的布尔值，使用分支判断语句分别执行不同的代码。测试布尔值时应该尽量避免给出 0、OFF 或 False 等特定值。建议采用如下写法：

```
1    if( newModel. noPartsInputFile) :
2        print 'Input file will be written without parts and assemblies.'
3    else：
4        print 'Input file will be written with parts and assemblies.'
```

- 第 1 行代码判断 newModel. noPartsInputFile 的布尔值。如果判断结果为 ON，则执行第 2 行代码。
- 第 2 行代码将输出 "Input file will be written without parts and assemblies."。
- 如果 newModel. noPartsInputFile 的布尔值为 OFF，则执行第 4 行代码。
- 第 4 行代码将输出 "Input file will be written with parts and assemblies."。

2.2.2.5　序列

Abaqus 脚本接口中某些方法的参数是由浮点型或整型数据组成的序列（sequences）。例如，在 Abaqus/CAE 的 Property 模块中，定义随温度变化的弹性模量和泊松比的对话框如图 2-29 所示。

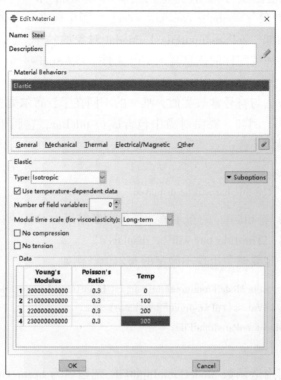

图 2-29　用 Elastic 方法定义的序列

abaqus. rpy 文件将记录与对话框等效的下列命令：

$$mdb. models['Model-1']. materials['Steel']. Elastic(temperatureDependency = ON,$$
$$table = ((200000000000. 0,0. 3,0. 0),(210000000000. 0,0. 3,100. 0),($$
$$220000000000. 0,0. 3,200. 0),(230000000000. 0,0. 3,300. 0)))$$

此外，Abaqus 脚本接口中还定义了由相同类型的对象组成的专门序列，包括：

1）由几何对象（顶点、边等）组成的 GeomSequence 序列。

2）由节点或单元组成的 MeshSequence 序列。

3）由表面组成的 SurfSequence 序列。

GeomSequence 序列包含方法和成员，Edge 序列则由 GeomSequence 对象派生而来，调用 len() 函数可以确定 GeomSequence 序列中对象的个数。下列代码实现对矩形（70 × 70）拉伸厚度 20 并创建名为 Switch 的三维变形体部件。

```
from abaqusConstants import *
mdb. Model('Body')
mySketch = mdb. models['Body']. ConstrainedSketch(name ='__profile__',sheetSize = 200. 0)
mySketch. rectangle(point1 = (0. 0,0. 0),point2 = (70. 0,70. 0))
switch = mdb. models['Body']. Part(name ='Switch',
    dimensionality = THREE_D,type = DEFORMABLE_BODY)
switch. BaseSolidExtrude(sketch = mySketch,depth = 20. 0)
```

下面介绍在命令行接口中查询 switch 对象的成员和类型的方法。

1）调用__members__方法可以查询三维部件 Switch 的所有成员。

```
>>> print mdb. models['Body']. parts['Switch'].__members__
['allInternalSets','allInternalSurfaces','allSets','allSurfaces','beamSectionOrientations','cells',
'compositeLayups','datum','datums','edges','elemEdges','elemFaces','elementEdges','elementFaces',
'elements','engineeringFeatures','faces','features','featuresById','geometryPrecision','geometryRefine-
ment','geometryValidity','ignoredEdges','ignoredVertices','ips','isOutOfDate','materialOrientations',
'modelName','name','nodes','rebarOrientations','referencePoints','reinforcements','sectionAssignments',
'sets','skins','space','stringers','surfaces','timeStamp','twist','type','vertices']
```

其中，成员 edges、faces、vertices、cells 和 ips 均由 GeomSequence 对象派生而来。

2）显示 edges 序列的相关信息。

```
>>> print 'Single edge type =',type(switch. edges[0])
Single edge type =< type 'Edge'>
```

本行代码输出 switch 对象第 1 条边的类型。如果只有 1 条边，输出类型为 EdgeArray。

```
>>> print 'Edge sequence type =',type(switch. edges)
Edge sequence type =< type 'EdgeArray'>
```

本行代码输出 switch 对象所有边的类型，输出类型为 EdgeArray。

```
>>> print 'Members of edge sequence =',switch. edges.__members__
Members of edge sequence = ['pointsOn']
```

本行代码输出边的所有成员，输出结果为 pointsOn。

```
>>> print 'Number of edges in sequence =', len(switch. edges)
Number of edges in sequence = 12
```

本行代码输出 edges 序列中元素的个数，输出结果为 12（三维六面体部件的边数为 12）。

关于浮点型序列组成的 table 参数的详细介绍，请参见 SIMULIA 帮助文档 *SIMULIA User Assistance 2018*→"Abaqus"→"Scripting"→"Using the Abaqus Scripting Interface"→"Introduction to Python"→"The basics of Python"→"Sequences"。

除了前面介绍的 5 种常用的 Abaqus 数据类型之外，Abaqus 脚本接口还提供了许多其他的数据类型（例如，材料属性类型、均匀实体截面类型等）。在 Abaqus 脚本接口中，每个对象包含多种方法和多个成员，数据类型众多，模块可以相互导入，从而使得对象模型十分复杂。因此，一定要善于查阅帮助文档，并使用下列几种方法（见图 2-30）查询对象的属性：

- 调用 type( ) 方法查询对象的类型。
- 调用 __members__ 方法查询对象的所有成员。
- 调用 __methods__ 方法查询对象的所有方法。
- 调用 del 方法删除对象。

```
>>> s=mdb.models['Model-1'].HomogeneousSolidSection(name='Section-1',material='Material-1',thickness=None)
>>> type(s)
<type 'HomogeneousSolidSection'>
>>> s.__members__
['material', 'name', 'thickness']
>>> s.__methods__
['setValues']
>>> del s
```

图 2-30　查询对象的属性

Python 语言是公认的功能强大的面向对象的编程语言，Abaqus 中的 Python 脚本接口在它的基础上又添加了许多数据类型和核心模块，其功能更加强大。即便如此，Abaqus 中的 Python 脚本接口仍然允许用户编写自己的模块或函数，以扩展其功能。关于扩展功能的详细介绍，请参见 SIMULIA 帮助文档 *SIMULIA User Assistance 2018*→"Abaqus"→"Scripting"→"Using the Abaqus Scripting Interface"→"Using Python and the Abaqus Scripting Interface"→"Extending the Abaqus Scripting Interface"。

2.2.3　面向对象编程与 Abaqus 脚本接口

第 1.7 节 "面向对象编程" 已经详细介绍了面向对象编程的基本概念，包括对象、类、属性、继承、多态性、方法和成员等。本节将介绍 Abaqus 脚本接口中与面向对象编程相关的概念，包括 Abaqus 脚本接口中的方法、Abaqus 脚本接口中的成员等内容。

2.2.3.1　Abaqus 脚本接口中的方法

大多数的 Abaqus 脚本接口命令都是方法。例如

$$session. viewports['Viewport-1']. setValues(width=50)$$

本行代码中，setValues( ) 是 Viewport 对象的一种方法。

在第 2.2.1.3 节 "路径" 中已经介绍过，创建对象的方法称为构造函数，构造函数名的首字母均为大写。通常情况下，构造函数名与创建对象的类型名相同。例如

myViewport = session. Viewport(name =′newViewport′, width = 100, height = 100)

本行代码调用构造函数 Viewport 创建了 Viewport 对象，并将其赋值给变量 myViewport。可以看出，构造函数名与对象的类型名相同。

有些对象不包含构造函数。此时，创建的第一个对象将成为另一个对象的成员。例如，创建部件（Part）的几何形状时，Abaqus 将首先创建顶点，顶点的坐标将保存为 Vertex 对象，而 Vertex 对象是 Part 对象的成员。

print mdb. models[′Model-1′]. parts[′Part-1′]. vertices[0]. pointOn

本行代码输出部件 Part-1 第 1 个顶点的坐标。

关于 Abaqus 脚本接口中各种方法的详细介绍，请参见 SIMULIA 用户帮助 *SIMULIA User Assistance* 2018→"Abaqus"→"Scripting Reference"。

2.2.3.2　Abaqus 脚本接口中的成员

每个对象都包含方法（method）和成员（member）。成员可以认为是对象的某个属性（property），使用限定符 "." 可以访问对象的成员。例如

>>> myWidth = session. viewports[′myViewport′]. width

其中，width 是 Viewport 对象的一个成员。

调用 Python 语言中的 object.__members__ 方法可以列出对象的所有成员。例如

session. viewports[′myViewport′].__members__

将列出 Viewport 对象的所有成员。

每个实例对象的成员值一般均不相同。例如，不同视窗（Viewport 对象）的 width 成员值一般不同。

Abaqus 对象的成员具有只读属性（read-only），因此，不允许使用赋值语句指定成员的值，但是，可以调用 setValues( ) 方法改变成员的值。例如

```
1    >>> import section
2    >>> shellSection = mdb. models[′Model-1′]. HomogeneousShellSection(
3         name =′Steel Shell′, thickness = 1. 0, material =′Steel′)
4    >>> print ′Original shell section thickness =′, shellSection. thickness
5    Original shell section thickness =   1. 0
6    >>> shellSection. setValues( thickness = 2. 0)
7    >>> print ′Final shell section thickness =′, shellSection. thickness
8    Final shell section thickness =   2. 0
```

其中，第 6 行代码调用 setValues( ) 方法将壳截面的厚度改为 2.0。

如果使用下面的赋值语句改变壳截面的厚度，将抛出 TypeError 异常。

>>> myShell. thickness = 2. 0

TypeError：readonly Attribute

下面给出 Abaqus 脚本接口中构造函数、方法和成员的使用方法实例（见资源包中的 chapter 2\constructor_method_member. py）。程序的源代码如下：

```
1    #!/user/bin/python
2    #- * -coding：UTF-8- * -
3    #创建 Section 对象
4    mySection = mdb. models['Model-1']. HomogeneousSolidSection(
5            name ='solidSteel',material ='Steel',thickness =1. 0)
6    #使用 type() 函数来显示对象的类型
7    print 'Section type =',type(mySection)
8    #列出对象的所有成员
9    print 'Members of the section are：',mySection.__members__
10   #列出对象的所有方法
11   print 'Methods of the section are：',mySection.__methods__
12   #输出每个成员的值
13   for member in mySection.__members__:
14       print 'mySection. % s = % s' % (member,getattr(mySection,member))
```

脚本中已经给出了详尽的注释，此处不再说明。运行脚本后的结果如图 2-31 所示。

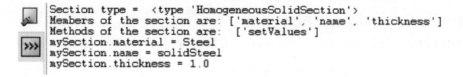

图 2-31　运行脚本 constructor_method_member. py 后的结果

创建对象后，可以调用对象的某些方法来输入或修改数据。例如，调用 addNodes 和 addElements 方法为部件添加节点和单元，调用 FieldOutput 对象的 addData 方法添加场变量的输出数据等。

2. 2. 3. 3　总结

面向对象编程是非常庞大的课题，涉及非常多的新概念。Abaqus 脚本接口是在 Python 语言基础上定制开发而成，因此就更加复杂。

Abaqus 脚本接口中面向对象编程的概念与标准的 Python 语言类似，只是在 Python 语言的基础上又增加了许多新的 Abaqus 数据类型和 Abaqus 的特有模块，扩展了 Python 语言的某些功能；但基本概念和基本方法并未改变。

为了帮助读者掌握各个重要概念，对本节介绍过的重点内容总结如下：

- 对象（object）：对数据和处理数据的函数进行封装。
- 成员（member）：被对象封装的数据称为对象的成员。
- 方法（method）：处理数据的函数称为方法。
- 构造函数（constructor）：创建对象的方法。Abaqus 脚本接口的惯例：构造函数名首字母大写，其他字母小写；一般方法的首字母为小写。

- 创建对象后可以调用各种方法来输入或修改对象的数据。例如，调用 **setValues** 方法设置成员值，调用 **addNodes** 和 **addElements** 方法为部件增加节点和单元等。
- **Abaqus** 脚本接口的一般命名惯例：对象类型名的首字母要大写。例如，视窗对象 **Viewport**。通常情况下，构造函数名与创建对象的类型名相同。
- 编写脚本时，要善于查阅 **Abaqus 6.18** 帮助手册 *Scripting Reference* 中对象的访问（**access**）方法和构造函数的路径，在访问对象的路径后面还可以继续添加方法或成员。
- 调用 **setValues(...)** 方法可以修改对象的成员值，但不允许使用赋值语句指定对象的成员值。

2.2.4　Abaqus 中的异常和异常处理

标准的 Python 语言异常一般由编程错误（例如，数值溢出或参考索引（reference index）不存在）或系统问题引起（例如，硬盘或网络错误等），详细介绍请参见第 1.9 节 "Python 语言中的异常和异常处理" 和 *Python v2.7.3 documentation*→"The Python Standard Library"→"6. Built-in Exceptions" 和 "8. Errors and Exceptions"。

本节将介绍 Abaqus 脚本接口中异常和异常处理的相关知识，包括：标准的 Abaqus 脚本接口异常、其他的 Abaqus 脚本接口异常和错误处理（error handling）。相关内容的详细介绍，请参见第 2.8.2 节 "异常抛出法"。

2.2.4.1　标准的 Abaqus 脚本接口异常

标准的 Abaqus 脚本接口异常通常由 Abaqus/CAE 中的脚本错误引起，SIMULIA 帮助文档 *SIMULIA User Assistance 2018*→"Abaqus"→"Scripting Reference" 中的每个命令后面都会列出标准的 Abaqus 脚本接口异常。例如，deactivate(...)命令的最后 Exceptions 项给出了该命令的异常类型为 TextError，如图 2-32 所示。

标准的 Abaqus 脚本接口异常的类型主要包括下列几种：

1. InvalidNameError

InvalidNameError 异常表明脚本中定义了无效的名字。DisplayGroup(...)命令的异常类型为 InvalidNameError，如图 2-33 所示。

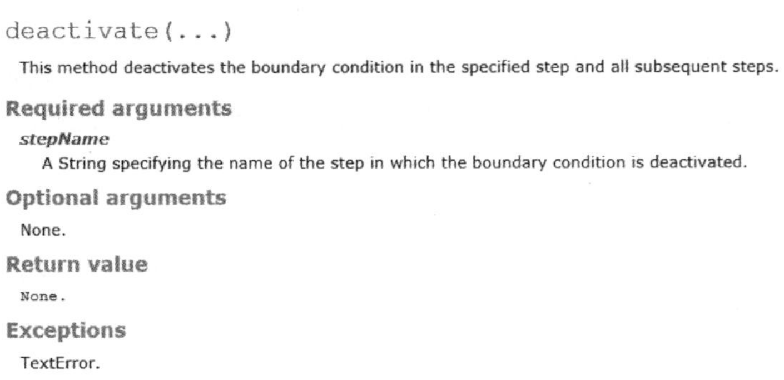

图 2-32　deactivate(...)命令的异常类型　　　图 2-33　InvalidNameError 异常

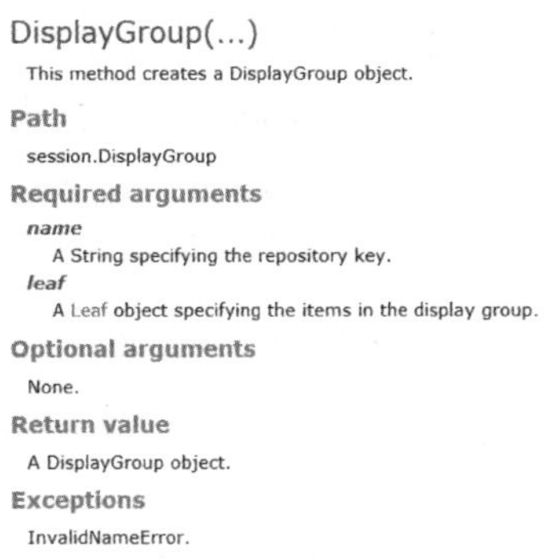

此外，在 Abaqus/CAE 中创建对象时必须满足下列命名规则：

1）名字中最多包含 38 个字符。

2）名字中可以包含空格、大多数标点符号和特殊字符（只支持标准 ASCII 字符）。

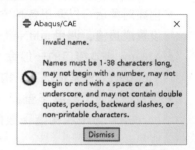

3）名字的首字符不允许为数字。

4）名字的首末字符不允许使用下划线或空格。

5）名字中不允许使用句号、双引号、反斜线等字符。

在 Abaqus/CAE 中如果不按照上述要求命名，将弹出如图 2-34 所示的信息。

图 2-34　不符合命名规则时
弹出的提示信息

 提示：在为创建的对象命名时，虽然 Python 语言允许使用大多数的标点符号和特殊字符，由于定义的对象名也可能在 INP 文件中使用，为了避免特殊字符不满足 INP 文件的命名规定，建议不要使用下列字符：$ & * ~ ! ( ) [ ] { } | ; ` ", . ? / \ : 。

2. RangeError

如果数据值超出了定义范围，将抛出 RangeError 异常。setValues(…)命令的异常类型为 RangeError，如图 2-35 所示。如果某个值的取值区间为 [a, b]，但是 setValues(…)命令中指定的值不在该区间，就会抛出 RangeError 异常。

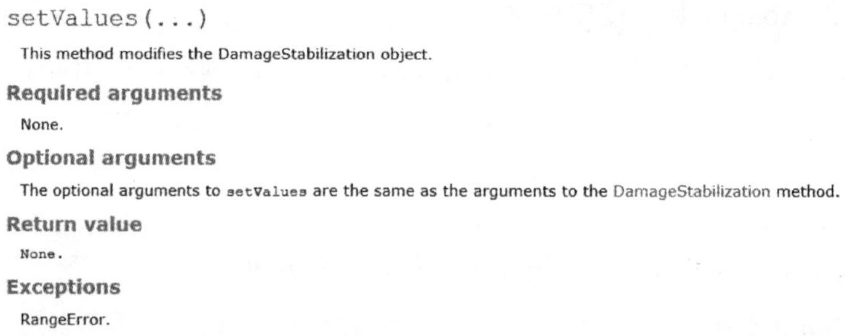

```
setValues(...)
    This method modifies the DamageStabilization object.

Required arguments
    None.
Optional arguments
    The optional arguments to setValues are the same as the arguments to the DamageStabilization method.
Return value
    None.
Exceptions
    RangeError.
```

图 2-35　RangeError 异常

3. AbaqusError

AbaqusError 异常是根据在 Abaqus 软件中建模操作与前后设置（context-dependent）的相关性，由 Abaqus/CAE 抛出的一种错误类型的异常。SIMULIA 帮助文档 *SIMULIA User Assistance 2018*→"Abaqus"→"Scripting Reference" 中的 openOdb 命令将抛出该类异常，如图 2-36 所示（该命令的内容很多，图中只截取了部分）。

4. AbaqusException

与 AbaqusError 类似，AbaqusException 异常也是根据建模过程中的操作与设置的相关性，由 Abaqus/CAE 抛出的一类异常。例如，定义相互平行的局部坐标系时，如果选择不当，PartitionCellByExtendFace(…) 命令将抛出 AbaqusException 异常，如图 2-37 所示。

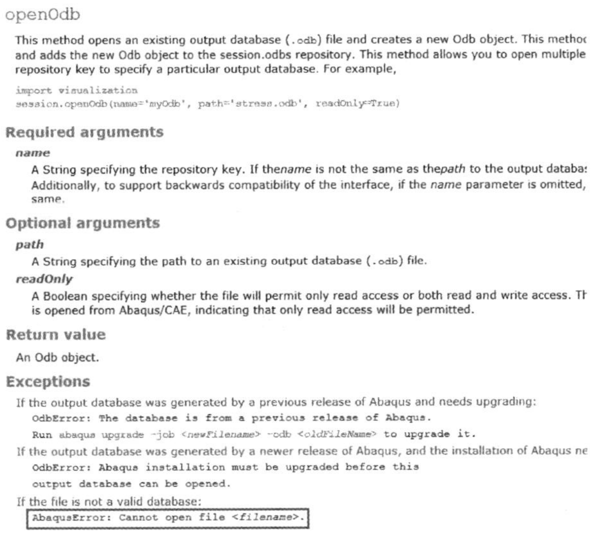

openOdb

This method opens an existing output database (.odb) file and creates a new Odb object. This method and adds the new Odb object to the session.odbs repository. This method allows you to open multiple repository key to specify a particular output database. For example,

```
import visualization
session.openOdb(name='myOdb', path='stress.odb', readOnly=True)
```

Required arguments

name

A String specifying the repository key. If the *name* is not the same as the *path* to the output databa: Additionally, to support backwards compatibility of the interface, if the *name* parameter is omitted, same.

Optional arguments

path

A String specifying the path to an existing output database (.odb) file.

readOnly

A Boolean specifying whether the file will permit only read access or both read and write access. Th is opened from Abaqus/CAE, indicating that only read access will be permitted.

Return value

An Odb object.

Exceptions

If the output database was generated by a previous release of Abaqus and needs upgrading:

OdbError: The database is from a previous release of Abaqus.

Run abaqus upgrade -job <*newFilename*> -odb <*oldFileName*> to upgrade it.

If the output database was generated by a newer release of Abaqus, and the installation of Abaqus ne

OdbError: Abaqus installation must be upgraded before this

output database can be opened.

If the file is not a valid database:

AbaqusError: Cannot open file <*filename*>.

图 2-36　AbaqusError 异常

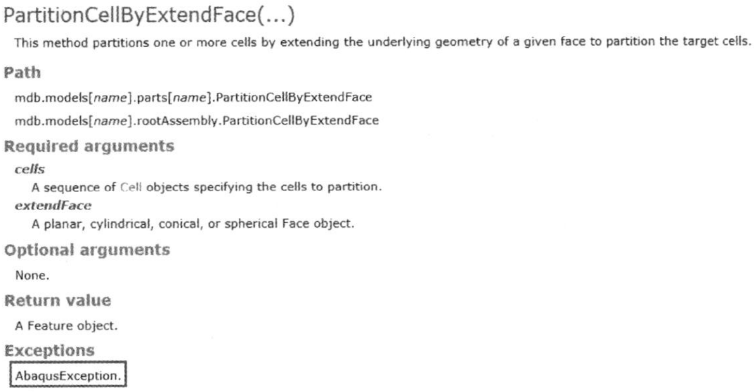

PartitionCellByExtendFace(...)

This method partitions one or more cells by extending the underlying geometry of a given face to partition the target cells.

Path

mdb.models[*name*].parts[*name*].PartitionCellByExtendFace

mdb.models[*name*].rootAssembly.PartitionCellByExtendFace

Required arguments

cells

A sequence of Cell objects specifying the cells to partition.

extendFace

A planar, cylindrical, conical, or spherical Face object.

Optional arguments

None.

Return value

A Feature object.

Exceptions

AbaqusException.

图 2-37　AbaqusException 异常

☞　提示：SIMULIA 帮助文档 *SIMULIA User Assistance 2018* 中的 "Scripting Reference" 只列出了标准的 Abaqus 脚本接口异常类型，而未给出抛出的异常信息。在编写和调试脚本过程中，要善于通过查看异常类型和异常信息来修改代码并积累经验。

2. 2. 4. 2　其他的 Abaqus 脚本接口异常

如果抛出的异常不属于标准的 Python 语言异常或标准的 Abauqs 脚本接口异常，则将按照下列顺序给出异常的详细信息：

1）对问题的简单介绍。

2）异常的类型。

3）异常的详细信息。

图 2-38 给出了 *SIMULIA User Assistance 2018* 帮助文档中最经常见到的异常信息。

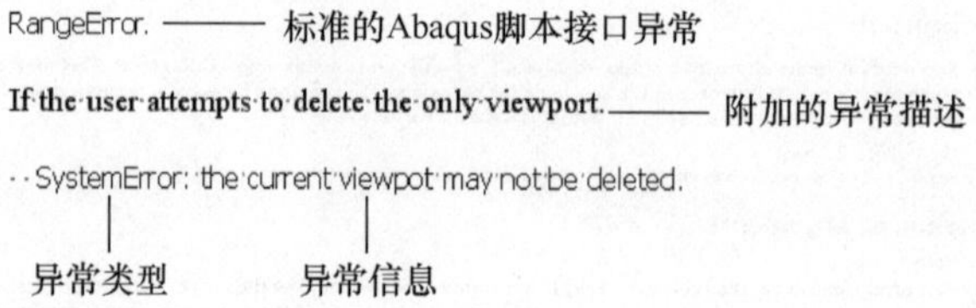

RangeError. ——— 标准的Abaqus脚本接口异常

If the user attempts to delete the only viewport. ——— 附加的异常描述

··SystemError: the current viewpot may not be deleted.

异常类型　　　　异常信息

图 2-38　Abaqus/CAE 抛出的其他 Abaqus 脚本接口异常

☞ **提示**：根据需要还可以自定义异常。详细介绍请参见第 1.9.3 节"自定义异常"。

2.2.4.3　异常处理

虽然 Python 语言允许处理某些异常的同时继续运行脚本，但是，在 Abaqus 脚本接口中，Abaqus/CAE 抛出的异常将在信息提示区显示，同时中止脚本的执行。第 1.9 节"Python 语言中的异常和异常处理"详细介绍了异常处理的各种语句，Abaqus 脚本接口中的异常处理与 Python 语言的异常处理技术相同。

例如，脚本 handle_exception. py（见资源包中的 chapter 2\handle_exception. py）将创建一个视窗。如果视窗的宽度或高度太小，则输出相应的提示信息。程序的源代码如下：

```
1    try:
2        session. Viewport( name = ' tiny ', width = 1, height = 1)
3    except RangeError, message:
4        print ' Viewport too small: ', message
5    print ' Script continues running and prints this line '
```

- 第 2 行代码创建了名为 tiny 的新视窗对象，视窗的宽度和高度均为 1。
- 第 3 行代码将抛出 RangeError 异常，并给出异常信息 message。
- 第 4 行代码输出异常提示信息 "Viewport too small:message"。
- 无论是否抛出异常，都将输出第 5 行代码中的信息。

运行脚本 handle_exception. py 后的结果如图 2-39 所示。

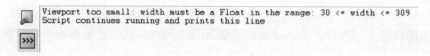

图 2-39　运行脚本 handle_exception. py 后的结果

关于异常处理的其他技巧，请参见第 2.8 节"调试脚本的方法"。

2.3　在 Abaqus/CAE 中使用 Python 脚本接口

本节将介绍使用 Abaqus 脚本接口控制 Abaqus/CAE 内核各模块和分析作业的方法，主要包括 Abaqus 中的对象模型、复制和删除对象、指定区域和指定视窗中的显示对象。

2.3.1　Abaqus 中的对象模型

在 Python 语言的基础上，Abaqus 脚本接口增加了许多新的对象类型，对象之间的层次（hierarchy）和关系（relationship）称为 Abaqus 中的对象模型。

本节将详细介绍 Abaqus 中的对象模型的相关知识，主要包括概述、导入模块、抽象基本类型、查询对象模型以及 < Tab > 键的自动完成命令功能。

> ☞ **提示**：Abaqus 中的对象模型是 Abaqus 脚本接口中非常重要的内容，涉及许多重要的新概念，一定要深刻理解并掌握。

2.3.1.1　概述

第 2.2.3 节 "面向对象编程与 Abaqus 脚本接口" 已经介绍了面向对象编程的一些重要概念，包括成员、方法和构造函数等。

Abaqus 中的对象模型给出了各个对象之间的关系，主要包括以下两方面：

1）定义对象的方法（methods）和数据成员（data members）。详见第 1.7 节 "面向对象编程"。

2）定义对象之间的相互关系。这些关系构成了对象模型的结构（structure）或层次（hierarchy），如图 2-40 所示。

对象之间的关系包括所有权和关联两种。

（1）所有权　所有权（owner-ship）定义了访问对象的路径（path）。例如，部件由体、面、边

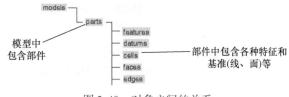

图 2-40　对象之间的关系

或顶点组成，因此称 Part 对象拥有几何对象（体、面、边或顶点）；模型则由多个部件组成，因此称 Model 对象拥有 Part 对象。对象之间的所有权关系构成了对象模型所有权的层次结构。

所有权关系表明，如果复制了某个对象，则将复制该对象所拥有的一切；如果删除了某个对象，则将删除该对象所拥有的一切。实质上，这就是 Abaqus/CAE 中的父子关系。

（2）关联　关联（association）则描述对象之间的关系，通过对象模型来表示，主要包括：某个对象是否引用（refer to）了另一个对象；某个对象是否是另一个对象的实例等。如果一个对象引用了另一个对象，则通常包含引用对象名的某个数据成员。例如，material 是 section 对象的成员之一（或称为 seciton 对象引用了 material 对象），createStepName 是 interaciton 对象的成员之一（或称为 interaction 对象引用了 createStep-Name 对象）。

在 Python 语言的基础上，Abaqus 中的 Python 脚本接口又扩展了约 500 个对象模型，这些对象之间存在着许多关联。一般情况下，Abaqus 对象模型包含 3 个根（root）对象，分别是 Session 对象、Mdb 对象和 Odb 对象，如图 2-41 所示。因此，Abaqus 脚本接口中的命令大多以 session、mdb 或 odb 开始。

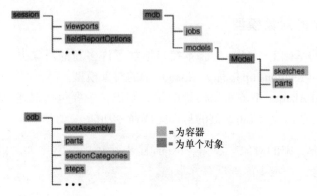

图 2-41　Abaqus 对象模型的 3 个根对象

例如

session. viewports['Viewport – 1']. bringToFront( )

mdb. models['wheel']. rootAssembly. regenerate( )

stress = odb. steps['Step-1']. frames[3]. fieldOutputs['S']

Abaqus 对象模型中的对象可分为以下两种情况：

1）容器（container）。Abaqus 2018 帮助文档中，对象模型中的容器用蓝色表示，它由相同类型的对象组成，也是 Abaqus 对象模型中的对象。例如，图 2-41 中 mdb 模型中的 jobs 对象属于包含多个分析作业的容器。容器可以是一个库（repository），也可以是一个序列（sequence）。例如，分析步容器是由所有分析步组成的库，编写脚本时使用分析步容器来访问某个分析步。

2）单个对象（singular object）。如果对象不属于容器，则属于单个对象。顾名思义，单个对象只包含一个对象。例如，Session 对象和 Mdb 对象就是单独对象。在 Abaqus 对象模型中，只能包含一个 Session 对象和一个 Mdb 对象。

在图 2-41 中，对象模型末尾处的省略号 "..." 表示模型中还包含其他对象，图中只列出对象模型中的常用对象。

下面详细介绍 Session 对象、Mdb 对象和 Odb 对象的相关知识。

1. Session 对象

使用下列任意一条语句都可以导入 session 对象。

```
from abaqus import *
from abaqus import session
```

session 对象中包含视图（viewports）对象、远程队列（queues）对象和视窗（views）对象等，如图 2-42 所示。

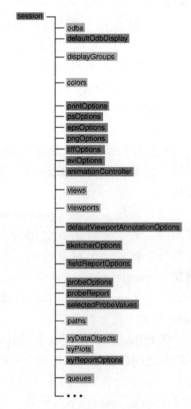

图 2-42　session 对象模型

viewports 容器是 session 对象模型中的对象，它们之间的关系如图 2-43 所示。

2. Mdb 对象

Mdb 对象指的是保存于模型数据库（models）中的对象，可以在不同的 Abaqus/CAE 会话中恢复。使用下列任意一条语句都可以导入 mdb 对象。

```
from abaqus import *
from abaqus import mdb
```

mdb 对象由 Model 对象和 Job 对象组成。按照 Abaqus/CAE 各模块的先后顺序，Model 对象由 Part 对象、Section 对象、Material 对象、Step 对象等组成，如图 2-44 所示。

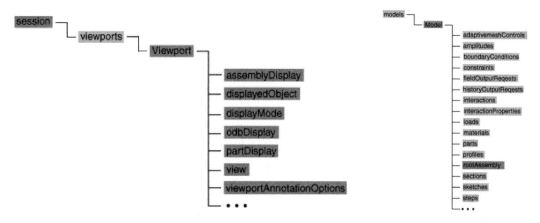

图 2-43　viewports 对象与 session 对象之间的关系　　　　图 2-44　Model 对象模型

Model 对象中还包含许多对象，图 2-45 和图 2-46 分别列出了 Part 对象模型和 rootAssembly 对象模型中的常用对象。

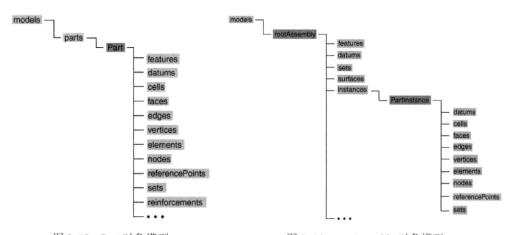

图 2-45　Part 对象模型　　　　图 2-46　rootAssembly 对象模型

Model 对象将 Job 对象单独分离，Job 对象模型比较简单，它不属于任何其他对象，第 6.2 节 "监控分析作业" 将介绍提交分析作业的相关命令。需要注意的是，Job 对象引用了 Model 对象，但 Model 对象不拥有 Job 对象。

3. Odb 对象

使用下列任意一条语句都可以导入 Odb 对象。

```
from odbAccess import *
from odbAccess import openOdb, Odb
```

odb 对象保存在输出数据库（output database）中，由模型数据（model data）和结果数据（result data）组成，如图 2-47 所示。

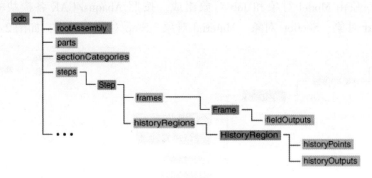

图 2-47　Odb 对象模型

编写脚本时，访问 Session、Mdb 和 Odb 对象的任意 Python 语句都称为命令。Abaqus 对象模型都是通过对象之间的层次关系，使用命令来逐步访问对象的。关于对象之间关系的详细介绍，请参见第 2.2.1.2 节"访问对象"和第 2.2.1.3 节"路径"。例如，下面这条命令通过 Cell 对象的路径访问 cells 库中索引号为 4（第 5 个）的单元。

```
cell4 = mdb. models['block']. parts['crankcase']. cells[4]
```

- 本行代码将模型数据库 block 中部件名为 crankcase 的索引号为 4 的单元存储在变量 cell4 中。
- 本行代码反映了对象模型的层次关系。Part 对象拥有 Cell 对象，Model 对象拥有 Part 对象，Mdb 对象拥有 Model 对象。

读者在查看命令中各对象的所有权关系时，建议从右向左查看。通常情况下，最右侧的方法和属性是关心的对象，前面的路径定义了所有权关系。

2.3.1.2　导入模块

与标准 Python 语言导入模块的方法相同，Abaqus 脚本接口也使用 import 语句来导入模块。不同的是，Abaqus 脚本接口需要导入附加模块来扩展对象模型。例如，如果希望创建或访问 Part 对象，则必须首先导入 Part 模块。开启一个新会话（session）时，Abaqus/CAE 将导入所有的模块，使得可以访问 Abaqus 对象模型中的任意对象。

如果需要使用各种符号常数（例如，单元类型 C3D8R 等），还需要导入符号常数模块 abaqusConstants。编写脚本时，应该首先搞清楚 Abaqus 脚本接口中各模块的名称及功能，然后使用下列语句导入相关模块：

```
import modulename
```

其中，modulename 指的是模块名。

例如，下面两行语句分别导入了 part 模块和 section 模块。

> import part
> import section

下列语句将导入 Abaqus/CAE 的所有模块：

> from caeModules import *

Abaqus 中的核心模块及其功能见表 2-1。

表 2-1　Abaqus 中的核心模块及其功能

核 心 模 块	与 Abaqus/CAE 的对应关系	功　　能
assembly	Assembly 模块	创建和修改装配件
datum	Datum 工具	创建基准工具
interaction	Interaction 模块	创建和修改相互作用属性
job	Job 模块	创建、提交和监控分析作业
load	Load 模块	创建、修改荷载和边界条件
material	Property 模块中的 Materials	创建、修改材料属性
mesh	Mesh 模块	划分网格
part	Part 模块	创建和修改部件
partition	Partition 工具	分割工具
section	Property 模块中的 Sections	创建、修改截面属性
sketch	Sketch 模块	创建和修改草图
step	Step 模块	创建和修改分析步
visualization	Visualization 模块	分析结果可视化
xyPlot	X-Y 工具	绘制 X-Y 图
odbAccess		访问输出数据库

关于访问对象的详细介绍，请参见第 2.2.1.2 节"访问对象"。

2.3.1.3　抽象基本类型

抽象基本类型（abstract base type）允许类似对象共享公有属性（common attributes）。例如，pressure（压力）和 concentrated force（集中力）都属于 Load（荷载），因此共享 Load 公有属性。面向对象编程则称 pressure（压力）与 Load（荷载）之间的关系为"是"（is a）关系，即 pressure "is a" Load。其中，Load 是抽象基本类型名。

再如，AnalysisStep 和 Step 都属于抽象基本类型（见图 2-48）。其中，StaticStep（静力分析步）和 BuckleStep（屈曲分析步）都 "is a" AnalysisStep（分析步），StaticStep 和 BuckleStep 也都 "is a" Step。在对象模型中，StaticStep 对

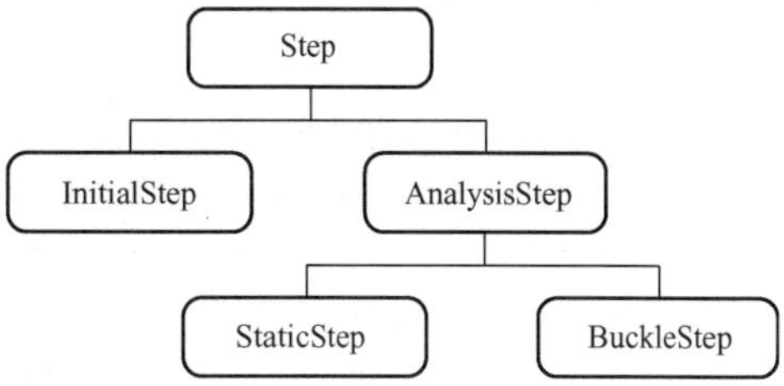

图 2-48　对象之间的"是"（is a）关系

象和 BuckleStep 对象既"is a"AnalysisStep 对象，也"is a"Step 对象。

☞ 提示：第 2.3.1.1 节"概述"中介绍对象之间的关系为"拥有"（has a）关系。例如，session 对象"has a"viewports 库，Odb 对象"has a"rootAssembly 等。而抽象基本类型中各对象之间的关系为"is a"关系。读者在学习的过程中应该注意区分。

　　细心的读者会发现，抽象基本类型名即为在 Abaqus/CAE 中建模时创建的对象名。例如，在 Step 模块中调用构造函数 StaticStep、BuckleStep 和 FrequencyStep 创建不同的分析步，Step 就是抽象基本类型。Abaqus 脚本接口模型中还包括下列抽象基本类型：幅值（Amplitude）、边界条件（BoundaryCondition）、基准（Datum）、场（Field）、相互作用（Interaction）和截面（Section）。

　　在 Abaqus 脚本接口中，"抽象"（abstract）指的是 Abaqus 对象模型中并未包含属于抽象基本类型的对象，而是通过抽象基本类型来建立对象之间的关系。例如，Abaqus 对象模型中没有包含 Load 类型或 Step 类型对象，因此需要建立抽象基本类型说明对象之间的关系；Abaqus 对象模型中包含特征（Feature）对象，因此，Feature 对象是基本类型，而不是抽象基本类型。

2. 3. 1. 4　查询对象模型

　　Abaqus 脚本接口对象模型异常复杂，初学者不可能完全记住对象模型中各对象之间的关系。Abaqus 脚本接口中提供了多种工具，帮助读者查询对象模型的关系。Python 语言中的查询函数也可以查询模型数据库（扩展名为 . cae）和输出数据库（扩展名为 . odb）。

　　本节只介绍查询对象模型的常用方法，更多高级的方法请参见第 2.7 节"查询对象"。

1. 调用 type( )函数查询对象类型

举例如下：

```
>>> vp = session. viewports['Viewport:1']
>>> type(vp)
< type 'Viewport'>
```

2. 调用 object.__members__查询对象的成员

对于 Abaqus 脚本接口的扩展对象类型，调用 object. __members__可以查询对象的成员。举例如下：

```
>>> vp.__members__
['activeColorModes','animationConnect','animationLayers','animationPlayer','annotationsToPlot',
'applyLinkedCommands','assemblyDisplay','border','colorMappings','colorMode','currentHeight',
'currentLayer','currentOrigin','currentWidth','customTitleString','detailPlotOptions','displayMode',
'displayedObject','drawings','fieldOutputLayers','globalTranslucency','height','iconHeight','iconOrigin',
'iconWidth','imageOptions','layerOffset','layers','lightOptions','movieOptions','name','odbDisplay',
'origin','partDisplay','plotOptionsLayers','plotStateLayers','stubDisplay','titleBar','titleStyle','translu-
cency','unassignedColor','view','viewManipLayers','viewportAnnotationOptions','visibleLayers','width',
'windowState']
```

3. 调用 object.__methods__ 查询对象的方法

对于 Abaqus 脚本接口的扩展对象类型，调用 object.__methods__ 可以查询对象的方法。举例如下：

```
>>> vp.__methods__
['Layer','addDrawings','bringToFront','disableColorCodeUpdates','disableMultipleColors','disableRefresh','enableColorCodeUpdates','enableMultipleColors','enableRefresh','forceRefresh','getActiveElementLabels','getActiveNodeLabels','getNodalCoordsFromLabels','getPrimVarMinMaxLoc','hideAnnotation','makeCurrent','maximize','minimize','moveAfter','moveBefore','offset','plotAnnotation','removeDrawings','restore','sendToBack','setColor','setValues','synchLayers','timeDisplay']
```

4. 调用 object.__doc__ 查询函数的功能等相关信息

举例如下：

```
>>> from odbAccess import openOdb
>>> print openOdb.__doc__
sys.modules['odbAccess'].openOdb(path)->This method opens an existing output database(.odb)file and creates a new Odb object. You typically execute this method outside of Abaqus/CAE when,in most cases,only one output database is open at any time. For example,
```

5. 使用 < Tab > 键查询对象和方法中的关键字

在 Abaqus 命令行接口 >>> 中，可以借助 < Tab > 键查询对象和方法的关键字，便于快速输入命令。需要注意的是，标准 Python 语言不允许使用这种查询方法。关于使用 < Tab > 键查询和自动完成命令的更详细介绍，请参见第 2.3.1.5 节 " < Tab > 键的自动完成命令功能"。

2.3.1.5　< Tab > 键的自动完成命令功能

在 Abaqus 的命令提示符下，< Tab > 键具有自动输入文件和文件夹名字的功能。与此类似，在 Abaqus/CAE 的命令行接口 >>> 中也可以使用 < Tab > 键来自动输入对象名，提高脚本命令的书写效率。例如，如果创建了 3 个部件 Part-1、Part-2 和 Part-3，在命令行接口中输入命令 "mdb.models ['Model-1'].parts ["，如图 2-49a 所示，此时，每按一次 < Tab > 键，将对模型中的所有部件进行循环，并自动完成另一半方括号，如图 2-49b 所示。如果希望从最后一个部件向前循环，则需要按 < Shift + Tab > 组合键。

a) 未使用<Tab>键时输入的不完整命令　　　　　　b) 使用<Tab>键自动完成命令的输入

图 2-49　使用 < Tab > 键自动完成命令功能

如果检测到不完整的字符串，< Tab > 键将自动搜索系统中的文件，并完成字符串的输入。例如，下面几行代码是使用 < Tab > 键自动实现的命令输入。

```
from part import THR      + <Tab>      →from part import THREE_D
openMdb('hinge_t          + <Tab>      →openMdb('hinge_tutorial.mdb')
```

$$myOdb = openOdb('vi\ +\ <\mathbf{Tab}>\qquad\rightarrow myOdb = openOdb('viewer\_tutorial.\,odb')$$

书写命令时，只需要输入构造函数或方法的左半个括号，借助于 < Tab > 键输入各关键字的参数值,可以提高编写代码的效率。例如，输入下列命令后按 < Tab > 键，则将在 name、objectToCopy、scale、mirrorPlane、compressFeatureList 和 separate 关键字之间切换，请读者尝试。

$$mdb.\,models['Model-1'].\,Part(\ \ +\ <\mathbf{Tab}>\rightarrow\ \ mdb.\,models['Model-1'].\,Part(name=$$

访问输出数据库时也可以使用 < Tab > 键来自动完成命令输入。例如

$$p = myOdb.\,parts[\ \ +\ <\mathbf{Tab}>\ \rightarrow\qquad p = myOdb.\,parts['Part-1']$$

单击【开始】→【Dassault Systemes SIMULIA Abaqus CAE 6.18】→【Abaqus Command】命令，在 Abaqus 的命令行提示符下也可以使用 < Tab > 键自动完成命令输入的功能。例如

```
abaqus python
>>> from odbAccess import *
>>> myOdb = openOdb('viewer_tutorial. odb')
>>> p = myOdb. parts[[Tab]
>>> p = myOdb. parts['Part-1']
```

　提示：只有在命令行接口（CLI）和 Abaqus 的命令行提示符下，才可以使用【Tab】键的自动完成命令功能。如果编写脚本文件，建议借助 abaqus. rpy 文件和宏文件 abaqusMacros. py，使用复制、粘帖功能快速编写代码。

2.3.2　复制和删除对象

本节将详细介绍复制和删除 Abaqus 脚本接口对象的方法。

2.3.2.1　复制对象

Abaqus 脚本接口为大多数对象提供了复制对象的方法。创建复制对象的方法称为复制构造函数（copy constructors）。调用复制构造函数可以创建大多数的对象。复制构造函数的格式如下：

$$ObjectName(name='name',objectToCopy=objectToBeCopied)$$

复制构造函数将返回对象 name，且与 objectToBeCopied 的类型相同。例如

```
1    firstBolt = mdb. models['Metric']. Part(name='boltPattern',dimensionality = THREE_D,
2        type = DEFORMABLE_BODY)
3    secondBolt = mdb. models['Metric']. Part(name='newBoltPattern',objectToCopy = firstBolt)
```

- 第 1 行代码创建了 Part 对象 boltPattern，并赋值给变量 firstBolt。
- 第 2 行代码调用复制构造函数创建了第 2 个 Part 对象 newBoltPattern，类型与 boltPattern 的类型相同。

读者也可以调用复制构造函数为不同的模型创建新对象。例如

```
1    firstBolt = mdb. models['Metric']. Part(name='boltPattern',dimensionality = THREE_D,
```

```
2       type = DEFORMABLE_BODY)
3       secondBolt = mdb. models['SAE']. Part( name ='boltPattern',objectToCopy = firstBolt)
```

- 第 1 行和第 2 行代码在 Metric 模型中创建了 Part 对象 boltPattern，并赋值给变量 first-Bolt。
- 第 3 行代码调用复制构造函数为 SAE 模型创建了第 2 个 Part 对象 boltPattern，并赋值给变量 secondBolt。注意：虽然第 3 行代码中 boltPattern 部件与第 1 行代码中 boltPat-tern 部件名称相同，但是二者分别属于 SAE 模型和 Metric 模型。

在有些情况下，可以使用第 2.3.1.3 节 "抽象基本类型" 来复制对象。例如，调用抽象基本类型构造函数 Section 创建均匀实体截面（HomogeneousSolidSection） 对象的一个复制。程序的代码如下：

```
1   import material
2   import section
3   impactModel = mdb. Model( name ='Model A')
4   mySteel = impactModel. Material( name ='Steel')
5   firstSection = impactModel. HomogeneousSolidSection( name ='steelSection 1',
6       material ='Steel',thickness = 1. 0)
7   secondSection = impactModel. Section( name ='steelSection 2',objectToCopy = firstSection)
```

- 第 5 行和第 6 行代码调用构造函数 HomogeneousSolidSection( )创建了对象 steelSection 1，并赋值给变量 firstSection。
- 第 7 行代码调用用抽象基本类型构造函数 Section( )创建了对象 steelSection 2，该对象是第 1 个对象 firstSection 的复制。

2.3.2.2　删除对象

一般情况下，创建的对象都可以删除。只要给出对象的完整路径，就可以使用 Python 语言的 del 方法来删除对象。例如，下列语句调用 Material( )构造函数创建了 Material 对象 aluminum，并调用 del 方法删除了该对象。

```
1       myMaterial = mdb. models['Model-1']. Material( name ='aluminum')
2       del mdb. models['Model-1']. materials['aluminum']
```

其中，第 2 行代码删除了 aluminum 对象，而指向该对象的变量 myMaterial 仍然存在。需要注意的是，变量 myMaterial 此时不再指向 aluminum 对象。如果希望删除变量 myMateri-al，还需要补充下列语句：

```
del myMaterial
```

为了便于比较，下列代码删除了变量 myMaterial，但是 aluminum 对象还存在，仍然可以将该对象赋值给其他变量。

```
1       myMaterial = mdb. models['Model-1']. Material( name ='aluminum')
2       del myMaterial
3       myNewMaterial = mdb. models['Model-1']. materials['aluminum']
```

- 第 2 行代码删除了变量 myMaterial，此时，aluminum 对象仍然存在。

- 第 3 行代码将 aluminum 对象赋值给新变量 myNewMaterial。

如果某些 Abaqus/CAE 对象既不是 Mdb 对象的成员，也不是 Session 对象的成员，则 del 方法不再适用。例如，XYData 和 Leaf 等临时对象，只要指向该对象的变量存在，该对象就存在；同理，如果删除指向该对象的变量，该对象也将被删除。例如

```
1    odb = session. odbs['f:/Temp/beam3d. odb']
2    xyData = session. xyDataListFromField(odb = odb,outputPosition = INTEGRATION_POINT,
3        variable = (('S',INTEGRATION_POINT,((INVARIANT,'Mises'),)),),elementPick = (
4        ('BEAM - 1',1,('[#8000]',)),),)
5    del xyData
```

- 第 2 ~ 4 行代码创建了指向 xyDataListFromField 对象的变量 xyData。
- 第 5 行代码删除了指向对象的变量 xyData，此时，调用 xyDataListFromField 方法创建的对象也将被删除。

2.3.3　指定区域

区域（region）可以是定义的集合（set）、表面对象（surface object）或临时区域对象（temporary Region object）。Abaqus 脚本接口中的许多命令都包含 region 参数。

1）Load 命令：使用 region 参数指定施加荷载的区域。例如，集中力施加在顶点上，压力施加在面或边上。

2）Mesh 命令：使用 region 参数指定单元类型、网格种子的定义区域。

3）Set 命令：使用 region 参数指定集合的区域。例如，节点集、单元集等。

关于区域命令的详细介绍，请参见 SIMULIA 帮助文档 *SIMULIA User Assistance 2018*→ "Abaqus"→"Scripting Reference"→"Python commands"→"Region_commands"。

如果在 Abaqus/CAE 中建立有限元模型，Abaqus 软件将自动为模型的特征进行编号。例如，节点编号、单元编号、表面中各条边的编号等。编写脚本时，建议避免通过 ID 来确定区域命令中的顶点（vertex）、边（edge）、面（face）或体（cell），即不要出现类似于 myFace = myModel. parts['Door']. faces[3] 这样的命令。原因如下：

1）对模型的某个特征编辑（增加、删除等）操作后，特征的 ID 也将发生改变，使得原来的脚本命令出现异常。

2）Abaqus 新版本中的节点、单元、表面等编号可能与老版本不同，导致脚本文件在新、老版本中不兼容，从而出现错误信息。

建议使用 findAt()方法查找顶点、边、面或体。findAt()方法的参数可以是边、面或体上的任意点，也可以是顶点的 X、Y、Z 坐标。返回值可能是包含顶点 ID 的对象，或者是包含边、面、体上任意点 ID 的对象。findAt()方法的默认容差（tolerance）值为 1E-6，因此，将返回指定点或者与指定点距离小于 1E-6 的对象。如果使用默认容差值没有查找到满足要求的对象，findAt()方法将采用不精确实体的容差值重新查找（仅适用于不精确几何体）。为了便于查找到需要的对象，可以将初始容差值设置的大一些。需要注意的是，查找点尽量不要选择两条边、两个面或两个体的交点。如果两个实体在指定点处相交或重合，findAt()方法将返回查找的第 1 个实体对象。编写脚本时需要小心谨慎，不要认为返回值一定是想要查找的对象。

如果模型中已经定义了区域，可以通过区域名来指定。例如，如果在 Abaqus/CAE 中建模时为部件中心点创建了集合 CENTER，下面的代码将通过区域名 CENTER 指定区域。

centerNSet = odb. rootAssembly. nodeSets['CENTER']

【实例 2-7】　创建区域命令和 findAt( )方法的使用。

脚本 createRegions. py（见资源包中的 chapter 2\createRegions. py）将详细介绍创建区域命令和 findAt( )方法的使用方法。程序的源代码如下：

☞　提示：为了排版整齐，本实例中对较长代码行进行了编辑处理，请以资源包中的源代码为准。

```
1    #! /user/bin/python
2    #- * -coding:UTF-8- * -
3    #导入脚本中使用的各个模块
4    from abaqus import *
5    from abaqusConstants import *
6    from caeModules import *
7    #创建新模型 Model-1
8    myModel = mdb. models['Model-1']
9    # 使用构造函数 Viewport 创建新的视窗
10   myViewport = session. Viewport( name ='Region syntax',
11                        origin = (20,20), width = 200, height = 100)
12   # 创建一个草图,并绘制两个矩形
13   mySketch = myModel. ConstrainedSketch( name ='Sketch A', sheetSize = 200. 0)
14   mySketch. rectangle( point1 = (-40. 0,30. 0), point2 = (-10. 0,0. 0))
15   mySketch. rectangle( point1 = (10. 0,30. 0), point2 = (40. 0,0. 0))
16   # 对上面创建的两个矩形进行拉伸操作,生成三维部件
17   door = myModel. Part( name ='Door',
18       dimensionality = THREE_D, type = DEFORMABLE_BODY)
19   door. BaseSolidExtrude( sketch = mySketch, depth = 20. 0)
20   # 创建部件实例
21   myAssembly = myModel. rootAssembly
22   doorInstance = myAssembly. Instance( name ='Door - 1', part = door, dependent = OFF)
23   # 选择两个顶点
24   pillarVertices = doorInstance. vertices. findAt((( -40,30,0),),((40,0,0),))
25   # 创建静力分析步(static)
26   myModel. StaticStep( name ='impact', previous ='Initial', initialInc = 1, timePeriod = 1)
27   # 在选择的顶点上施加集中力
28   myPillarLoad = myModel. ConcentratedForce(
29       name ='pillarForce', createStepName ='impact',
30       region = (pillarVertices,), cf1 = 12. 50E4)
31   # 选择两个面
32   topFace = doorInstance. faces. findAt((( -25,30,10),))
```

```
33    bottomFace = doorInstance. faces. findAt(((−25,0,10),))
34    # 在选择的面上施加压力(pressure)
35    # 同一部件实例相同类型的实体,可以使用 + 号
36    myFenderLoad = myModel. Pressure(
37        name = 'pillarPressure', createStepName = 'impact',
38        region = (( topFace + bottomFace, SIDE1),), magnitude = 10E4)
39    # 在同一部件实例上选择两条边
40    myEdge1 = doorInstance. edges. findAt(((10,15,20),))
41    myEdge2 = doorInstance. edges. findAt(((10,15,0),))
42    # 对一个面、两条边和两个顶点施加边界条件
43    myDisplacementBc = myModel. DisplacementBC(
44        name = 'xBC', createStepName = 'impact',
45        region = ( pillarVertices, myEdge1 + myEdge2, topFace), u1 = 5. 0)
46    # 使用面上的任意点选择两个面
47    faceRegion = doorInstance. faces. findAt(((−30,15,20),),((30,15,20),))
48    # 创建包含两个面(face)的表面(surface)
49    mySurface = myModel. rootAssembly. Surface(name = 'exterior', side1Faces = faceRegion)
50    # 使用这个表面来创建弹性地基(elastic foundation)
51    myFoundation = myModel. ElasticFoundation(
52        name = 'elasticFloor', createStepName = 'Initial', surface = mySurface, stiffness = 1500)
53    # 显示施加荷载和边界条件后的装配件
54    myViewport. setValues( displayedObject = myAssembly)
55    myViewport. assemblyDisplay. setValues( step = 'impact',
56        loads = ON, bcs = ON, predefinedFields = ON)
```

本实例中添加了足够多的注释行来说明代码功能,此处不再赘述。下面只对重要的代码行加以说明:

- 第 2 行代码设置编码集为 UTF-8,使得 Python 代码支持中文输入(例如,中文注释)。如果不包含该行代码,在 Abaqus/CAE 中执行脚本时将弹出如图 2-50 所示的提示信息。因此,后面章节的实例中均包含该行代码。

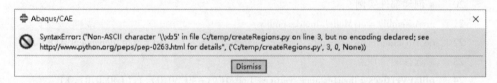

图 2-50　不包含第 2 行代码时的提示信息

- 第 24 行代码调用 findAt( )方法查找顶点 (−40,30,0) 和 (40,0,0),并创建新变量 pillarVertices。由于在二维平面内绘制草图,因此,第 14 行和第 15 行代码的点为二维坐标。需要注意的是,findAt( )方法中参数的顶点坐标必须是三维坐标,所以将第 3 个坐标设置为 0。
- 第 28 ~ 30 行代码使用 region 命令对顶点集 pillarVertices 施加集中力。由于第 24 行代码已经定义了集合 pillarVertices,此处可以直接使用集合名。

- 第 32 行和第 33 行代码调用 findAt( ) 方法分别查找包含点（-25,30,10）和（-25,0,10）的两个面，并赋值给变量 topFace 和 bottomFace。
- 第 36 ~ 38 行代码为区域 topFace 和 bottomFace 施加压力荷载。需要注意的是，对于同一部件实例的相同类型实体（例如，topFace 和 bottomFace 均为表面），可以使用符号" + "进行合并，然后对合并后的区域进行操作。在 rigion 参数中，SIDE1 表示将荷载施加在表面外侧。
- 第 40 行和第 41 行代码将分别查找包含点（10,15,20）和（10,15,0）的两条边。
- 第 43 ~ 45 行代码在区域 pillarVertices、myEdge1 + myEdge2 和 topFace 施加边界条件 u1 = 5.0。

运行脚本 createRegions. py 后，在 Abaqus/CAE 的 Load 模块中可以查看设置情况，如图 2-51 所示。

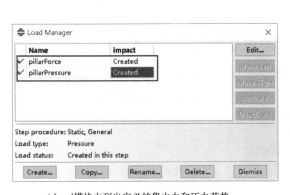

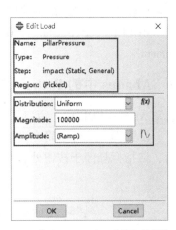

a) Load模块中列出定义的集中力和压力荷载　　　　b) 脚本createRegions中施加的荷载

图 2-51　查看脚本 createRegions. py 的设置情况

2. 3. 4　指定视窗中的显示对象

在 Abaqus/CAE 中建模时经常需要在模型、模块、部件和装配件之间进行切换。与此类似，编写脚本时也应该根据需要指定视窗中的显示对象。通常情况下，显示对象包括部件、装配件、草图、计算结果（应力、应变、能量等）、X-Y 图和空对象（None）。

修改模型后可以在视窗中显示模型，以检查脚本中的命令是否编写正确。例如，划分单元网格之前，可以查看是否使用了分割工具对装配件进行分割以及如何分割等。但是，如果频繁更新视窗中的显示对象，将大大降低脚本的执行效率。如果脚本中没有指定视窗中的显示对象，Abaqus/CAE 也可以显示其他对象。例如，如果脚本中的命令正在对装配件进行操作，在 Part 模块中则可以显示部件。

使用下列命令可以指定视窗中的显示对象：

session. viewports[name]. setValues(displayedObject = object)

其中，displayedObject 参数可以是 Part 对象、Assembly 对象、Sketch 对象、Odb 对象、XYPlot 对象或 None 对象。如果 displayedObjet 为 None 对象，视窗中将不显示任何对象。

2.4　Abaqus 中的 Python 开发环境

在 Abaqus/CAE 的 File 菜单下，子菜单 Abaqus PDE(Python Development Environment) 指的是 Abaqus 中的 Python 开发环境。它可以实现下列功能：

- 编辑 Python 文件，调试 Python 脚本或插件。
- 创建 guiLog 脚本，录制所有的图形用户界面（GUI）操作。
- 通过 GUI(guiLog) 运行 Python 脚本或在 Abaqus/CAE 之外运行 Python 脚本。
- 设置延迟（delay）和断点（breakpoint），并查看代码的执行情况。
- 在 watch 窗口查看变量值等。

本节将介绍下列内容：Abaqus 中的 Python 开发环境（PDE）简介、运行 Abaqus PDE 的方法、调试脚本、生成 guiLog 脚本。关于 Abaqus PDE 更详细的介绍，请参见 SIMULIA 帮助文档《SIMULIA User Assistance 2018》中 Abaqus→Scripting→The Abaqus Python development environment"。

2.4.1　Abaqus 中的 Python 开发环境简介

启动 Abaqus PDE 后，窗口界面如图 2-52 所示，主要包括打开主文件列表框、录制/回放工具、设置脚本运行空间、设置断点工具、增加延迟和显示/隐藏调试器等。启动 Abaqus PDE 后，将指标悬停于按钮处，几秒钟后会自动显示该按钮的功能。

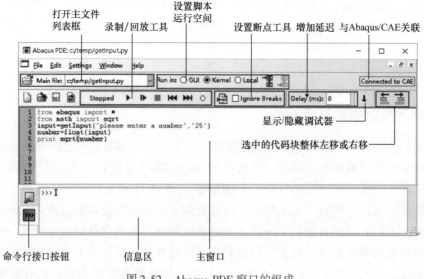

图 2-52　Abaqus PDE 窗口的组成

Abaqus 的 Python 开发环境的主窗口包含下列菜单，分别是【File】菜单、【Edit】菜单、【Settings】菜单、【Window】菜单等。

1. 【File】菜单

【File】菜单中包含选择主文件（Select Main File）、重载模块（Reload Modules）、加载最近操作的主文件（Recent Main Files）和追踪文件（Recent Traced Files）等功能，如

图 2-53 所示。

2. 【Edit】菜单

【Edit】菜单中包含编辑代码的所有操作，如图 2-54 所示。除了熟悉的撤销（Undo）、恢复（Redo）、复制（Copy）、剪切（Cut）、查找（Find）、替换（Replace）等功能之外，还提供开发 Python 脚本的功能：

1）跳转到某行（Go To Line）：该操作可能引起错误的执行结果，建议慎用。

2）对区域设置缩进（Indent region）或取消区域设置缩进（Unindent region）。

3）将区域设置为注释行（Comment region ##）或取消区域注释行（Uncomment region）。

图 2-53　【File】菜单　　　　　　　　　图 2-54　【Edit】菜单

在 Abaqus 的 Python 开发环境中编辑 Python 代码时，它能够自动设置或取消缩进。

1）如果上一行以冒号（:）结束，则自动对新行设置缩进；如果上一行以 return、continue、break、yield 等语句结束，则不设置缩进。

2）如果光标在当前缩进层次，按 <Backspace> 键后，则取消前一层次的缩进。

☞　提示：【Edit】菜单下每个功能都包含快捷键操作（例如，<Ctrl + F>表示查找功能、<Ctrl + I>表示设置区域缩进等），使用快捷键编写调试脚本效率会更高。

3. 【Settings】菜单

【Settings】菜单包含所有的设置选项，可以实现下列功能：录制选项（Recording Options）用来设置是否显示坐标轴、标题栏和状态栏等，如图 2-55 所示；允许编辑文件（Allow Editing of Files）、显示文件行编号（Show File Line Numbers）、忽略断点（Ignore Breakpoints During Play）、允许暂停（Allow Pause in Play）；选择脚本运行空间（Run Script In），如图 2-56 所示，默认情况下在内核中运行脚本（Run Main File in Kernel）；对 Python 代码进行语法着色（Python Code），如图 2-57 所示；在 Abaqus/CAE 中自动追踪（Auto Trace in CAE）等。

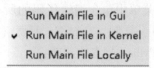

图 2-55　录制选项　　　　　　　　　　图 2-56　脚本运行空间

4.【Window】菜单

【Window】菜单（见图 2-58）可以实现下列功能：调试器（Debugger）；调试窗口
（Debug Windows）中包括断点列表（Breakpoints List）、调用堆栈（Call Stack）、调试器命令
行接口（Debugger CLI）和观察列表（Watch List）。

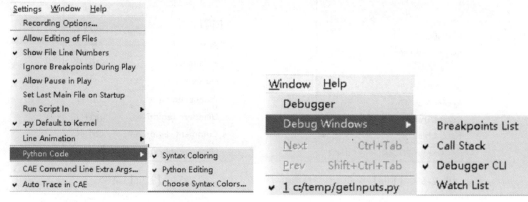

图 2-57　【Settings】菜单　　　　　　　图 2-58　【Window】菜单及调试窗口的功能

2.4.2　运行 Abaqus PDE 的方法

运行 Abaqus PDE 的方法有 3 种。

1. 单独运行 Abaqus 的 Python 开发环境

在 Abaqus 默认工作路径下输入图 2-59 所示的命令，可以单独运行 Abaqus 的 Python 开
发环境。

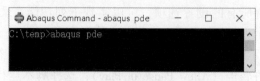

图 2-59　单独运行 Abaqus PDE

2. 同时启动 Abaqus/CAE 和 Abaqus 的 Python 开发环境

在 Abaqus 默认工作路径下输入图 2-60 所示的命令，可以同时启动 Abaqus/CAE 和
Abaqus 的 Python 开发环境。

图 2-60　同时启动 Abaqus/CAE 和 Abaqus 的 Python 开发环境

3. 在【File】菜单下启动 Abaqus 中的 Python 开发环境

在 Abaqus/CAE 的【File】菜单下选择【Abaqus PDE】命令，如图 2-61 所示。
启动后的 Abaqus PDE 界面如图 2-62 所示。

图 2-61　在【File】菜单下
启动 Abaqus PDE

图 2-62　Abaqus PDE 界面

　　GUI 命令行接口（CLI）是与 Abaqus 的 Python 开发环境的代码交互接口。在命令行接口中可以查看 Python 变量值，也可以调用任意的图形用户界面应用程序开发接口（GUI API）。下面通过一个调试对话框的实例加以说明。

　　在 Abaqus PDE 的命令行接口输入图 2-63 所示的命令，将弹出如图 2-64 所示的对话框。

图 2-63　调试对话框命令

图 2-64　运行结果

2.4.3　调试脚本

Abaqus 中的 Python 开发环境允许逐行调试内核脚本。具体的操作方法如下：

1）单击 按钮，打开某个脚本作为主文件（main file）。

2）单击按钮 （Next Line）可以逐行调试脚本。调试过程中，被调试的代码行将高亮显示为浅绿色，光标将停留在该行的起始位置处，Abaqus/CAE 将连同工作，并执行每行代码，同时视图下方将给出调试信息，如图 2-65 所示。

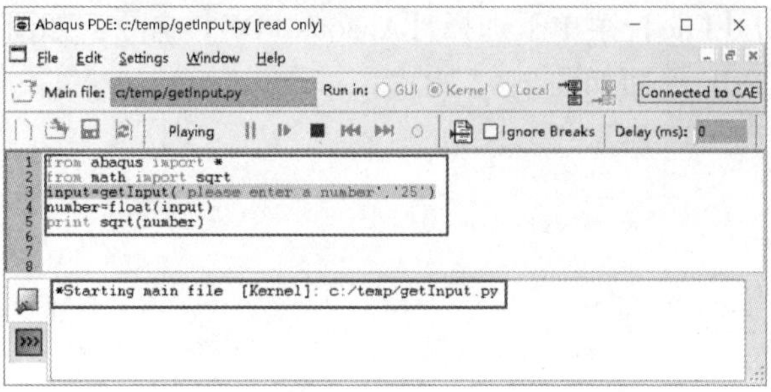

图 2-65　逐行调试时的窗口界面

单击 （Switch to debugger）按钮可以切换到调试模式，如图 2-66 所示。此时，窗口中将出现与调试相关的按钮和信息。单击 Step 按钮可以进入函数并调试；单击 Breakpt 按钮可以设置断点（命令行最前面加 * 号作为标识符），再次单击此按钮将取消设置断点；单击 Show Watch 按钮将显示 WatchList 窗口，并列出命名空间（namespace）、变量（variable）、

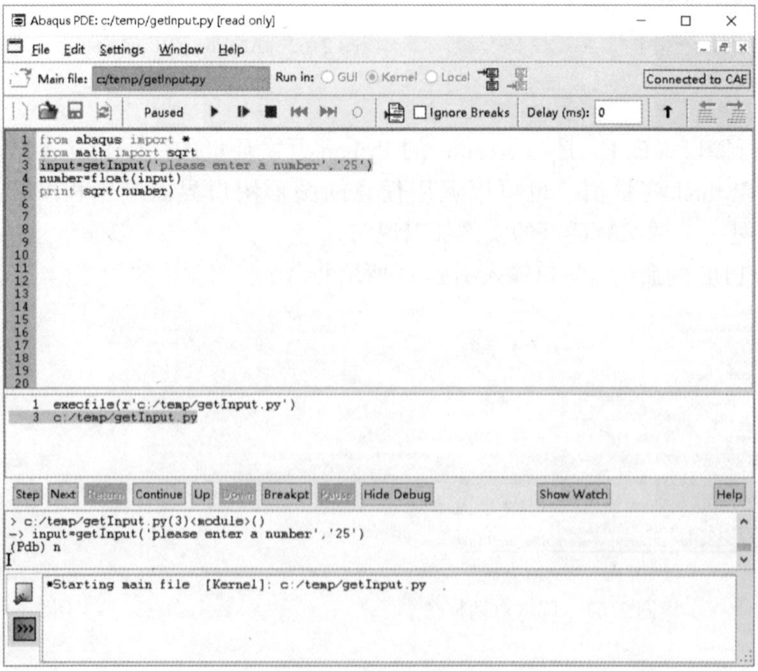

图 2-66　调试模式界面

变量值（value）、文件及所在行（file and line）等信息，以便于调试程序；单击 Help 按钮将在下方给出相关的帮助信息（图 2-67）；单击 ↑ （Hide debugger）按钮或图 2-66 中的 Hide Debug 按钮均可以退出调试模式。

```
Documented commands (type help <topic>):
========================================
EOF    bt        cont      enable   jump  pp       run      unt
a      c         continue  exit     l     q        s        until
alias  cl        d         h        list  quit     step     up
args   clear     debug     help     n     r        tbreak   w
b      commands  disable   ignore   next  restart  u        whatis
break  condition down      j        p     return   unalias  where

Miscellaneous help topics:
==========================
exec  pdb

Undocumented commands:
======================
retval  rv

(Pdb) h
```

图 2-67　单击 Help 按钮后给出的帮助信息

2.4.4　生成 guiLog 脚本

Abaqus 中的 Python 开发环境可以记录在 Abaqus/CAE 图形用户界面中的所有操作，生成脚本的扩展名为 .guiLog。创建 guiLog 脚本的操作步骤如下：

1）单击 （New guiLog）按钮，将弹出创建 guiLog 脚本的窗口。

2）单击 （Start Recording）按钮，在 Abaqus/CAE 中的所有操作都将以命令的形式出现在窗口中，如图 2-68 所示。

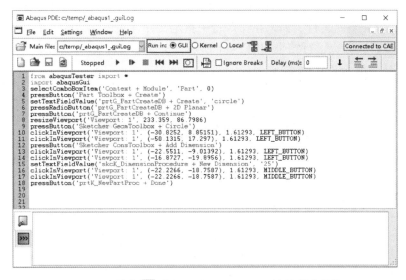

图 2-68　单击 按钮记录 Abaqus/CAE 中的所有操作

3）单击 按钮结束录制。根据需要，还可以在已有的 guiLog 脚本中插入新的操作，方法是：打开已有的 guiLog 脚本，将光标移至需要插入操作的位置，单击 按钮开始录制，单击 按钮结束录制。

guiLog 脚本既可以在 Abaqus 的 Python 开发环境中运行，也可以通过下列命令执行：

abaqus caeG-UITest testName. guiLog

　　guiLog 脚本的调试方法与第 2.4.3 节介绍的方法类似，也可以设置断点、逐行执行命令等。可以对窗口中的命令进行语法着色，以便查看和编辑操作，也可以通过右击弹出的快捷菜单命令进行操作。例如，增加断点（Add Breakpoint）、增加观察窗口（Add Watch），如图 2-69 所示。

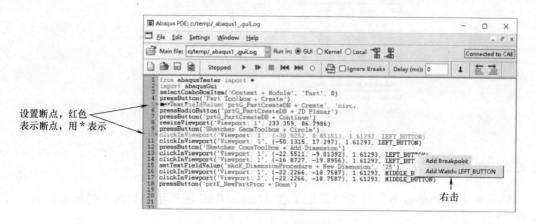

图 2-69　右击进行快捷操作

　　在某些情况下，Abaqus 中的 Python 开发环境可以不与 Abaqus/CAE 联合使用（例如，访问输出数据库模块的 odbAccess 脚本、实用工具脚本（utility script）或与 Abaqus 无关的 Python 脚本）。可以通过 Abaqus PDE 中的主文件来选择脚本，也可以在命令行中指定文件名，此时将在 Local 空间运行。如果在命令行中指定文件（见图 2-70），在 PDE 中运行脚本时可以使用命令行参数，运行结果如图 2-71 所示。关于 guiLog 脚本更详细的介绍，请参见第 6.3 节 "快速生成 guiLog 脚本"。

图 2-70　使用 getInput. py 脚本来启动 Abaqus PDE

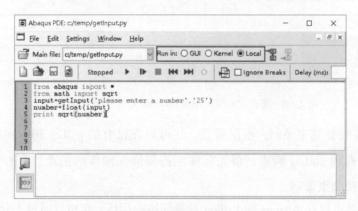

图 2-71　执行图 2-70 中命令的结果

2.5　宏管理器

2.5.1　简介

Abaqus/CAE 中的宏功能允许记录一系列 Abaqus 的脚本接口命令，并保存在宏文件（abaqusMaros. py）中。在 Abaqus/CAE 的【File】菜单下，选择【Macro Manager】命令可以录制宏。每个脚本接口命令都与 Abaqus/CAE 的某个操作相对应，录制完毕后无须保存模型直接退出 Abaqus/CAE，录制的宏将自动保存到文件 abaqusMacros. py（笔者的保存路径是 C:\Users\a\abaqusMcaros. py）。宏管理器（Macro Manager）则包含所有宏的列表，如果宏在多个 abaqusMaros. py 文件中使用相同的名字，Abaqus/CAE 将使用最后创建的宏。

启动 Abaqus/CAE 后，Abaqus 将在下列路径下搜索宏文件 abaqusMacros. py：

1）Abaqus 的安装目录。

2）根目录。

3）当前的工作目录。

2.5.2　录制宏

录制宏的操作步骤如下：

1）启动 Abaqus/CAE，在【File】菜单下选择【Macro Manager】命令，弹出如图 2-72 所示的对话框。

2）单击【Create】按钮，在弹出的对话框中输入宏的名字，单击【Continue】按钮开始录制宏。建议选择宏文件的保存路径为工作目录，即选中【Work】单选按钮，如图 2-73 所示。

图 2-72　【Macro Manager】对话框

3）在录制宏的过程中，将始终出现如图 2-74 所示的对话框，它的功能是用来提醒读者目前处于宏录制状态。

图 2-73　创建宏并设置保存路径

图 2-74　宏录制过程中的对话框

4）在任意需要结束录制的时刻，单击图 2-74 中的【Stop Recording】按钮结束录制。此时，Abaqus 将自动返回【Macro Manager】对话框（见图 2-75），并列出录制宏的名字和保存目录。在对话框的底部除了【Create】按钮之外，还提供了【Delete】按钮（删除宏）、【Run】按钮（运行宏）、【Reload】按钮（重新加载并更新宏文件）等。

在录制宏时，应该注意下列问题：

1）在录制宏的过程中，宏管理器中的【Create】、【Delete】、【Run】和【Reload】按钮将变得不可用。

2）【Run】按钮每次只能够运行 1 个宏。

3）录制宏结束后，Abaqus/CAE 将自动更新 Macro Manager 中的宏列表。

4）如果 Macro Manager 中包含名字相同的宏，Abaqus/CAE 将使用最后录制的宏。

5）Abaqus 的脚本接口命令存储为 ASCII 格式，因此，可以使用标准的文本编辑器（例如，EditPlus、UltraEdit 等）打开或编辑 abaqusMacros. py 文件。

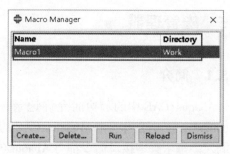

图 2-75　创建宏后的宏管理器界面

2.6　插件

Abaqus 的 Python 脚本接口可以创建两种类型的插件（Plug-ins）程序：内核插件和 GUI 插件。GUI 插件可以使用 Abaqus 的 GUI 工具包中的命令，也可以借助 RSG（really simple GUI）对话框构造器实现。后者比较简单，不需要任何 GUI 编程经验就可以实现。需要注意的是，使用 RSG 对话框构造器创建的插件是单机插件程序。

插件程序具有下列特点：

1）文件名必须以_plugin. py 结束。

2）必须在 Abaqus/CAE 的【Plug-ins】菜单中注册才能够使用。

3）内核插件将在指定的模块中执行相应函数。

第 2.6.2 节将介绍使用 RSG 对话框构造器创建图形用户界面的方法，第 2.6.3 节将讲解使用 RSG 对话框构造器创建对话框并运行内核脚本的方法，并通过一个实例详细介绍操作步骤。

2.6.1　插件简介

在 Abaqus/CAE 的任一功能模块下，都可以访问【Plug-ins】菜单，如图 2-76 所示。

该菜单的主要功能包括：

1）工具箱子菜单（Toolboxes）：该菜单包含了已经注册的插件图标（见图 2-77），单击这些快捷图标可以直接执行插件功能。

2）Abaqus 子菜单（见图 2-78）：该菜单中给出了 Abaqus/CAE 内置的插件和部分实用功能。例如，选择【Getting Started】子菜单命令，则弹出如图 2-79 的对话框，其中包含了所有已经制作成插件的模型，选择任何一个例子并单击【Run】按钮，将自动提取模型的脚本文件（.py）并执行有限元分析。更新脚本（Upgrade Scripts）子菜单命令的功能是对低版本的脚本文件自动更新为所需高版本的脚本文件，如图 2-80 所示。此外，【RSG Dialog Builder】子菜单命令提供了快速创建图形用户界面（GUI）的功能，详细介绍请参见第 2.6.2 节"使用 RSG 对话框构造器"。

图 2-76　【Plug-ins】菜单　　图 2-77　已注册插件图标　　　　图 2-78　Abaqus 子菜单

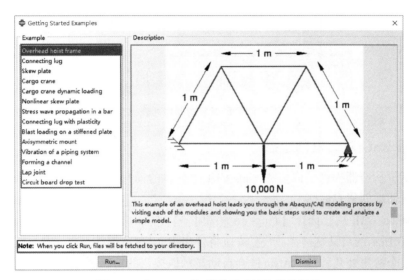

图 2-79　【Plug-ins】菜单下已经注册的插件

3）【Tools】子菜单（见图 2-81）：该菜单提供了一些常用工具，包括自适应绘图（Adaptivtiy Plotler）、X-Y 数据与 Excel 表格的交互（Excel Utilities）、安装课程（Install Courses）、STL 格式文件的导入（STL Import）和导出（STL Export）功能。选择【Install Courses】命令，将弹出如图 2-82 所示的对话框，其中包含了 Abaqus 官方培训课程对应的模型文件，指定课程的安装路径，单击【OK】按钮即可提取相关文件。

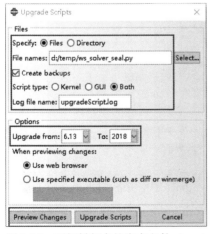

图 2-80　更新低版本的脚本文件（.py）

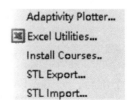

图 2-81　【Tools】子菜单

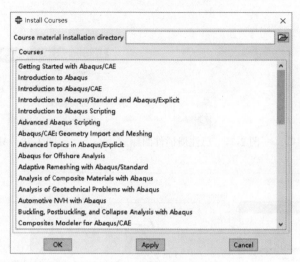

图 2-82　已安装的课程列表

2.6.2　使用 RSG 对话框构造器

RSG 对话框构造器提供了许多 Abaqus GUI 工具包的简化接口，读者无须编写脚本命令就可以非常方便地创建对话框。

启动 Abaqus/CAE 后，选择【Plug-ins 菜单】→【Abaqus】→【RSG Dialog Builder】命令，弹出如图 2-83 所示的对话框。单击 👜 按钮将弹出 RSG 对话框构造器的使用方法向导，将指针停放在某个按钮处几秒钟，Abaqus 会自动显示该按钮的功能。

图 2-83　RSG 对话框构造器界面

☞　提示：创建对话框时，选中 Include separator above OK/Cancel buttons 复选框可以设置分隔符，如图 2-84 所示。

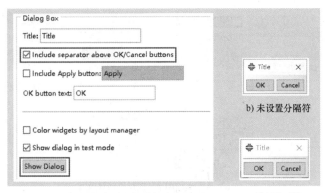

b) 未设置分隔符

a) 在对话框中设置分隔符　　　　c) 设置分隔符

图 2-84　分隔符的显示效果

下面详细介绍使用 RSG 对话框构造器创建对话框的方法。

1. GUI 标签页中的对话框布置

1）父控件（widget）决定了控件的布置方向（竖向或横向），如图 2-85 所示。父控件可以是对话框、竖向框架（vertical frame）、水平框架（horizontal frame）、组框（group box）或标签项（tab item）。除了水平框架之外，所有父控件下的控件都将竖向布置，也可以组合使用框架来生成复杂对话框。

2）标签集（tab book）中包含多个标签项 Tab1、Tab2 和 Tab3，每个标签项都是父控件，其子控件将竖向排列。标签项的父控件必须是标签集。根据需要，读者也可以在标签项下添加其他控件（例如，组框）。垂直定位按钮是不可见框架，它能够将子控件（文本编辑控件或组合框控件）的左边界竖向对齐，如图 2-86 所示。

图 2-85　控件的布置

图 2-86　标签集和垂直定位按钮的布置

3）单击 ↑ ↓ ← → 按钮可以重新布置对话框中的控件，如图 2-87 所示。创建对话框时还可以右击对控件进行替换操作。例如，将列表替换为组合框，如图 2-88 所示。

4）单击 ▭ 按钮创建文本编辑框，可以选择与文本编辑框对应的关键字类型（String、Integer 或 Float），如图 2-89a 所示。如果选择类型为 Float（浮点型），与该文本编辑框对应的关键字 keyword01 的值也必须为浮点型，如图 2-89b 所示。同理，如果选择的类型为 String（字符串类型）或 Integer（整型），则关键字值也必须为字符串类型或整型。

a) 原始布置　　　　　　b) 在a图基础上单击↑按钮后的效果图

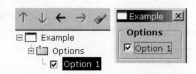

c) 在b图基础上单击→按钮后的效果图

图 2-87　单击 ↑ ↓ ← → 按钮对控件重新布置

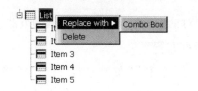

图 2-88　右击对控件进行替换操作

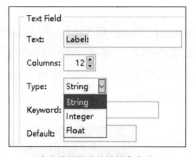　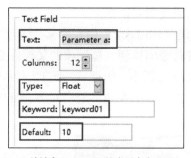

a) 文本编辑框中的关键字类型　　　　b) 关键字 keyword01的类型也为Float

图 2-89　文本编辑框中关键字类型与参数类型的匹配

列表和组合框中的关键字均为字符串类型，检查按钮或单选按钮中的关键字则为布尔类型（True 或 False）。图 2-90 给出了与对话框对应的内核命令。

myModule.createPlate(Name='Plate-1',Width=3.5,Height=5.8,rigid=True)

a) 设置完毕的对话框　　　　　　b) 与a图对应的内核命令

图 2-90　对话框及对应的内核命令

5）创建对话框时单击工具箱中的某个控件按钮，对话框将自动显示并更新。如果在 GUI 构造器对话框编辑了某些文本，则必须在文本框中按 <Enter> 键或单击其他控件才能查看编辑后的效果。单击 [Show Dialog] 按钮可以查看对话框的设置效果，如图 2-91 所示。

在"测试模式"（test mode）下，单击对话框中的【OK】按钮，表示将在 GUI 中显示内核命令。例如，单击图 2-92a 中的【OK】按钮，将弹出如图 2-92b 所示的提示信息。在"普通模式"（normal mode）下，则表示在内核中执行命令。

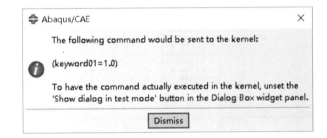

图 2-91　单击 [Show Dialog] 按钮以显示对话框

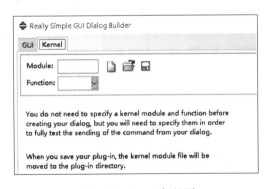

a) 在【Parameter a:】文本框中输入1.0　　　　b) 单击【OK】按钮后的提示信息
　　并单击【OK】按钮

图 2-92　在测试模式下，单击【OK】按钮后的内核命令及提示信息

2. Kernel 标签页

在 abaqus. rpy 文件的基础上修改 Python 代码并定义函数，重新保存文件（扩展名为 . py）。在 Kernel 标签页（见图 2-93）选择该文件作为模块名（Module），选择文件中定义的函数作为函数名（Function），设置完毕后如图 2-94 所示。函数中的形参取自对话框中的控件（widgets），并通过下列命令连接对话框与内核脚本：

图 2-93　Kernel 标签页

moduleName. functionName(key1 = val1, key2 = val2, …)

3. 保存插件

Abaqus 提供了 2 种保存插件的方法，即 RSG 插件（RSG plug-in）和标准插件（Standard plug-in），如图 2-95 所示。RSG 插件使用简易 RSG 命令集保存；标准插件使用完整的 Abaqus GUI Toolkit 命令集保存，它允许高级用户编辑文件并增加各种功能函数，但不允许将标准插件重载到 RSG 对话框构造器中。保存文件的同时，内核模块文件将自动移动到插件所在目录（笔者的路径为 C:\用户\a\abaqus_plugins），所有图标文件、图片等也都将复

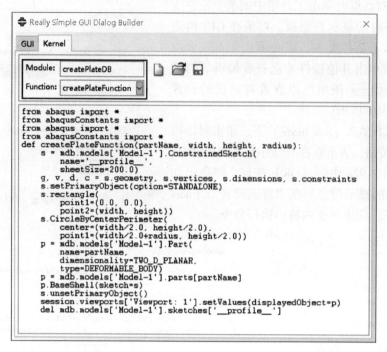

图 2-94　设置 Kernel 标签页

制到插件目录中。

【**实例 2-8**】　借助 RSG 对话框构造器快速构建图形用户界面。

本实例将介绍 RSG 对话框构造器的功能，并讲解如何使用该子菜单快速构建图形用户界面和定制插件。

在构建图形用户界面的操作步骤如下：

1）单击 🕐 按钮，快速了解 RSG 对话框构造器的基本功能和用法。

2）设计专属图形用户界面。根据需要添加对话框、文本区、图片、按钮、下拉式菜单等，图 2-96 所示是笔者创建的 GUI 对话框。

图 2-95　保存插件的两种方式

3）在创建对话框过程中，需要为每个变量定义标题（Title），数据类型（String、Integer、Float）以及内核脚本中对应的参数名（Keyword）等信息。

4）界面和各个参数定义完毕，切换到内核脚本（Kernel）标签页，将编写的 Python 脚本文件加载到 Module 下，选择该文件中的函数加载到 Function，实现将函数名中的变量与创建的 GUI 界面中参数一一对应，如图 2-97 所示。

5）单击 🖫 按钮保存图形用户界面和模块名，如图 2-98 所示。

6）退出 Abaqus/CAE，再重新打开 Abaqus/CAE，此时【Plug-ins】菜单中将出现刚创建的 My GUI 插件。

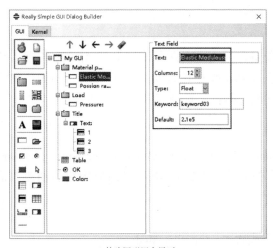

a) 构建图形用户界面　　　　　　　　　　　b) 构造完毕的对话框

图 2-96　笔者构建的对话框

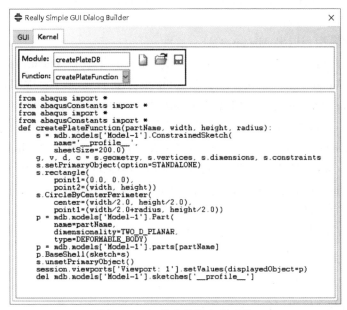

图 2-97　加载内核脚本和函数

图 2-98　保存并注册插件

2.6.3　自定义插件实例

本节将通过实例 2-9 介绍修改 abaqus. rpy 文件和使用 RSG 对话框构造器创建对话框来实现内核插件的步骤。如果读者在实际工作中始终研究某类对象（例如，轴承）或者研究对象的某一固定特性，就可以创建相关插件，提高有限元分析的效率。

【实例 2-9】　自定义插件。

本实例（见资源包中的 chapter 2 \ createPlate \ createPlateModule. py）将演示借助于 abaqus. rpy 文件快速开发内核脚本的方法，并使用 RSG 对话框构造器创建对话框和运行内核脚本。

详细的操作步骤如下：

（1）修改 abaqus. rpy 文件，生成脚本 createPlateModule. py

1）启动 Abaqus/CAE 创建新会话（session），在 Part 模块中创建二维平面部件 Plate。在草图绘制模式下，选择（0,0）和（30,20）作为对角点绘制矩形草图；以点（15,10）为圆心，绘制半径为 5.0 的圆。

2）不必保存模型，退出 Abaqus/CAE。

3）在默认工作目录（笔者的工作目录为 C: \Temp）下查找 abaqus. rpy 文件，将其重新命名为 createPlateModule. py。在文本编辑器 EditPlus 下打开 createPlateModule. py 脚本，删除创建草图 ConstrainedSketch 之前（包含 ConstrainedSketch）的所有命令行。

4）定义函数 createPlateFunction，该函数包含 4 个参数：partName、width、height 和 radius。将命令 rectangle 中 point2 的值替换为（width,height）；将命令 CircleByCenterPerimeter 中的圆心替换为（width/2,height/2）；将命令 CircleByCenterPerimeter 中 point1 的值替换为（width/2 + radius,height/2）；将所有字符串'Plate'替换为'partName'。替换的目的是对矩形和圆形草图的尺寸参数化。

5）在脚本 createPlateModule. py 的开始位置添加下列代码：

```
from abaqus import *
from abaqusConstants import *
```

6）此时，脚本文件中包含下列语句：

```
from abaqus import *
from abaqusConstants import *
def createPlateFunction( partName,width,height,radius) :
    s = mdb. models['Model-1']. ConstrainedSketch( name ='__profile__',
    sheetSize = 200. 0)
    g,v,d,c = s. geometry,s. vertices,s. dimensions,s. constraints
    s. setPrimaryObject( option = STANDALONE)
    s. rectangle( point1 = (0. 0,0. 0) ,point2 = ( width,height) )
    . CircleByCenterPerimeter( center = ( width/2,height/2) ,point1 = ( width/2 + radius,height/2) )
    s. RadialDimension( curve = g[6] ,textPoint = (6. 32710456848145,11. 5769214630127) ,
    radius = 5. 0)
```

$p = mdb. models['Model-1']. Part(name = partName, dimensionality = TWO\_D\_PLANAR,$

$type = DEFORMABLE\_BODY)$

$p = mdb. models['Model-1']. parts[partName]$

$p. BaseShell(sketch = s)$

$s. unsetPrimaryObject()$

$p = mdb. models['Model-1']. parts[partName]$

$session. viewports['Viewport:1']. setValues(displayedObject = p)$

$del mdb. models['Model-1']. sketches['\_\_profile\_\_']$

7）保存脚本 createPlateModule. py。

（2）创建对话框和内核脚本

1）重新启动 Abaqus/CAE，选择【Plug-ins 菜单】→【Abaqus】→【RSG Dialog Builder】命令，弹出如图 2-99 所示的 RSG 对话框构造器界面。

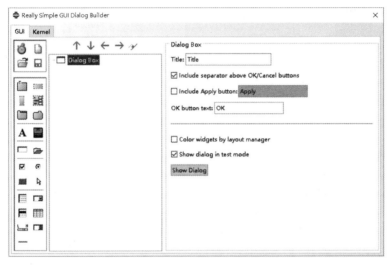

图 2-99　RSG 对话框构造器界面

2）在 GUI 标签页下，单击按钮 Show Dialog 后将弹出如图 2-100 所示的对话框。Show Dialog 按钮的功能是显示对话框设置效果。

3）按照下列步骤设置对话框：

① 将标题改为 Create Plate。

② 单击 按钮，在标题下增加 Parameters 组框（group box）。

图 2-100　对话框设置效果

③ 单击 按钮增加文本框，文本标签为 "Name:"，关键字为 partName。设置完后如图 2-101 所示。

④ 按照同样的设置方法，增加下列文本框。设置完毕后，对话框如图 2-102 所示。

文本标签为 "Width(w):"，类型为 Float，关键字为 width。

文本标签为 "Height(h):"，类型为 Float，关键字为 height。

文本标签为 "Radius(r):"，类型为 Float，关键字为 radius。

⑤ 单击 按钮增加第 2 个组框 Diagram。在组框中单击 按钮增加图标，单击 按钮选择资源包中的 chapter 2\createPlate\

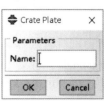

图 2-101　设置标题、组框和文本框

createPlate. png 作为图形文件。请读者尝试使用箭头按钮 ↑ ↓ ← → 对 Diagram 组框重新定位，使其位于 Parameters 组框之上。设置完毕的对话框如图 2-103 所示，GUI 布局如图 2-104 所示。

图 2-102　文本框设置完毕后的效果图

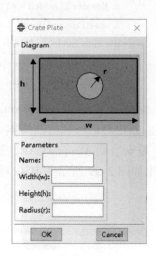

图 2-103　绘制完毕的对话框效果图

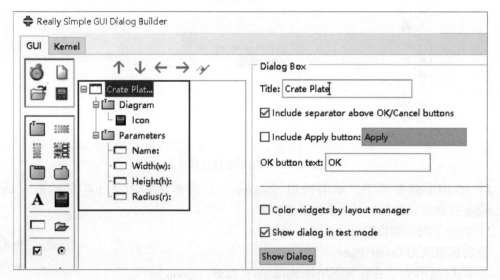

图 2-104　绘制完毕的 GUI 布局效果图

4）切换到标签页 Kernel，单击 按钮选择文件 createPlateModule. py 来加载内核模块，并在下拉列表中选择 createPlateFunction 函数，如图 2-105 所示。

5）重新返回 GUI 标签页，单击 按钮，将对话框保存为 Standard Plug-in，设置目录名为 createPlate，将菜单按钮名设为 Create Plate，如图 2-106 所示。需要注意的是，插件文件应该保存于根目录下的 abaqus_plugins 文件夹中。

6）重新启动 Abaqus/CAE，此时，【Plug-ins 菜单】下将出现【Create Plate】子菜单命令，如图 2-107 所示。单击该子菜单命令后将出现如图 2-103 所示的对话框。

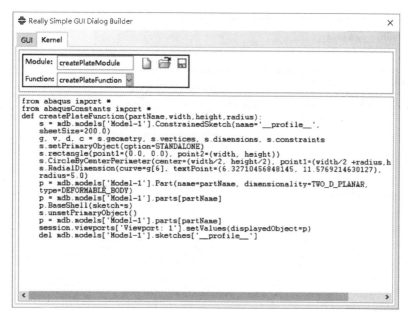

図 2-105　设置 Kernel 标签页

图 2-106　保存插件程序

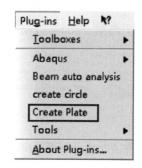

图 2-107　Create Plate 子菜单命令创建成功

2.7　查询对象

在编写和调试脚本的过程中，为了查看程序的执行情况或查找出现异常的原因，往往需要查询对象的各种数据。本节将介绍几种常见的查询数据的方法。善于使用它们将提高编写脚本的效率。

2.7.1　一般查询

2.7.1.1　查询专有属性

以输出数据库文件 viewer_tutorial.odb（见资源包中的 chapter 2\viewer_tutorial.odb）为例说明。在 Abaqus/CAE 的命令行接口中输入下列命令可以查询专有属性，如图 2-108 所示。

>>> odb = session. openOdb('viewer_tutorial. odb')

>>> odb.__members__

```
>>> odb = session.openOdb('viewer_tutorial.odb')
>>> odb.__members__
['analysisTitle', 'closed', 'customData', 'description', 'diagnosticData',
'isReadOnly', 'jobData', 'materials', 'name', 'parts', 'path', 'profiles',
'readInternalSets', 'rootAssembly', 'sectionCategories', 'sections',
'sectorDefinition', 'steps', 'userData']
```

图 2-108　查询对象的属性

输入下列命令可以查询对象的方法，如图 2-109 所示。

>>> odb.__methods__

```
>>> odb.__methods__
['AcousticInfiniteSection', 'AcousticInterfaceSection', 'ArbitraryProfile',
'BeamSection', 'BoxProfile', 'CircularProfile', 'CohesiveSection',
'CompositeShellSection', 'CompositeSolidSection', 'ConnectorSection',
'DiscretePart', 'GasketSection', 'GeneralStiffnessSection', 'GeneralizedProfile',
'GeometryShellSection', 'HexagonalProfile', 'HomogeneousFluidSection',
'HomogeneousShellSection', 'HomogeneousSolidSection', 'IProfile', 'LProfile',
'Material', 'MembraneSection', 'PEGSection', 'Part', 'PipeProfile',
'RectangularProfile', 'Section', 'SectionCategory', 'Step', 'SurfaceSection',
'TProfile', 'TrapezoidalProfile', 'TrussSection', 'UserXYData', 'close',
'getFrame', 'save', 'update']
```

图 2-109　查询对象的方法

2.7.1.2　使用 print 语句

使用 print 语句可以输出 Abaqus 对象的状态信息，如图 2-110 所示。

```
>>> print odb
({'analysisTitle': ' DYNAMIC LOADING OF AN ELASTOMERIC, VISCOELASTIC', 'closed':
False, 'customData': None, 'description': 'DDB object', 'diagnosticData':
'OdbDiagnosticData object', 'isReadOnly': True, 'jobData': 'JobData object',
'materials': 'Repository object', 'name': 'C:/temp/viewer_tutorial.odb', 'parts':
'Repository object', 'path': 'C:/temp/viewer_tutorial.odb', 'profiles':
'Repository object', 'readInternalSets': False, 'rootAssembly': 'OdbAssembly
object', 'sectionCategories': 'Repository object', 'sections': 'Repository
object', 'sectorDefinition': None, 'steps': 'Repository object', 'userData':
'UserData object'})
```

图 2-110　使用 print 语句输出对象的状态信息

细心的读者会发现，虽然 print 语句可以输出 Abaqus 对象的状态信息，但其显示效果是将由字典组成的元组，对象及状态都放在一起，看起来十分不便。

2.7.2　高级查询

2.7.2.1　prettyPrint( ) 函数

下面将介绍格式"漂亮"的输出函数 prettyPrint( )。prettyPrint( ) 函数属于 textRepr 模块，调用该函数时应该首先从 textRepr 模块中导入。它输出 Abaqus 对象状态的效果如图 2-111 所示。

比较图 2-110 和图 2-111，可以发现：

1) prettyPrint( ) 函数和 print 语句输出对象的状态信息完全相同，但是，前者的输出格式更"漂亮"，可读性更好。建议读者调用 prettyPrint( ) 函数来输出对象的状态信息。

2) 在默认情况下，prettyPrint( ) 函数只输出对象的第 1 层状态信息。如果希望查询对象的第 2 层状态信息，可以设置参数 maxRecursionDepth = 2，将命令修改为下列形式，执行后的结果如图 2-112 所示。

图 2-111　使用 prettyPrint( ) 函数输出 odb 对象的状态信息

>>> prettyPrint(odb,maxRecursionDepth = 2)

图 2-112　查询对象状态信息

使用下列命令可以设置默认的输出深度：

>>> session. textReprOptions. setValues(maxRecursionDepth = 3)

除了 prettyPrint( ) 函数之外，textRepr 模块中还包含其他输出状态信息的函数，例如，getIndentedRepr( ) 函数、getPaths( ) 函数、getTypes( ) 函数、printPaths( ) 函数和 printTypes( )函数等。下面介绍其中几种常用函数的用法，更详细的介绍请参见 SIMULIA 帮助文档 *SIMULIA User Assistance 2018*→"Abaqus"→"Scripting Reference"→"Python Commands"→"Text Representation commands"→"textRepr module"。

2. 7. 2. 2　getPaths( ) 函数

该函数用于处理各种参数并解释结构关系，返回包含所有子对象的对象路径。例如，在Abaqus/CAE 的命令行接口中输入下列命令：

```
1    >>> x = getPaths( odb. steps['Step-1']. frames[5]. fieldOutputs,pathRoot = 'fieldOutputs')
2    >>> print x
```

- 第 1 行代码将输出对象 odb 在 Step-1 分析步 5 帧的所有场变量（fieldOutputs），输出的根目录为 fieldOutputs。需要注意的是，本行命令中出现了 2 个 fieldOutputs，前者表示输出的变量，后者包含在单引号中，为一字符型数据，表示根目录。
- 第 2 行代码将输出对象 x 的信息。执行结果如图 2-113 所示。

```
getPaths(odb.steps['Step-1'].frames[3].fieldOutputs,pathRoot='fieldOutputs')
>>> print x
fieldOutputs['COPEN    TARGET/IMPACTOR']
fieldOutputs['CPRESS   TARGET/IMPACTOR']
fieldOutputs['CSHEAR1  TARGET/IMPACTOR']
fieldOutputs['CSLIP1   TARGET/IMPACTOR']
fieldOutputs['LE']
fieldOutputs['RF']
fieldOutputs['RM3']
fieldOutputs['S']
fieldOutputs['U']
fieldOutputs['UR3']
```

图 2-113　调用 getPaths( ) 函数获取对象的路径

可以继续对返回的字符串进行操作。例如，在前面命令的基础上输入下列命令：

```
3      >>> y = x. splitlines( )
4      >>> print y[3]
```

- 第 3 行代码将对象 x 按行进行分隔，每一行都作为列表中的一个元素，并将其赋值给变量 y。
- 第 4 行代码输出 y 的第 4 个元素（Python 语言从 0 开始计数，y[3] 表示第 4 个元素）。执行结果如图 2-114 所示。

```
>>> y = x.splitlines()
>>> print y
["fieldOutputs['COPEN    TARGET/IMPACTOR']", "fieldOutputs['CPRESS
TARGET/IMPACTOR']", "fieldOutputs['CSHEAR1  TARGET/IMPACTOR']",
"fieldOutputs['CSLIP1   TARGET/IMPACTOR']", "fieldOutputs['LE']",
"fieldOutputs['RF']", "fieldOutputs['RM3']", "fieldOutputs['S']",
"fieldOutputs['U']", "fieldOutputs['UR3']"]
```

图 2-114　对 getPaths( ) 函数的返回结果继续操作

2.7.2.3　getTypes( ) 函数

该函数用于处理各种参数并解释结构关系，然后返回所有对象的类型。例如，在 Abaqus/CAE 的命令行接口中输入下列命令，执行结果如图 2-115 所示。

```
>>> getTypes( odb)
```

```
>>> getTypes(odb)
"str               session.openOdb(r'C:/temp/viewer_tutorial.odb').analysisTitle\nbool
session.openOdb(r'C:/temp/viewer_tutorial.odb').closed\nNoneType
session.openOdb(r'C:/temp/viewer_tutorial.odb').customData\nstr
session.openOdb(r'C:/temp/viewer_tutorial.odb').description\nOdbDiagnosticData
session.openOdb(r'C:/temp/viewer_tutorial.odb').diagnosticData\nbool
session.openOdb(r'C:/temp/viewer_tutorial.odb').isReadOnly\nJobData
session.openOdb(r'C:/temp/viewer_tutorial.odb').jobData\nRepository
session.openOdb(r'C:/temp/viewer_tutorial.odb').materials\nstr
session.openOdb(r'C:/temp/viewer_tutorial.odb').name\nRepository
session.openOdb(r'C:/temp/viewer_tutorial.odb').parts\nstr
session.openOdb(r'C:/temp/viewer_tutorial.odb').path\nRepository
session.openOdb(r'C:/temp/viewer_tutorial.odb').profiles\nbool
session.openOdb(r'C:/temp/viewer_tutorial.odb').readInternalSets\nOdbAssembly
session.openOdb(r'C:/temp/viewer_tutorial.odb').rootAssembly\nRepository
session.openOdb(r'C:/temp/viewer_tutorial.odb').sectionCategories\nRepository
session.openOdb(r'C:/temp/viewer_tutorial.odb').sections\nNoneType
session.openOdb(r'C:/temp/viewer_tutorial.odb').sectorDefinition\nRepository
session.openOdb(r'C:/temp/viewer_tutorial.odb').steps\nUserData
session.openOdb(r'C:/temp/viewer_tutorial.odb').userData\n"
```

图 2-115　调用 getTypes( ) 函数获取对象的类型

2. 7. 2. 4　printPaths( ) 函数

该函数用于输出对象参数及成员的路径, 输出结果与 maxRecursionDepth 的参数值有关。例如, 在 Abaqus/CAE 的命令行接口中输入下列命令, 执行结果如图 2-116 所示。

>>> printPaths(odb)

从图 2-116 可以看出, Abaqus 的默认根目录为输出数据库文件所在的目录, 即 C:/temp/viewer_tutorial. odb (笔者所用目录)。如果感觉该路径太长, 可以通过 pathRoot 参数指定路径的根目录, 如图 2-117 所示。

```
>>> printPaths(odb)
session.openOdb(r'C:/temp/viewer_tutorial.odb').analysisTitle
session.openOdb(r'C:/temp/viewer_tutorial.odb').closed
session.openOdb(r'C:/temp/viewer_tutorial.odb').customData
session.openOdb(r'C:/temp/viewer_tutorial.odb').description
session.openOdb(r'C:/temp/viewer_tutorial.odb').diagnosticData
session.openOdb(r'C:/temp/viewer_tutorial.odb').isReadOnly
session.openOdb(r'C:/temp/viewer_tutorial.odb').jobData
session.openOdb(r'C:/temp/viewer_tutorial.odb').materials
session.openOdb(r'C:/temp/viewer_tutorial.odb').name
session.openOdb(r'C:/temp/viewer_tutorial.odb').parts
session.openOdb(r'C:/temp/viewer_tutorial.odb').path
session.openOdb(r'C:/temp/viewer_tutorial.odb').profiles
session.openOdb(r'C:/temp/viewer_tutorial.odb').readInternalSets
session.openOdb(r'C:/temp/viewer_tutorial.odb').rootAssembly
session.openOdb(r'C:/temp/viewer_tutorial.odb').sectionCategories
session.openOdb(r'C:/temp/viewer_tutorial.odb').sections
session.openOdb(r'C:/temp/viewer_tutorial.odb').sectorDefinition
session.openOdb(r'C:/temp/viewer_tutorial.odb').steps
session.openOdb(r'C:/temp/viewer_tutorial.odb').userData
```

```
>>> printPaths(odb,pathRoot='odb')
odb.analysisTitle
odb.closed
odb.customData
odb.description
odb.diagnosticData
odb.isReadOnly
odb.jobData
odb.materials
odb.name
odb.parts
odb.path
odb.profiles
odb.readInternalSets
odb.rootAssembly
odb.sectionCategories
odb.sections
odb.sectorDefinition
odb.steps
odb.userData
```

图 2-116　使用 printPaths( ) 函数输出对象的路径　　　图 2-117　指定根目录为 odb 时的输出结果

设置 maxRecursionDepth 参数的值可以增加输出路径的深度。例如, 在 Abaqus/CAE 的命令行接口中输入下列命令, 执行结果分别如图 2-118 和图 2-119 所示。

>>> printPaths(odb,2,pathRoot =' odb ')

>>> printPaths(odb. steps[' Step-1 '],2,pathRoot =' step ')

```
>>> printPaths(odb, 2, pathRoot='odb')
odb.analysisTitle
odb.closed
odb.customData
odb.description
odb.diagnosticData.analysisErrors
odb.diagnosticData.analysisWarnings
odb.diagnosticData.isXplDoublePrecision
odb.diagnosticData.jobStatus
odb.diagnosticData.jobTime
odb.diagnosticData.numDomains
odb.diagnosticData.numberOfAnalysisErrors
odb.diagnosticData.numberOfAnalysisWarnings
odb.diagnosticData.numberOfSteps
odb.diagnosticData.numericalProblemSummary
odb.diagnosticData.steps
odb.diagnosticData
odb.isReadOnly
odb.jobData.analysisCode
odb.jobData.creationTime
odb.jobData.machineName
```

```
>>> printPaths(odb.steps['Step-1'], 2, pathRoot='step')
step.acousticMass
step.acousticMassCenter
step.description
step.domain
step.eliminatedNodalDofs
step.frames[0]
step.frames[1]
step.frames[2]
step.frames[3]
step.frames[4]
step.frames[5]
step.frames[6]
step.frames
step.historyRegions['Element PART-1-1.1 Int Point 1']
step.historyRegions['Element PART-1-1.1 Int Point 2']
step.historyRegions['Element PART-1-1.1 Int Point 3']
step.historyRegions['Element PART-1-1.1 Int Point 4']
step.historyRegions['Element PART-1-1.101 Int Point 1']
step.historyRegions['Element PART-1-1.101 Int Point 2']
step.historyRegions['Element PART-1-1.101 Int Point 3']
```

图 2-118　路径深度为 2 时的部分输出结果　　　图 2-119　路径深度为 2 时, 分析步 Step-1 的部分输出结果

2. 7. 2. 5　printTypes( ) 函数

printTypes( ) 函数用于输出对象所有成员的类型。例如, 在 Abaqus/CAE 的命令行接口中输入下列命令:

1　　　>>> stress = odb. steps[' Step-1 ']. frames[5]. fieldOutputs[' S ']

2　　　>>> printTypes(stress,pathRoot =' stress ')

● 第 1 行代码将 odb 对象 Step-1 分析步 5 帧中的场变量输出 S 赋值给变量 stress。

- 第 2 行代码调用 printTypes( ) 函数输出 stress 的类型，根目录为 stress。需要注意的是，本行代码中 2 个 stress 的含义完全不同。

执行结果如图 2-120 所示。

```
>>> stress = odb.steps['Step-1'].frames[5].fieldOutputs['S']
>>> printTypes(stress, pathRoot='stress')
tuple                    stress.baseElementTypes
Sequence                 stress.bulkDataBlocks
tuple                    stress.componentLabels
str                      stress.description
AbaqusBoolean            stress.isComplex
FieldLocationArray       stress.locations
str                      stress.name
SymbolicConstant         stress.type
tuple                    stress.validInvariants
FieldValueArray          stress.values
```

图 2-120　调用 printTypes( ) 函数输出对象的类型

2.8　调试脚本的方法

编写脚本的过程中，不可避免地会出现各种问题，此时需要根据错误信息调试脚本。熟练运用各种调试脚本的方法可以提高代码的编写效率。调试脚本的方法包括：跟踪法、异常抛出法、通过 print 语句或注释行发现异常、借助于 Python 调试器、集成开发环境（IDE）等。

本节将介绍上述 5 种常用的调试脚本方法，第 1.9 节 "Python 语言中的异常和异常处理" 已经介绍了 Python 语言中处理异常的方法，在本节仅简要介绍。更全面的调试脚本的方法，请参考其他相关书籍。

2.8.1　跟踪法

跟踪法可以非常明确地给出代码异常的位置（文件名、行号、函数名）和错误类型，是非常好的调试方法。例如

```
File "testTraceback. py",line 3,in ?
    a( )
File ".\bTest. py",line 2,in b
    1/0
ZeroDivisionError:integer division or modulo by zero
```

即使读者没有看到出错的 Python 脚本的任何代码行，通过上述信息也可以知道：

- testTraceback. py 脚本的第 3 行代码中 a( ) 出现了异常。
- 当前工作目录下文件 ".\bTest. py" 的第 2 行出现了 1/0 错误，即分母为 0，并给出错误异常信息的关键字 ZeroDivisionError。

根据上述错误提示信息，读者在脚本中的指定行、指定位置修改错误即可。

☞　提示：有些错误信息非常隐蔽，例如，虽然 Python 跟踪给出的错误代码行是第 13 行，可能真正引起错误的却是第 8 行代码，在编写代码时要格外注意。

2.8.2　异常抛出法

如果程序中出现了错误信息，Python 语言将自动引发异常，读者也可以使用 raise 语句来显式引发异常（请参考第 1.9.2 节 "使用 raise 语句引发异常"）。需要注意的是，引发异

第 2 章 Abaqus 中的 Python 脚本接口 · 181 ·

常后，不会执行 raise 语句后的代码。例如

```
1    try：
2        a = None
3        if a is None：
4            print "a is a None object"
5            raise Nameerror
6        print len(a)
7    except TypeError：
8        print "None object has no length!"
```

- 第 2 行代码创建变量 a，其值为 None 对象。
- 第 3 ~ 5 行代码判断变量 a 的值是否为空，如果为空，则抛出异常 NameError。
- 由于引发了 NameError 异常，不会执行第 6 行及以后的代码。
- raise 语句通常用于抛出自定义异常。

2.8.3　通过 print 语句或注释行发现异常

调试脚本时，可以通过 print 语句检查脚本策略点（strategic points）的状态值，从而判断程序是否运行正常，如果出现异常或设置错误，可以及时中止程序并修改错误。例如，下面的输出语句将给出 Abaqus 对象的状态：

```
print session. viewport['Viewport:1']
'border':ON,'titleBar':ON,'name':'Viewport:1'
```

此外，也可以使用注释来调试脚本。文本编辑器 EditPlus 不具备调试功能，但可以使用注释来辅助调试脚本。如果程序代码较长，可以将程序拆分成几部分分别编写。为了更好地调试所关心的脚本代码，可以将编译通过的代码行采用注释的方法隐蔽掉，将主要精力集中在当前编写的代码部分。

☞ **提示**：在调试代码的过程中，尽量避免删除代码行。如果某行代码暂时不需要，可以在行开始位置添加#将其改为注释行，便于恢复。

2.8.4　使用 Python 调试器

Python 语言中包含调试器（debugger）——pdb 模块，使用 import pdb 语句可以导入该模块。例如

```
>>> import pdb
>>> import mymodule
>>> pdb. run('mymodule. test()')
>< string >(0)?()
(Pdb)continue
>< string >(1)?()
(Pdb)continue
NameError:'spam'
```

> < string > (1)? ( )

(Pdb)

Python 调试器可以在堆栈（stack）中来回移动并检查变量，形式如下：

(Pdb) ?

EOF	a	alias	args	b
break	c	cl	clear	condition
cont	continue	d	disable	down
enable	h	help	ignore	l
list	n	next	p	q
quit	r	return	s	step
tbreak	u	unalias	up	w
whatis	where			

关于 pdb 模块的详细介绍，请参见 Python 帮助手册 *Python v2. 7. 3 documentation*→"The Python Standard Library"→"26 Debugging and Profilling"。

 提示：pdb 模块只能调试 Python 代码，而 Abaqus 脚本接口中编写的代码无法在 pdb 模块中调试，因为 Python 标准模块不支持与 Abaqus 操作相关的模块。

2.8.5　集成开发环境

在集成开发环境（Integrated Development Environment，IDE）中也可以调试脚本。常用的集成开发环境包括 PythonWin、WingIDE、IDLE。使用它们将使脚本调试变得简单。第 1.2.2 节 "EditPlus 编辑器的 Python 开发环境配置"介绍过，EditPlus 也可以作为 Python 的开发环境。需要注意的是，从上述 IDE 中不能够直接访问 Abaqus 中的模块。在 Abaqus 的 Python 脚本接口中编写代码时，建议读者选择 Abaqus PDE 来调试脚本，详细介绍请参见第 2.4.3 节。

2.9　本章小结

本章是在 Abaqus 脚本接口中编写 Python 代码的基础，应该反复学习，熟练掌握。主要介绍了下列内容：

1）Abaqus 的 Python 脚本接口是在 Python 语言的基础上进行的定制开发，它直接与内核进行通信，而与 Abaqus/CAE 的图形用户界面（GUI）无关。

2）编写脚本文件（扩展名为 .py）可以实现下列功能：自动执行重复任务、参数分析、创建和修改模型、访问输出数据库、创建 Abaqus 插件程序等。

3）介绍了在 Abaqus 脚本接口中执行命令的 3 种方法，分别是：GUI、命令行接口（CLI）和脚本。

4）介绍了命名空间的概念：命名空间可以理解为程序的执行环境。不同的命名空间相互独立。同一命名空间中不允许变量名相同，而不同命名空间允许使用相同的变量名表示不同对象。

5）介绍了 Abaqus 脚本接口的 2 种命名空间：脚本命名空间和日志命名空间。脚本命名空间是脚本接口命令的主要执行命名空间。

6）Abaqus 软件在下列位置应用了脚本接口的功能：命令行接口（CLI）、环境文件

abaqus_v6. env、＊PARAMETER 数据行中的参数定义、参数化研究时需要的扩展名为 . psf 的文件、abaqus. rpy 文件、【File】菜单下的 Run Script 和 Macro Manager 功能、【Plug-ins】菜单下的插件功能。

7）介绍了 4 种运行脚本的方法：从 Abaqus 命令行窗口运行脚本、从启动屏幕运行脚本、从【File】菜单运行脚本、从命令行接口运行脚本。

8）介绍了快速编写脚本的 3 种简便方法：录制宏文件、借助 abaqus. rpy 文件、交互式输入。

9）介绍了 SIMULIA 2018 帮助文档 Abaqus 手册 *Scripting Reference* 中 Python 命令的编写风格，包括命令的排列顺序、访问对象、路径、参数和返回值等内容。

① 同一命令将首先介绍主要对象，然后按照英文字母排序介绍其他对象。

② 同一对象按照下列顺序介绍：构造函数、方法、成员。如果某个方法不包含任何对象，则将其放在末尾处。

③ 每条命令按照下列顺序介绍：命令的功能、访问对象或路径、必选参数、可选参数、返回值和异常。

④ 构造函数是创建对象的方法。构造函数首字母大写，其他字母小写；而其他方法（函数）的首字母则为小写。

⑤ 介绍了命令中的 2 种参数：必需参数和可选参数。可以为可选参数指定默认值，也可以为参数指定关键字。如果没有使用关键字，参数顺序必须与帮助文档中要求的顺序完全一致。

⑥ 命令均有返回值。不同命令的返回值不同。构造函数的返回值为所创建的对象，命令的返回值还可以为 None 对象。

10）在 Python 语言的基础上，Abaqus 脚本接口又增加了 500 多种数据类型。第 2.2.2 节介绍了最常用的数据类型，包括符号常数、库、数组、布尔类型和序列。

11）介绍了标准的 Abaqus 脚本接口异常、其他的 Abaqus 脚本接口异常以及错误处理的方法。标准的 Abaqus 脚本接口异常包括 InvalidNameError、RangeError、AbaqusError、Abaqus-Exception。

12）对象之间的层次和关系构成了 Abaqus 脚本接口的对象模型，包含下列重要概念：

① 成员：对象封装的数据。

② 方法：处理数据的函数。

③ 构造函数：创建对象的方法。

④ 所有权定义了访问对象的路径。所有权关系构成了对象模型的层次结构：如果复制了某个对象，则将复制该对象所拥有的一切；如果删除了某个对象，则将删除该对象所拥有的一切。

⑤ 关联指的是对象之间的关系，通过对象模型表示。包括：某个对象是否引用另一个对象；某个对象是否是另一个对象的实例等。

⑥ Abaqus 对象模型一般包含 3 个根对象：session 对象、mdb 对象和 odb 对象，Abaqus 脚本接口命令大多以 session、mdb 或 odb 开始。

⑦ 对象分为容器和单独对象两种情况：容器由相同类型的对象组成，既可以是一个库，也可以是一个序列；单独对象只包含一个对象。

13）介绍了 Abaqus 对象模型中的抽象基本类型。抽象指的是 Abaqus 对象模型中未包含的属于抽象基本类型的对象，它通过抽象基本类型来建立对象之间的关系。对象与抽象基本类型二者为"是"（is a）关系。

14）Abaqus 的对象模型非常庞大复杂，读者应掌握查询对象的多种方法，包括：

① 使用 type( ) 函数查询对象类型。

② 使用 object.__members__ 查看对象的组分。

③ 使用 object.__methods__ 查看对象的方法。

④ 使用 object.__doc__ 查询命令的详细介绍。

15）在命令行接口（CLI）和 Abaqus 命令提示符下，使用 < Tab > 键可以快速书写脚本命令。

16）区域（regions）可以是集合、表面对象或临时区域对象。一般用于：

① Load 命令：使用 region 参数指定施加荷载或边界条件的区域。

② Mesh 命令：使用 region 参数指定单元类型、网格种子等的定义区域。

③ Set 命令：使用 region 参数指定集合区域（节点集或单元集等）。

17）介绍了指定视窗中显示对象的方法，命令如下：

session. viewports[name]. setValues(displayedObject = object)

如果频繁更新视窗中的显示对象，将大大降低脚本的执行效率。

18）介绍了 Abaqus 中的 Python 开发环境（Abaqus PDE），包括：

① 启动 Abaqus PDE 的方法。

② Abaqus PDE 的功能菜单及用法。

③ 在 Abaqus PDE 中调试脚本的方法。

④ 通过录制的方法快速创建 guiLog 脚本的操作等。

19）介绍了 Abaqus/CAE 菜单下宏管理器的功能以及录制宏文件的方法。读者可以把常用的功能和操作，通过录制宏的方式保存，每次启动新的 Abaqus/CAE 会话时，都自动加载录制的宏文件，单击【Run】按钮即可执行相关功能。

20）详细介绍了 Abaqus 中插件的功能及自定义插件的方法与步骤。读者根据需要可以自定义插件，避免烦琐的菜单选择、对话框设置等，实现有限元分析的快速高效。

21）详细介绍了常用的查询对象数据的方法，包括：

① 调用 __members__ 方法可以查询对象的所有成员。

② 调用 __methods__ 方法可以查询对象的所有方法。

③ 使用 print 语句可以输出对象的状态信息。

④ 调用 textRepr 模块中的 prettyPrint 方法可以非常 "漂亮" 地输出对象的状态信息，而且可以设置输出对象的深度。

⑤ textRepr 模块中的 getPaths( ) 函数可以返回所有子对象的路径。

⑥ 调用 textRepr 模块中的 getTypes( ) 函数可以返回所有对象的类型。

⑦ 调用 textRepr 模块中的 printPaths( ) 函数可以返回对象及其成员的路径。

⑧ 调用 textRepr 模块中的 printTpyes( ) 函数可以输出对象中所有成员的类型。

⑨ 调用 type 函数可以查询对象的类型。

⑩ 使用 help 函数可以查询相关的帮助信息。

22）介绍了调试脚本的常用方法，包括跟踪法、异常抛出法、通过 print 语句或注释行发现异常法、使用 Python 调试器法、通过集成开发环境等。

第 3 章　编写脚本快速建立有限元模型

本章内容

在 Abaqus/CAE 中建模时，需要反复输入各种参数和设置多个对话框，编写 Python 脚本则只需要几条语句就可以实现。因此，编写 Python 脚本快速建立 Abaqus 有限元模型是高级用户必备的基本功。对于企业用户来说，研究对象、建模方法、分析过程等往往相同或相似，建议用户根据需要编写脚本或开发插件。

本章将通过多个实例介绍借助 Abaqus 脚本接口创建几何模型、创建材料库、创建分析步和输出请求、创建和提交分析作业的实现方法。为了便于读者学习掌握，每个实例都通过 2 种或 3 种方法实现。

3.1　创建几何模型并划分单元网格

本节将采用 2 种方法，详细介绍编写 Python 脚本实现快速创建几何模型并划分单元网格的方法。

【实例 3-1】　创建 A 形部件并划分单元网格。

本实例将使用脚本来创建 A 形部件，然后为其划分单元网格。将实现下列功能：

1）建立模型（模型数据库）。

2）创建二维草图。

3）创建三维变形体部件。

4）拉伸草图、创建部件的第 1 个几何特征。

5）创建部件实例。

6）布置网格种子，划分单元网格。

1. 方法 1：直接编写 Python 代码

一般情况下，应该按照下列顺序编写脚本：

1）写注释行，说明脚本的名称、功能等。对于复杂脚本，还应该说明各变量的含义，使得脚本的可读性更强，便于移植。

2）导入相应模块。

3）在 Abaqus/CAE 中建模时，只需要关心模型尺寸、特征（三维、二维或轴对称）等相关信息。但是，借助 Abaqus 脚本接口来建模，则应该按照对象的"出场"顺序依次创建对象。本实例应该依次创建下列对象：模型→草图→部件→拉伸几何特征→部件实例→布置网格种子→划分单元。

下面介绍主要的脚本命令。

（1）导入相应模块，创建新模型

代码如下：

```
1    from abaqus import *
2    from abaqusConstants import *
3    from caeModules import *
4    Mdb( )
```

- 第 1 行代码导入 Abaqus 模块中的所有对象。
- 第 2 行代码导入符号常数模块 abaqusConstants。

- 第 3 行代码导入 caeModules 模块中的所有对象，使得可以访问 Abaqus/CAE 所有的模块。
- 第 4 行代码调用 Mdb( ) 构造函数创建了模型数据库对象。

（2）绘制二维草图

代码如下：

```
1    myModel = mdb. Model( name = 'Model A')
2    mySketch = myModel. ConstrainedSketch( name = 'Sketch A', sheetSize = 200. 0)
3    xyCoordsInner = ((-5,20),(5,20),(15,0),(-15,0),(-5,20))
4    xyCoordsOuter = ((-10,30),(10,30),(40,-30),(30,-30),(20,-10),(-20,-10),
5            (-30,-30),(-40,-30),(-10,30))
6    for i in range(len(xyCoordsInner)-1):mySketch. Line( point1 = xyCoordsInner[i],
7            point2 = xyCoordsInner[i + 1])
8    for i in range(len(xyCoordsOuter)-1):mySketch. Line( point1 = xyCoordsOuter[i],
9            point2 = xyCoordsOuter[i + 1])
```

- 第 1 行代码调用 Model( ) 构造函数创建了对象 Model A，并赋值给变量 myModel。
- 第 2 行代码调用 ConstrainedSketch( ) 构造函数创建了对象 Sketch A，并赋值给变量 mySketch。
- 第 3 ~ 5 行代码分别创建了 A 形部件的内部控制点坐标和外部控制点坐标。
- 第 6 ~ 9 行代码使用 for... in 循环连线绘图。

执行上述代码后，将得到如图 3-1 所示的 A 形草图。

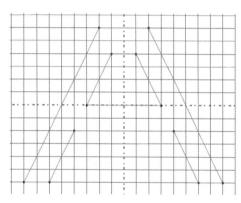

图 3-1　A 形草图

（3）创建部件并对草图增加拉伸特征

代码如下：

```
1    myPart = myModel. Part( name = 'Part A',
2            dimensionality = THREE_D, type = DEFORMABLE_BODY)
3    myPart. BaseSolidExtrude( sketch = mySketch, depth = 20. 0)
```

- 第 1 行和第 2 行代码创建了部件对象 Part A，并使用了符号常数 THREE_D 和 DEFORMABLE_BODY。
- 第 3 行代码调用 BaseSolidExtrude( ) 构造函数对草图 mySketch 增加拉伸特征，拉伸厚度为 20. 0。

执行上述代码后的 A 形部件如图 3-2a 所示。

（4）创建部件实例

代码如下：

```
1    myAssembly = mdb. models['Model A']. rootAssembly
```

```
2    myInstance = myAssembly. Instance( name =' Part A-1 ', part = myPart, dependent = OFF)
```

- 第 2 行代码调用 Instance( )构造函数创建了部件实例 Part A-1。Part A-1 与 Part-A 之间的关系相互独立（independent）。

（5）布置网格种子、划分单元网格

代码如下：

```
1    partInstances = ( myInstance, )
2    myAssembly. seedPartInstance( regions = partInstances, size = 5. 0)
3    myAssembly. generateMesh( regions = partInstances)
4    myViewport = session. Viewport( name =' Viewport for Model A ',
5        origin = ( 20, 20) , width = 150, height = 100)
6    myViewport. assemblyDisplay. setValues( renderStyle = SHADED, mesh = ON)
7    myViewport. setValues( displayedObject = myAssembly)
```

- 第 2 行代码使用 rigions 参数为整个部件实例设置网格种子，大小为 5. 0。
- 第 3 行代码调用 generateMesh( )方法生成单元。
- 第 4 行和第 5 行代码调用构造函数 Viewport( )创建了视窗对象 Viewport for Model A，原点位于（20, 20），宽度为 150，高度为 100。
- 第 6 行代码调用 setValues( )方法为划分单元后的部件实例进行设置，显示方式为 SHADED。
- 第 7 行代码指定视窗中的显示对象为 myAssembly。

执行上述代码后的 A 形部件如图 3-2b 所示。

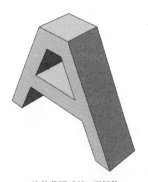

a) 拉伸草图后的A形部件　　　　　　　b) 划分网格后的A形部件

图 3-2　A 形部件

本实例完整的源代码（见资源包中的 chapter 3\A. py）如下：

```
#! /user/bin/python
#- * -coding: UTF-8- * -
'''
 -- 文件名: A. py
 -- 功能:创建三维变形体 A 形部件,划分单元网格后在视窗中显示阴影图
'''
from abaqus import *
from abaqusConstants import *
```

```
from caeModules import *
Mdb( )
myModel = mdb. Model( name = 'Model A')
mySketch = myModel. ConstrainedSketch( name = 'Sketch A', sheetSize = 200. 0)
xyCoordsInner = ( ( -5 ,20) , (5 ,20) , (15 ,0) , ( -15 ,0) , ( -5 ,20) )
xyCoordsOuter = ( ( -10 ,30) , (10 ,30) , (40 , -30) , (30 , -30) , (20 , -10) , ( -20 , -10) ,
    ( -30 , -30) , ( -40 , -30) , ( -10 ,30) )
fori in range( len( xyCoordsInner) -1) :mySketch. Line( point1 = xyCoordsInner[ i] ,
    point2 = xyCoordsInner[ i +1] )
fori in range( len( xyCoordsOuter) -1) :mySketch. Line( point1 = xyCoordsOuter[ i] ,
    point2 = xyCoordsOuter[ i +1] )
myPart = myModel. Part( name = 'Part A' ,
    dimensionality = THREE_D , type = DEFORMABLE_BODY)
myPart. BaseSolidExtrude( sketch = mySketch , depth = 20. 0)
myAssembly = mdb. models[ 'Model A']. rootAssembly
myInstance = myAssembly. Instance( name = 'Part A-1', part = myPart , dependent = OFF)
partInstances = ( myInstance , )
myAssembly. seedPartInstance( regions = partInstances , size = 5. 0)
myAssembly. generateMesh( regions = partInstances)
myViewport = session. Viewport( name = 'Viewport for Model A' ,
    origin = ( 20 ,20) , width = 150 , height = 100)
myViewport. assemblyDisplay. setValues( renderStyle = SHADED , mesh = ON)
myViewport. setValues( displayedObject = myAssembly)
```

在 Abaqus/CAE 的【File】菜单下，选择【Run Script】命令运行该脚本，也可以在命令行接口中使用复制和粘贴功能来执行各行代码，运行结果完全相同。

2. 方法 2：录制宏文件

启动 Abaqus/CAE，选择【File】菜单→【Macro Manager】→【Create】命令，弹出如图 3-3 所示的对话框。创建名为 A，且保存在根目录（Home）的宏。单击【Continue】按钮，开始录制宏文件。操作步骤如下：

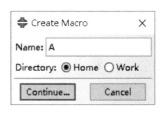

图 3-3　录制名为 A 的新宏

1）在 Part 功能模块，单击 按钮创建名为 Part A 的三维变形体部件（见图 3-4），单击【Continue】按钮进入草图绘制界面。

2）单击绘制多段直线按钮 ，依次输入下列点的坐标（-5,20）、（5,20）、（15,0）、（-15,0）、（-5,20）；然后，单击【Done】按钮。

3）再次单击绘制多段直线按钮 ，依次输入下列点的坐标（-10,30）、（10,30）、（40,-30）、（30,-30）、（20,-10）、（-20,-10）、（-30,-30）、（-40,-30）、（-10,30）；然后，单击【Done】按钮。

4）在弹出的对话框中确认拉伸深度（Depth）为 20，如图 3-5 所示。

5）切换到 Assembly 功能模块，单击创建部件实例按钮 ，创建独立部件实例，如图 3-6 所示。

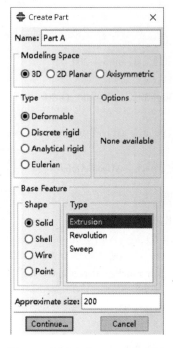

图 3-4　创建名为 Part A 的部件

图 3-5　设置拉伸深度

6）切换到 Mesh 功能模块，单击为整体布置网格种子的 ⬚ 按钮，设置网格种子尺寸为 5.0（见图 3-7）。然后，分别单击【OK】按钮和【Done】按钮。再单击 ⬚ 按钮和【OK】按钮后划分单元网格，效果同图 3-2b。

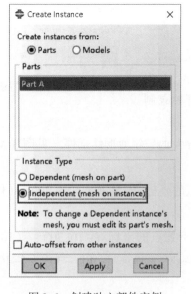

图 3-6　创建独立部件实例

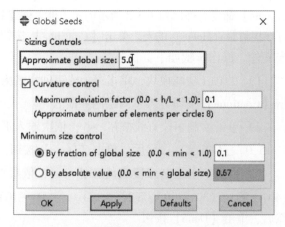

图 3-7　设置网格种子尺寸为 5.0

7）单击图 3-8 中的【Stop Recording】按钮，结束宏录制。在宏管理器中，出现了刚刚录制的宏 A，如图 3-9 所示。

图 3-8　结束录制

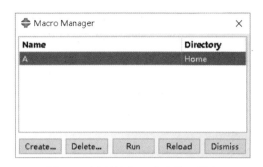

图 3-9　录制的宏 A 在宏管理器中

8）无须保存模型，直接退出 Abaqus/CAE，在软件安装的根目录（笔者的路径为 C:\用户\a\abaqusMacros. py）下找到录制的宏文件 abaqusMacros. py（见资源包中的 chapter 3\abaqusMacros. py）。程序的源代码如下：

```
1    def A( ):
2        import section
3        import regionToolset
4        import displayGroupMdbToolset as dgm
5        import part
6        import material
7        import assembly
8        import step
9        import interaction
10       import load
11       import mesh
12       import optimization
13       import job
14       import sketch
15       import visualization
16       import xyPlot
17       import displayGroupOdbToolset as dgo
18       import connectorBehavior
19       s = mdb. models['Model-1']. ConstrainedSketch( name ='__profile__',
20           sheetSize =200. 0)
21       g, v, d, c = s. geometry, s. vertices, s. dimensions, s. constraints
22       s. setPrimaryObject( option = STANDALONE)
23       s. Line( point1 = ( -5. 0,20. 0), point2 = (5. 0,20. 0))
24       s. HorizontalConstraint( entity = g[2], addUndoState = False)
25       s. Line( point1 = (5. 0,20. 0), point2 = (15. 0,0. 0))
26       s. Line( point1 = (15. 0,0. 0), point2 = ( -15. 0,0. 0))
27       s. HorizontalConstraint( entity = g[4], addUndoState = False)
28       s. Line( point1 = ( -15. 0,0. 0), point2 = ( -5. 0,20. 0))
29       s. Line( point1 = ( -10. 0,30. 0), point2 = (10. 0,30. 0))
30       s. HorizontalConstraint( entity = g[6], addUndoState = False)
```

```
31    s. Line(point1 = (10.0,30.0),point2 = (40.0,-30.0))
32    s. Line(point1 = (40.0,-30.0),point2 = (30.0,-30.0))
33    s. HorizontalConstraint(entity = g[8],addUndoState = False)
34    s. Line(point1 = (30.0,-30.0),point2 = (20.0,-10.0))
35    s. Line(point1 = (20.0,-10.0),point2 = (-20.0,-10.0))
36    s. HorizontalConstraint(entity = g[10],addUndoState = False)
37    s. Line(point1 = (-20.0,-10.0),point2 = (-30.0,-30.0))
38    s. Line(point1 = (-30.0,-30.0),point2 = (-40.0,-30.0))
39    s. HorizontalConstraint(entity = g[12],addUndoState = False)
40    s. Line(point1 = (-40.0,-30.0),point2 = (-10.0,30.0))
41    p = mdb. models['Model-1']. Part(name ='Part A',dimensionality = THREE_D,
42        type = DEFORMABLE_BODY)
43    p = mdb. models['Model-1']. parts['Part A']
44    p. BaseSolidExtrude(sketch = s,depth = 20.0)
45    s. unsetPrimaryObject()
46    p = mdb. models['Model-1']. parts['Part A']
47    session. viewports['Viewport:1']. setValues(displayedObject = p)
48    del mdb. models['Model-1']. sketches['__profile__']
49    a = mdb. models['Model-1']. rootAssembly
50    session. viewports['Viewport:1']. setValues(displayedObject = a)
51    session. viewports['Viewport:1']. assemblyDisplay. setValues(
52        optimizationTasks = OFF,geometricRestrictions = OFF,stopConditions = OFF)
53    a = mdb. models['Model-1']. rootAssembly
54    a. DatumCsysByDefault(CARTESIAN)
55    p = mdb. models['Model-1']. parts['Part A']
56    a. Instance(name ='Part A-1',part = p,dependent = OFF)
57    session. viewports['Viewport:1']. assemblyDisplay. setValues(mesh = ON)
58    session. viewports['Viewport:1']. assemblyDisplay. meshOptions. setValues(
59        meshTechnique = ON)
60    a = mdb. models['Model-1']. rootAssembly
61    partInstances = (a. instances['Part A-1'],)
62    a. seedPartInstance(regions = partInstances,size = 5.0,deviationFactor = 0.1,
63        minSizeFactor = 0.1)
64    a = mdb. models['Model-1']. rootAssembly
65    partInstances = (a. instances['Part A-1'],)
66    a. generateMesh(regions = partInstances)
```

- 第 1 行代码定义了名为 A 的函数。需要注意的是，自动录制的宏函数中不包含任何参数。
- 第 2~18 行代码导入了相关模块。需要注意的是，第 4 行和第 17 行代码中的模块名字太长，为后面引用方便，分别起了别名 dgm 和 dgo 来替代。宏文件中的模块是逐一导入的，在编写脚本文件时，可以使用 from abaqus import * 、from abaqusConstants import * 、from caeModules import * 批量导入。
- 第 19 行和第 20 行代码创建了约束草图 ConstrainedSketch，大致尺寸为 200。细心的读者可能已经发现了，在 Abaqus/CAE 中操作时，首先创建 Part，选择三维变形体后才进入草图绘制界面，这符合读者的建模习惯；从编写代码角度看，首先应该创建草图，然后再拉伸草图生成零部件。

- 第 23~40 行代码调用 Line( )方法绘制了 A 形部件的草图。
- 第 41 行和第 42 行代码调用 Part( )方法创建了名为 Part A 的三维变形体部件。
- 第 44 行代码调用 BaseSolidExtrude( )方法对草图进行拉伸，拉伸深度为 20。
- 第 53 行代码创建了根装配。
- 第 56 行代码调用 Instance( )方法创建了部件实例 Part A-1。
- 第 62 行和第 63 行代码调用 seedPartInstance( )方法为整个部件实例设置全局网格种子，网格尺寸为 5.0。
- 第 66 行代码调用 generateMesh( )方法生成网格。

重新启动 Abaqus/CAE，在【File】菜单下打开 Macro manager，在图 3-9 所示的对话框中单击【Run】按钮执行宏文件，瞬间完成 A 形部件的创建及划分单元网格的工作。

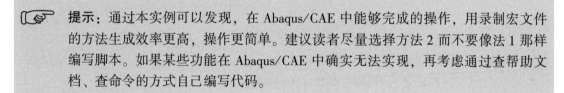 提示：通过本实例可以发现，在 Abaqus/CAE 中能够完成的操作，用录制宏文件的方法生成效率更高，操作更简单。建议读者尽量选择方法 2 而不要像法 1 那样编写脚本。如果某些功能在 Abaqus/CAE 中确实无法实现，再考虑通过查帮助文档、查命令的方式自己编写代码。

3.2　创建材料库

经过长年累月的经验和数据积累，企业用户往往拥有完整的材料属性库供查询或使用。如果在有限元分析过程中，每个模型都要重复输入某些参数，将会浪费许多时间。本节将介绍创建材料库的 3 种方法：录制宏文件、修改 abaqus. rpy 文件以及直接编写 Python 代码。并通过一个实例详细介绍创建材料库的步骤。

【实例 3-2】　创建材料库。

本实例将采用 3 种方法创建包含 3 种材料的材料库（根据需要，读者可以创建任意的材料库）。材料参数见表 3-1。

表 3-1　钢、铜和铝的材料属性

材料名称	材料属性	材料属性值
钢	弹性模量	200E9Pa
	泊松比	0.3
	密度	7800kg/m³
	屈服应力和塑性应变	400E6Pa, 0.00
		420E6Pa, 0.02
		500E6Pa, 0.20
		600E6Pa, 0.50

（续）

材 料 名 称	材 料 属 性	材料属性值
铜	弹性模量	110E9Pa
	泊松比	0.3
	密度	8970kg/m³
	屈服应力和塑性应变	314E6Pa，0.00
铝	弹性模量	70E9Pa
	泊松比	0.35
	密度	2700kg/m³
	屈服应力、塑性应变和对应温度	270E6Pa，0，0℃
		300E6Pa，1，0℃
		243E6Pa，0，300℃
		270E6Pa，1，300℃

1. 方法 1：录制宏文件

详细的操作步骤如下：

1）启动 Abaqus/CAE，在【File】菜单下选择【Macro Manager】命令，创建宏 add_SI_Materials，将保存路径设置为 Home，如图 3-10 所示。

2）切换到 Property 模块，在 Material Manager 下创建表 3-1 中的 3 种材料并输入对应的材料属性。

3）单击【Stop Recording】按钮结束宏录制。

4）不必保存模型，直接退出 Abaqus/CAE。

5）重新启动 Abaqus/CAE，打开 Macro Manager，选中 add_SI_Materials，单击【Run】按钮执行宏文件（见图 3-11），

图 3-10　创建宏 add_SI_Materials

瞬间执行完毕。切换到 Property 功能模块，在 Material Manager 中可以看到创建好的 3 种材料，如图 3-12 所示。

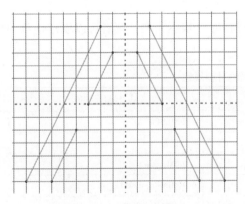

图 3-11　执行宏文件

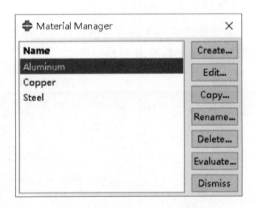

图 3-12　创建完的 3 种材料

2. 方法 2——修改宏文件生成脚本文件

本方法是通过修改方法 1 生成的宏文件 abaqusMacros. py（见资源包中的 chapter 3 \ abaqusMacros. py），来编写材料库脚本 material_library. py。操作步骤如下：

（1）打开宏文件

在软件安装的根目录（笔者的路径为 C：\用户\a\abaqusMacros. py）下找到录制的宏文件 abaqusMacros. py（见资源包中的 chapter 3\abaqusMacros. py），使用文本编辑器 EditPlus 软件打开。程序的源代码如下：

```
1    def add_SI_Materials( )：
2        import section
3        import regionToolset
4        import displayGroupMdbToolset as dgm
5        import part
6        import material
7        import assembly
8        import step
9        import interaction
10       import load
11       import mesh
12       import job
13       import sketch
14       import visualization
15       import xyPlot
16       import displayGroupOdbToolset as dgo
17       import connectorBehavior
18       session. viewports['Viewport：1']. partDisplay. setValues(sectionAssignments = ON,
19           engineeringFeatures = ON)
20       session. viewports['Viewport：1']. partDisplay. geometryOptions. setValues(
21           referenceRepresentation = OFF)
22       mdb. models['Model-1']. Material(name ='Steel')
23       mdb. models['Model-1']. materials['Steel']. Elastic(table = ((200000000000. 0,0.3),
24           ))
25       mdb. models['Model-1']. materials['Steel']. Density(table = ((7800. 0,),))
26       mdb. models['Model-1']. materials['Steel']. Plastic(table = ((400000000. 0,0.0),(
27           420000000. 0,0.02),(500000000. 0,0.2),(600000000. 0,0.5)))
28       mdb. models['Model-1']. Material(name ='Copper')
29       mdb. models['Model-1']. materials['Copper']. Elastic(table = ((110000000000. 0,0.3),
30           ))
31       mdb. models['Model-1']. materials['Copper']. Density(table = ((8970. 0,),))
32       mdb. models['Model-1']. materials['Copper']. Plastic(table = ((314000000. 0,0.0),))
33       mdb. models['Model-1']. Material(name ='Aluminum')
34       mdb. models['Model-1']. materials['Aluminum']. Elastic(table = ((70000000000. 0,
35           0.35),))
36       mdb. models['Model-1']. materials['Aluminum']. Density(table = ((2700. 0,),))
37       mdb. models['Model-1']. materials['Aluminum']. Plastic(temperatureDependency =
```

```
38              ON,table = ((270000000.0,0.0,0.0),(300000000.0,1.0,0.0),(243000000.0,
39              0.0,300.0),(270000000.0,1.0,300.0)))
```

- 第 1 行代码定义函数 add_SI_Materials()。
- 第 2 ~ 17 行代码分别导入下列模块：section、regionToolset、displayGroupMdbToolset、part、material、assembly、step、interaction、load、mesh、job、sketch、visualization、xyPlot、displayGroupOdbToolset、connectorBehavior。细心的读者会发现，这些模块都是在 Abaqus/CAE 中建模使用的模块或工具。
- 第 18 ~ 21 行代码对视窗 Viewport-1 中的部件进行显示设置，这些设置一般都由 Abaqus 自动完成，读者不必太关心。
- 第 22 ~ 39 行代码分别为模型 Model-1 创建了 3 种材料 Steel、Copper 和 Aluminum。后面将对这部分代码稍做修改来创建用户材料库。

（2）修改 abaqusMacros.py 文件

1）在第 1 行代码前面增加下列两行代码：

```
from abaqus import *
from abaqusConstants import *
```

2）删除第 2 ~ 21 行代码。

3）在函数 add_SI_Materials() 的开始部分添加注释行，说明脚本的功能是增加 3 种材料 Steel、Copper 和 Aluminum 以及材料属性单位。然后，调用 getInput() 函数获取模型名并赋值给变量 name，模型名指的是模型库最后一个模型名，可以使用命令 mdb.models.keys()[−1] 提取，并将第 1）步中所有 'Model-1' 都替换为 name。修改后的程序源代码如下：

```
fromabaqus import *
fromabaqusConstants import *

defadd_SI_Materials():
    '''
    Add Steel,Copper,Aluminum in SI units
    '''
    import material

    name = getInput('Enter model name',mdb.models.keys()[-1])
    if not name inmdb.models.keys():
        raiseValueError,'mdb.models[%s]not found'% repr(name)
```

4）创建对象 m = mdb.models['name'].materials['Steel']，并为 m 增加弹性模量、泊松比、塑性和密度等特性。对应的命令如下：

```
m = mdb.models[name].Material('Steel')
m.Elastic(table = ((200.0E9,0.3),))
m.Plastic(table = ((400.E6,0.0),(420.E6,0.02),(500.E6,0.2),(600.E6,0.5)))
m.Density(table = ((7800.0,),))
```

5）创建对象 m = mdb. models['name']. materials['Copper']，并为 m 增加弹性模量、泊松比、塑性和密度等特性。对应的命令如下：

```
m = mdb. models[name]. Material('Copper')
m. Elastic(table = ((110e9,.3),))
m. Plastic(table = ((314e6,0),))
m. Density(table = ((8970,),))
```

6）创建对象 m = mdb. models['name']. materials['Aluminum']，并为 m 增加弹性模量、泊松比、塑性和密度等特性。对应的命令如下：

```
m = mdb. models[name]. Material('Aluminum')
m. Elastic(table = ((70. 0E9,0. 35),))
m. Plastic(temperatureDependency = ON,table = ((270e6,0,0),
    (300e6,1. 0,0),(243e6,0,300),(270e6,1. 0,300)))
m. Density(table = ((2700,),))
```

7）添加函数调用语句 add_SI_Materials()。将上述所有命令组织在一起，得到自定义材料库脚本 material_library. py：

```
from abaqus import *
from abaqusConstants import *

defadd_SI_Materials():
    '''
    Add Steel,Copper,Aluminum in SI units
    '''
    import material

    name = getInput('Enter model name',mdb. models. keys()[-1])
    if not name inmdb. models. keys():
        raiseValueError,'mdb. models[% s]not found '% repr(name)

    m = mdb. models[name]. Material('Steel')
    m. Elastic(table = ((200. 0E9,0. 3),))
    m. Plastic(table = ((400. E6,0. 0),(420. E6,0. 02),
        (500. E6,0. 2),(600. E6,0. 5)))
    m. Density(table = ((7800. 0,),))

    m = mdb. models[name]. Material('Copper')
    m. Elastic(table = ((110e9,. 3),))
    m. Plastic(table = ((314e6,0),))
    m. Density(table = ((8970,),))

    m = mdb. models[name]. Material('Aluminum')
```

　　m. Elastic(table = ((70. 0E9 ,0. 35) ,))

　　m. Plastic(temperatureDependency = ON , table = ((270e6 ,0 ,0) ,

　　　　(300e6 ,1. 0 ,0) , (243e6 ,0 ,300) , (270e6 ,1. 0 ,300)))

　　m. Density(table = ((2700 ,) ,))

　　add_SI_Materials( )

8）将脚本保存为 material_library. py （见资源包中的 chapter 3\material_library. py）。

（3）运行脚本 material_library. py

1）启动 Abaqus/CAE，创建新模型 Model-1。

2）在【File】菜单下选择【Run Script】命令，弹出如图 3-13 所示的对话框；选择文件 material_library. py 并单击【OK】按钮，弹出如图 3-14 所示的 getInput 对话框；输入模型名 Model-1 并单击【OK】按钮。

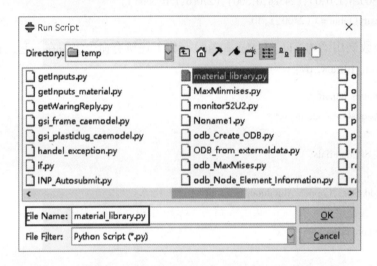

图 3-13　运行脚本 material_library. py

3）进入 Property 模块，Material Manager 将列出 3 种自定义材料（见图 3-12）。选中 Aluminum 并单击【Edit】按钮，对话框中包含了刚才定义的所有材料属性，如图 3-15 所示。

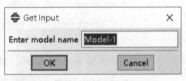

图 3-14　输入模型名称 Model-1

 提示：本实例的目的是创建材料库，因此只录制了创建材料并定义材料属性的命令。读者可以根据需要录制任意命令。在宏文件 abaqusMacros. py 的基础上稍加修改即可得到满足自己需求的脚本。

3. 方法 3——修改 abaqus. rpy 文件生成脚本文件

对于方法 1，不仅得到了录制的宏文件，而且在 Abaqus/CAE 中操作的所有命令都保存在 abaqus. rpy 文件。方法 3 将讲解通过修改 abaqus. rpy 文件的方法快速生成脚本文件。

1）打开方法 1 生成的 abaqus. rpy 文件，删除#开头的注释行后，得到的源代码如下：

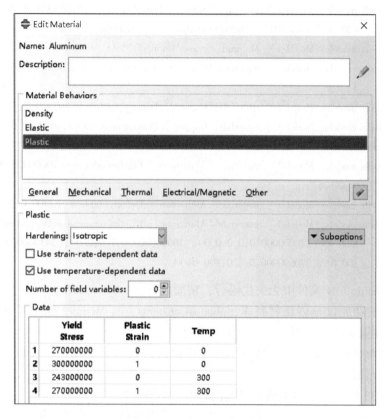

图 3-15　Aluminum 的材料属性

1　from abaqus import *

2　from abaqusConstants import *

3　session. Viewport(name ='Viewport:1 ',origin = (0. 0 ,0. 0) ,width = 133. 376953125 ,

4　　height = 101. 902778625488)

5　session. viewports['Viewport:1 ']. makeCurrent( )

6　session. viewports['Viewport:1 ']. maximize( )

7　from caeModules import *

8　from driverUtils import executeOnCaeStartup

9　executeOnCaeStartup( )

10　session. viewports['Viewport:1 ']. partDisplay. geometryOptions. setValues(

11　　referenceRepresentation = ON)

12　session. viewports['Viewport:1 ']. partDisplay. setValues(sectionAssignments = ON,

13　　engineeringFeatures = ON)

14　session. viewports['Viewport:1 ']. partDisplay. geometryOptions. setValues(

15　　referenceRepresentation = OFF)

16　mdb. models['Model-1 ']. Material(name ='Steel ')

17　mdb. models['Model-1 ']. materials['Steel ']. Elastic(table = ((200000000000. 0 ,0. 3) ,

18　　))

19　mdb. models['Model-1 ']. materials['Steel ']. Density(table = ((7800. 0 ,) ,))

```
20    mdb. models['Model-1']. materials['Steel']. Plastic(table = ((400000000. 0,0. 0),(
21        420000000. 0,0. 02),(500000000. 0,0. 2),(600000000. 0,0. 5))))
22    mdb. models['Model-1']. Material(name ='Copper')
23    mdb. models['Model-1']. materials['Copper']. Elastic(table = ((110000000000. 0,0. 3),
24        ))
25    mdb. models['Model-1']. materials['Copper']. Density(table = ((8970. 0,),))
26    mdb. models['Model-1']. materials['Copper']. Plastic(table = ((314000000. 0,0. 0),))
27    mdb. models['Model-1']. Material(name ='Aluminum')
28    mdb. models['Model-1']. materials['Aluminum']. Elastic(table = ((70000000000. 0,
29        0. 35),))
30    mdb. models['Model-1']. materials['Aluminum']. Density(table = ((2700. 0,),))
31    mdb. models['Model-1']. materials['Aluminum']. Plastic(temperatureDependency = ON,
32        table = ((270000000. 0,0. 0,0. 0),(300000000. 0,1. 0,0. 0),(243000000. 0,0. 0,
33        300. 0),(270000000. 0,1. 0,300. 0)))
```

2）删除 abaqus. rpy 文件中无关代码行，精简代码。

① 本实例的功能仅是创建材料库，abaqusConstants、caeModules 模块和 driverUtils 模块不会用到，可删除第 2 行、第 7 行和第 8 行代码。

② 本实例的主要功能是创建材料库，与视窗的设置和显示无关，可以删除掉第 3 ~ 6 行、第 9 ~ 15 行代码。

③ 第 16 ~ 33 行代码是本实例的关键代码行，不能删除。

④ abaqus. rpy 文件由 Abaqus 软件自动生成，代码换行有些位置不是十分合适，本实例中第 18 行、24 行和 29 行代码可以跟第 17 行、23 行和 28 行代码合并。

3）精简后的代码只有 16 行（见资源包中的 chapter 3\material_library_RPY. py）。具体如下：

```
1     fromabaqus import *
2     mdb. models['Model-1']. Material(name ='Steel')
3     mdb. models['Model-1']. materials['Steel']. Elastic(table = ((200000000000. 0,0. 3),))
4     mdb. models['Model-1']. materials['Steel']. Density(table = ((7800. 0,),))
5     mdb. models['Model-1']. materials['Steel']. Plastic(table = ((400000000. 0,0. 0),(
6         420000000. 0,0. 02),(500000000. 0,0. 2),(600000000. 0,0. 5))))
7     mdb. models['Model-1']. Material(name ='Copper')
8     mdb. models['Model-1']. materials['Copper']. Elastic(table = ((110000000000. 0,0. 3),))
9     mdb. models['Model-1']. materials['Copper']. Density(table = ((8970. 0,),))
10    mdb. models['Model-1']. materials['Copper']. Plastic(table = ((314000000. 0,0. 0),))
11    mdb. models['Model-1']. Material(name ='Aluminum')
12    mdb. models['Model-1']. materials['Aluminum']. Elastic(table = ((70000000000. 0,0. 35),))
13    mdb. models['Model-1']. materials['Aluminum']. Density(table = ((2700. 0,),))
14    mdb. models['Model-1']. materials['Aluminum']. Plastic(temperatureDependency = ON,
15        table = ((270000000. 0,0. 0,0. 0),(300000000. 0,1. 0,0. 0),(243000000. 0,0. 0,
16        300. 0),(270000000. 0,1. 0,300. 0)))
```

启动 Abaqus/CAE，在【File】菜单下选择【Run Script】命令，运行脚本文件 material_library_RPY. py，执行效果同图 3-12。

3.3　创建分析步和输出请求

如果在研究过程中，分析步和输出请求的设置是不变的，此时就可以编写脚本来完成重复的工作。下面通过一个简单的实例来介绍编写脚本来创建分析步和输出请求的方法。

【实例 3-3】　创建分析步和输出请求。

本实例将采用 2 种方法创建 3 个分析步，并为每个分析步设置不同的场变量输出（Field Output Requests）和历程输出（History Output Requests）。详细信息见表 3-2 和表 3-3。

表 3-2　创建 3 个分析步

分 析 步	分析步类型	分析步参数
Step-1	Static General	Nlgeom = OFF，初始增量步为 0.1
Step-2	Frequency	Lanczos 方法，30 阶频率，最小频率为 1
Step-3	Dynamic Implicit	Time period = 1，初始增量步为 0.005，Nlgeom = ON，最大增量步个数为 500

表 3-3　创建与分析步对应的输出变量

分 析 步	分析步类型	输 出 变 量
Step-1	Static General	Field Output Request：S，MISES，U Historty Output Request：ALLIE，ALLKE
Step-2	Frequency	Field Output Request：U
Step-3	Dynamic Implicit	Field Output Request：S，MISES，U，E Historty Output Request：ALLIE，ALLKE，IRF

1. 方法 1——录制宏文件

1）启动 Abaqus/CAE，在【File】菜单下选择【Macro Manager】命令，创建宏 Step_Output，将保存路径设置为 Home，如图 3-16 所示。

2）切换到 Step 模块，在 Step Manager 下创建表 3-2 中的 3 个分析步，并设置相关参数，如图 3-17 ~ 图 3-21 所示。输出变量的设置请读者自行设定，此处不再赘述。

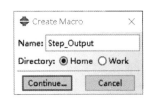

图 3-16　创建宏 Step_Output

3）单击【Stop Recording】按钮结束宏录制。

4）不必保存模型，直接退出 Abaqus/CAE。

5）重新启动 Abaqus/CAE，打开 Macro Manager，选中 Step_Output，单击【Run】按钮执行宏文件，瞬间执行完毕。切换到 Step 功能模块，在 Step Manager 中即可看到创建好的 3 个分析步（见图 3-22）。设置的场变量输出和历程变量输出如图 3-23 和图 3-24 所示。

图 3-17 设置 Nlgeom 为 OFF

图 3-18 设置初始增量步为 0.1

图 3-19 设置 Lanczos 方法，30 阶频率，最小频率为 1

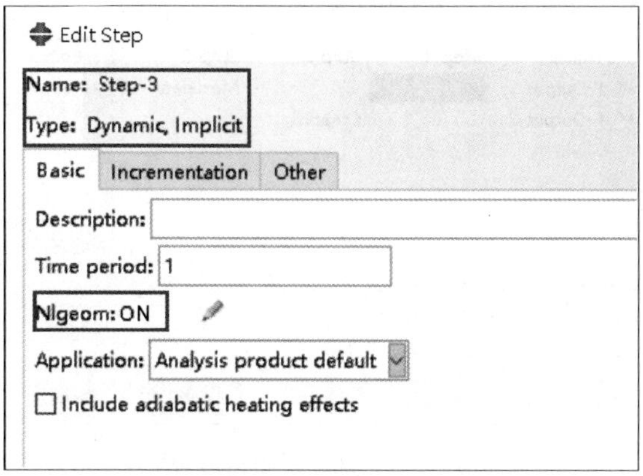

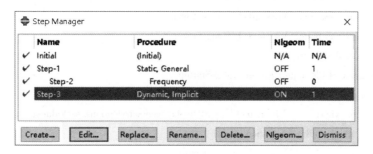

图 3-20　设置 Time period 为 1，Nlgeom 为 On

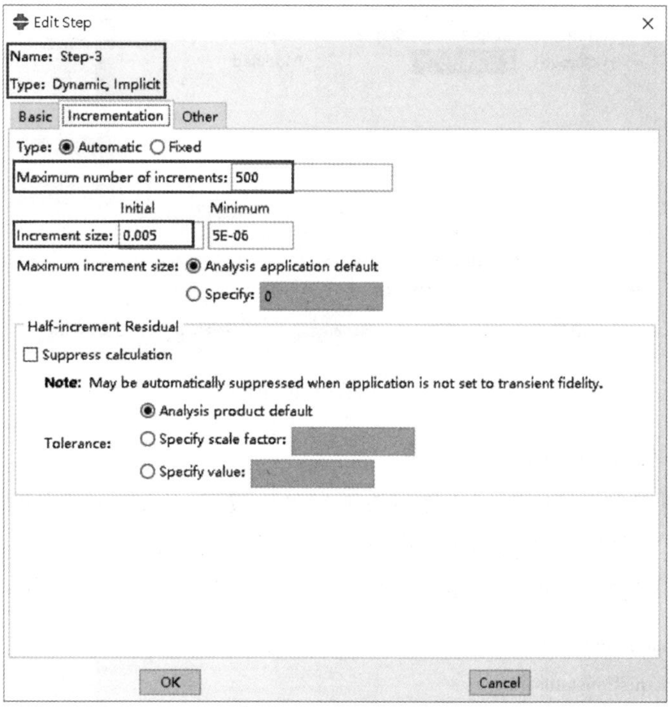

图 3-21　设置初始增量步为 0.005，最大增量步个数为 500

图 3-22　创建的 3 个分析步

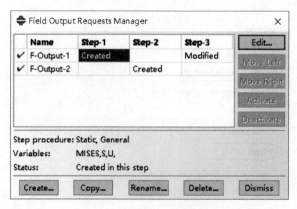

图 3-23　场变量输出设置

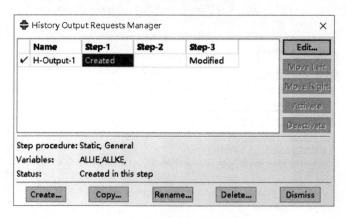

图 3-24　历程变量输出设置

2. 方法 2——修改 abaqus. rpy 文件

方法 1 在录制宏文件的同时，工作目录下自动生成了 abaqus. rpy 文件。下面讲解怎样通过修改 abaqus. rpy 文件的方法快速生成脚本文件。具体操作如下：

1）打开方法 1 生成的 abaqus. rpy 文件，删除#开头的注释行，得到的源代码如下：

```
1   fromabaqus import *
2   fromabaqusConstants import *
3   session. Viewport( name = ' Viewport:1 ',origin = (0. 0 ,0. 0) ,width = 133. 376953125 ,
4       height = 101. 902778625488)
5   session. viewports[' Viewport:1 ']. makeCurrent( )
6   session. viewports[' Viewport:1 ']. maximize( )
7   fromcaeModules import *
8   fromdriverUtils import executeOnCaeStartup
9   executeOnCaeStartup( )
10  session. viewports[' Viewport:1 ']. partDisplay. geometryOptions. setValues(
11      referenceRepresentation = ON)
12  a = mdb. models[' Model-1 ']. rootAssembly
13  session. viewports[' Viewport:1 ']. setValues( displayedObject = a)
```

```
14    session. viewports['Viewport:1']. assemblyDisplay. setValues(
15        adaptiveMeshConstraints = ON, optimizationTasks = OFF,
16        geometricRestrictions = OFF, stopConditions = OFF)
17    mdb. models['Model-1']. StaticStep(name ='Step-1', previous ='Initial',
18        initialInc = 0. 1)
19    session. viewports['Viewport:1']. assemblyDisplay. setValues(step ='Step-1')
20    mdb. models['Model-1']. fieldOutputRequests['F - Output - 1']. setValues(variables = (
21        'S','MISES','U'))
22    mdb. models['Model-1']. historyOutputRequests['H - Output - 1']. setValues(variables = (
23        'ALLIE','ALLKE'))
24    mdb. models['Model-1']. FrequencyStep(name ='Step-2', previous ='Step-1',
25        minEigen = 1. 0, numEigen = 30)
26    session. viewports['Viewport:1']. assemblyDisplay. setValues(step ='Step-2')
27    mdb. models['Model-1']. ImplicitDynamicsStep(name ='Step-3', previous ='Step-2',
28        maxNumInc = 500, initialInc = 0. 005, nlgeom = ON)
29    session. viewports['Viewport:1']. assemblyDisplay. setValues(step ='Step-3')
30    mdb. models['Model-1']. fieldOutputRequests['F - Output - 1']. setValuesInStep(
31        stepName ='Step-3', variables = ('S','MISES','E','U'))
32    mdb. models['Model-1']. historyOutputRequests['H - Output - 1']. setValuesInStep(
33        stepName ='Step-3', variables = ('IRF1','IRF2','IRF3','IRM1','IRM2',
34        'IRM3','ALLIE','ALLKE'))
```

2）删除 abaqus. rpy 文件中无关代码行，精简代码。

① 本实例中删除无关的第 3～16 行代码。

② 第 16～34 行代码是本实例的关键代码行，不能删除。

③ 对程序中较短代码行进行合并。

3）精简后的代码只有 15 行（见资源包中的 chapter 3\Step_Output_Requests. py）。

启动 Abaqus/CAE，在【File】菜单下选择【Run Script】命令，运行脚本文件 Step_Output_Requests. py，执行效果同图 3-22～图 3-24。

3.4　创建和提交分析作业

通常情况下，仅对一个分析作业进行提交，在 Abaqus/CAE 中操作不会花太多时间，也无须编写脚本。但是，在下列情况下，需要编写脚本来实现：

1）提交分析作业的 INP 文件名和 CAE 模型名由程序自动生成，事先并不知道。

2）需要对大量分析作业自动提交。

本节将通过一个简单的实例介绍创建和提交分析作业的相关命令，第 6.5.3 节"如何实现大量 INP 文件的自动提交？"将详细介绍 INP 文件自动提交的脚本编写方法。

【实例 3-4】　创建和提交分析作业。

本实例将采用修改 abaqus. rpy 文件的方法编写创建、提交、监控分析作业的相关命令。假设对 rubberdome. inp 文件提交分析作业，分析作业名称为 Job-2020128。

最简便的编写脚本文件的方法是借助 abaqus. rpy
文件。首先应该在 Abaqus/CAE 中执行相关操作。操
作步骤如下：

1）启动 Abaqus/CAE。

2）切换到 Job 功能模块，单击 ▉ 按钮创建分析
作业 Job-2020128，指定输入文件为 rubberdome. inp，如
图 3-25 所示。

3）不必保存模型，直接退出 Abaqus/CAE。

4）在工作路径下找到刚生成的 abaqus. rpy 文件
并打开，删除无关的代码行（精简代码行的方法请参
考第 3.2 节"创建材料库"和 3.3 节"创建分析步和
输出请求"），得到的代码如下：

图 3-25　创建分析作业 Job-2020128

```
1    from abaqus import *
2    from abaqusConstants import *
3    mdb. JobFromInputFile( name =' Job-2020128 ',
4        inputFileName =' C:\\temp\\rubberdome. inp ', type = ANALYSIS, atTime = None,
5        waitMinutes = 0, waitHours = 0, queue = None, memory = 90, memoryUnits = PERCENTAGE,
6        getMemoryFromAnalysis = True, explicitPrecision = SINGLE,
7        nodalOutputPrecision = SINGLE, userSubroutine ='', scratch ='',
8        resultsFormat = ODB, multiprocessingMode = DEFAULT, numCpus = 1, numGPUs = 0)
9    mdb. jobs[' Job-2020128 ']. submit( consistencyChecking = OFF)
```

- 第 3 ~ 8 行代码调用 JobFromInputFile( )方法创建了名为 Job-2020128 的分析作业，该
  方法包含很多参数，本例中仅用到 name 参数和 inputFileName 参数，其他参数值都是
  软件默认的，与该特定分析无关，可以删除。需要注意的是，最后一个参数后面一定
  要保留逗号（,），表示后面还有很多默认参数。
- 第 9 行代码调用 submit( )方法提交分析作业。

5）修改后的源代码只有 4 行（见资源包中的 chapter 3\Job_Submit. py）。
源代码如下：

```
1    from abaqus import *
2    from abaqusConstants import *
3    mdb. JobFromInputFile( name =' Job-2020128 ', inputFileName =' C:\\temp\\rubberdome. inp ', )
4    mdb. jobs[' Job-2020128 ']. submit( consistencyChecking = OFF)
```

6）启动 Abaqus/CAE，在【File】菜单下选择【Run Script】命令，运行脚本文件 Job_
Submit. py，执行效果如图 3-26 所示。

☞ 提示：本章内容只涉及经常使用的自动建模的相关模块（Part 功能模块、Property
　　功能模块、Step 功能模块、Mesh 功能模块和 Job 功能模块）。对于企业研发工程
　　师来说，如果每天所做的工作包含大量重复性工作，可以根据需要录制宏文件或
　　者编写独立的脚本文件，以提高分析效率。

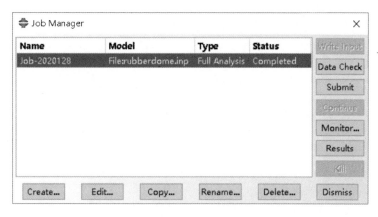

图 3-26　自动创建并提交分析作业

3.5　本章小结

本章主要介绍了下列内容：

1）第 3.1 节通过直接编写 Python 代码和录制宏文件两种方法，介绍了快速创建几何模型并划分单元网格的详细操作步骤。

2）第 3.2 节以只包含 3 种材料的材料库为例，介绍了录制宏文件、修改宏文件生成脚本文件、修改 abaqus. rpy 文件生成脚本文件 3 种方法，快速创建材料库。

3）第 3.3 节介绍了创建分析步和输出请求的 2 种方法及操作步骤，读者可仿照对荷载工况、接触属性定义等实现定制脚本的开发。

4）第 3.4 节介绍了创建和提交分析作业的操作步骤，以及代码行的简化和删除等考虑因素，让代码变得简短并高效。

第 4 章 编写脚本访问输出数据库

本章内容

本章将详细介绍编写脚本访问输出数据库的方法，包括：简介、输出数据库对象模型、从（向）输出数据库读取（写入）数据、计算 Abaqus 分析结果以及提高脚本执行效率的技巧，最后通过 7 个实例详细介绍编写脚本访问输出数据库的方法。

> ☞ **提示**：在 Abaqus/CAE 中打开输出数据库文件时，默认设置是选中了只读属性（Read – only），如图 4-1 所示。由于本章介绍的内容都将访问并操作输出数据库中的数据，因此，需要取消选中只读属性，否则在某些情况下将弹出如图 4-2 所示的错误信息。

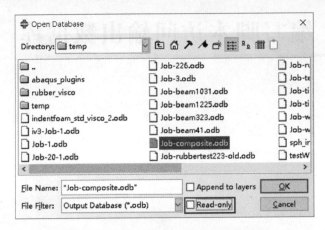

图 4-1　打开输出数据库时取消只读属性

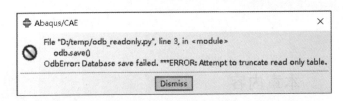

图 4-2　未取消只读属性可能弹出的错误信息

用户在编写脚本访问输出数据库时，应该注意下列几个问题：

1）不允许修改或删除输出数据库中的数据。创建新的 .odb 文件时，只允许从 .odb 文件中复制数据，而不允许删除数据。

2）对于同一个输出数据库文件，每次只允许一个用户访问。目的是避免损坏文件，访问过程中输出数据库文件将自动被锁定。

3）从输出数据库中读取数据时是向后兼容的，即新版本 Abaqus 软件可以读入低版本输出数据库文件。

4）向输出数据库中写入数据不向后兼容，即新版本 Abaqus 不可以向低版本输出数据库写入数据。

关于编写脚本访问输出数据库的更详细介绍，请参见 SIMULIA 帮助文档 *SIMULIA User Assistance 2018*→"Abaqus"→"Scripting"→"Accessing an Output Database"。

4.1 简介

编写脚本访问和处理输出数据库中的计算结果时，首先应该使用下面的语句导入 od-bAccess 模块：

> from odbAccess import *

如果可能用到 Abaqus 脚本接口中的符号常数，则还应该导入 abaqusConstants 模块，代码如下：

> from abaqusConstants import *

如果希望在其他软件分析结果的基础上，创建 Abaqus 输出数据库，则一般需要使用构造器构造节点、单元、分析步、增量步等，应该使用下列语句导入相应的模块：

> from abaqus import *
>
> from odbSection import *

导入所需模块是编写脚本访问输出数据库的第 1 步，本节将介绍编写脚本访问输出数据库的基础知识，包括 3 组易混淆的概念和使用对象模型编写脚本。深刻理解并掌握本节内容是后面编写脚本访问输出数据库的基础。

4.1.1 3 组易混淆的概念

本章将经常提到下面 3 组容易混淆的基本概念，读者应该注意它们的异同。这 3 组概念是：

1）模型、模型数据库和输出数据库。

2）模型数据和结果数据。

3）场输出和历史输出。

4.1.1.1 模型、模型数据库和输出数据库

在建模过程中，经常提到模型、模型数据库和输出数据库，本节将介绍三者的概念和差异。

1. 模型

模型（model）中包含分析所需的所有信息，可以包含任意多个部件及其相关属性（材料、接触、荷载、边界条件、网格、分析步等）。每个模型只能包含 1 个装配件，同一模型数据库中的不同模型各自相互独立。

2. 模型数据库

模型数据库（model database）由任意多个模型组成，它的扩展名为 .cae。如果同一个模型数据库中包含的模型数量过多，在建模过程中可能出现设置混乱的现象。例如，模型数据库 create. cae 中包含 3 个模型 Model-1，Model-2 和 Model-3，由于在 Abaqus/CAE 中每次只能显示 1 个模型，假定当前视窗中显示的是 Model-3，但是希望修改 Model-1 的某个属性，初学者易犯的错误是没有将模型切换到 Model-1 就修改属性，导致设置混乱。因此，建议每

个模型数据库只包含 1 个模型。在 Abaqus/CAE 中，每次只能打开 1 个模型数据库。图 4-3
给出了模型数据库的示意图。

3. 输出数据库

输出数据库（output database）文件包含 Visual-
ization 模块后处理需要的所有结果，其扩展名为 . odb。
Abaqus/Standard 和 Abaqus/Explicit 求解器的输出数

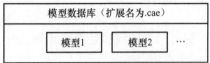

图 4-3　模型数据库示意图

据库中包含 3 类信息：场输出、历史输出和诊断信息。Abaqus/Standard 求解器的部分诊断
信息将写出到 . msg 文件，Abaqus/Explicit 求解器的部分诊断信息将写出到 . sta 文件。而
Abaqus/CFD 求解器的输出数据库只包含 2 类信息：节点场输出（nodal field output）和单元
历史输出（element history output）。

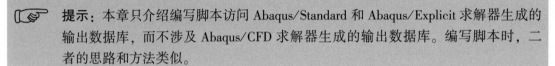

　　提示： 本章只介绍编写脚本访问 Abaqus/Standard 和 Abaqus/Explicit 求解器生成的
　　输出数据库，而不涉及 Abaqus/CFD 求解器生成的输出数据库。编写脚本时，二
　　者的思路和方法类似。

4. 1. 1. 2　模型数据和结果数据

模型数据（model data）指的是定义分析模型的数据。例如，部件、材料、边界条件、
物理常数等都属于模型数据。

结果数据（result data）指的是有限元分析顺利完成后所得到的数据，它们一般与分析
步（step）和帧（frame）相关。结果数据既可以是场输出，又可以是历史输出。

关于模型数据和结果数据的详细介绍，请参见第 4.2.1 节 "模型数据" 和第 4.2.2 节
"结果数据"。

4. 1. 1. 3　场输出和历史输出

场输出（field output）来自于整个模型或模型的大部分区域，写入输出数据库的频率较
低。一般用于在 Visualization 模块中生成云图、动画、符号图、变形图和 X-Y 图。场输出只能
输出某个量的所有计算结果（例如，所有的应力分量），因此，包含的数据信息量非常大。为
了提高分析效率，通常只输出分析步结束时刻的计算结果，或者只输出某个集合的计算结果。

历史输出（history output）通常只对模型的一小部分区域进行输出，写入输出数据库的
频率相对较高，一般用来在 Visualization 模块中生成 X-Y 图。与场输出不同，历史输出可以
只输出某个单独的变量，如应力的某个分量。

关于场输出和历史输出的详细介绍，请参见第 4.2.2 节 "结果数据"、第 4.3.4 节 "读
取（写入）场输出数据" 和第 4.3.5 节 "读取（写入）历史输出数据"。

4. 1. 2　使用对象模型编写脚本

第 2.3.1 节 "Abaqus 中的对象模型" 详细介绍了对象之间的各种关系。对于输出数据
库对象模型，读者应该掌握读取（写入）输出数据库数据的方法。

图 4-4 给出了输出数据库对象模型的示意图，以场输出对象模型为例加以说明。当发
出打开或创建输出数据库的命令时，将首先创建 Odb 对象。而 OdbStep 对象是 Odb 对象的
一个成员，Frame 对象是 OdbStep 对象的一个成员，FieldOutput 对象是 Frame 对象的一个

成员。

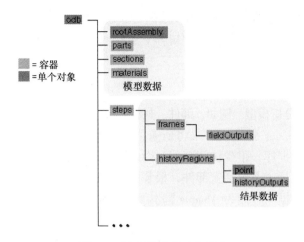

图 4-4 输出数据库对象模型

对象模型实质上是 Abaqus 脚本接口命令的层次结构关系。例如，下列命令表示引用 OdbStep 对象中 frames 序列的某个 Frame 对象：

odb. steps['10 hz vibration']. frames[3]

同理，下列命令表示引用 FieldOutput 对象中场变量数据序列的某个元素：

odb. steps['10 hz vibration']. frames[3]. fieldOutputs['U']. values[47]

编写脚本时通过对象间的层次结构关系，使用命令来逐步访问对象。关于访问对象和路径的详细介绍，请参见第 2.2.1.2 节 "访问对象"、第 2.2.1.3 节 "路径" 和 SIMULIA 帮助文档 *SIMULIA User Assistance 2018*→"Abaqus"→"Scripting Reference"→"Python commands"→"Odb commands"。

☞ **提示**：如果读者对输出数据库对象的层次结构关系不是非常熟悉，可以在命令行接口中使用 objectname.__members__、objectname.__methods__、dir( )、type( ) 等方法查询对象的属性和方法。

4.2 输出数据库对象模型

提交分析作业后，Abaqus 生成的输出数据库中包括模型数据和结果数据两部分，如图 4-4 所示。

1. 模型数据

模型数据用来描述根装配（root assembly）中的部件和部件实例。例如，节点坐标、集合定义、单元类型等。

2. 结果数据

结果数据用来描述各种分析结果。例如，应力、应变和位移等。读者可以根据输出请求设置结果数据。结果数据既可以是场数据，也可以是历史数据。

☞ 提示：第 2.3.1.1 节"概述"中介绍了 Abaqus 对象模型中多个重要概念，编写脚本时建议读者经常查阅并深刻理解各个概念。

4.2.1　模型数据

模型数据用来定义分析模型。例如，部件、材料、边界条件、物理常数等都属于模型数据。

需要注意的是，Abaqus 脚本接口未将所有的模型数据都写入到输出数据库中。例如，编写脚本时访问输出数据库，很少访问荷载，因此，荷载不会写入到输出数据库中。存储在输出数据库中的模型数据主要包括：部件、根装配、部件实例、材料、截面、截面分配和截面分类等。上述模型数据均存储为 Abaqus 脚本接口对象。

1. 部件

输出数据库中的部件（parts）是指理想有限元模型。部件是装配件的基本组成部分，既可以是刚体，也可以是变形体。在 Assembly 模块中，同一个部件可以创建多个部件实例。部件不会直接参与有限元分析，装配好的装配件将参与有限元分析的过程。输出数据库中的部件包含所有节点、单元、表面和集的信息。

2. 根装配

根装配（root assembly）包含定位部件实例的相关信息。有限元模型中需要对根装配定义边界条件（boundary conditions）、约束（constraints）、相互作用（interactions）和加载历史（loading history）。需要注意的是，每个输出数据库对象模型中只能包含 1 个根装配。

3. 部件实例

Assembly 模块中对部件实例（part instances）进行定位和装配。在 Part 模块定义的所有部件特征都将由部件实例继承，即所有的部件特征都是该部件实例的特征。根装配中每个部件实例的定位都相互独立。

4. 材料

材料库中包含 1 个或多个材料（materials）模型。有限元模型中可以重复使用某个材料模型。例如，根装配中包含 3 个部件 Part-1、Part-2 和 Part-3，Part-1 的材料为钢材，Part-2 和 Part-3 的材料均为铜，此时，只需要定义两种材料模型。模型数据库中可能定义了多个材料模型，但是，只有根装配中使用的材料模型（有些材料模型虽然定义了，可能根装配中并未使用）才会复制到输出数据库中。

5. 截面

在 Property 模块中定义的材料属性与部件实例毫无关系，Abaqus/CAE 通过一座"桥梁"建立二者之间的关系，这座"桥梁"就是截面（section）。首先，Abaqus 将材料属性赋值给某种类型的截面（例如，三维实体部件选择 Solid Section），此时，该截面拥有这种材料属性；然后，再将该截面分配给对应的部件实例，此时部件实例就拥有了与截面对应的材料属性。不同的单元应该选择不同的截面类型。例如，为层和壳单元定义截面时，需要给出壳的厚度、材料属性以及材料方位等。需要注意的是，只有根装配中使用过的截面才会复制到输出数据库中。

6. 截面分配

截面分配（section assignments）指的是将定义的截面分配给对应的部件实例或部件实例的对应区域。输出数据库中的截面分配将与分配区域保持关联。

7. 截面分类

截面分类（section categories）用于将相同分配截面定义的区域组集在一起。例如，将使用 5 个截面点的壳截面区域组集在一起。同一个截面分类可以通过截面点判断分析结果的位置。

8. 解析刚体表面

解析刚体表面（analytical rigid surface）是指由直线和曲线组成的表面。在接触分析中，使用解析刚体表面更容易建立接触状态，分析效率更高。

9. 刚体

刚体（rigid bodies）可以用来定义节点、单元和（或）表面。必须为刚体指定参考点，刚体的运动由参考点控制。

10. 预紧截面

预紧截面（pretension sections）用于将预紧节点（pretension node）与预紧截面（pretension section）关联。预紧截面可以是连续单元截面、桁架单元截面或梁单元截面。

11. 相互作用

相互作用（interactions）主要用于定义分析中表面与表面之间的接触关系。Abaqus/CAE 中提供了多种相互作用，只有接触对（contact pairs）定义的相互作用才会写入输出数据库。

12. 相互作用特性

相互作用特性（interaction properties）定义了相互作用表面的物理特性（例如，切向和法向特性）。需要注意的是，只将切向摩擦特性写入到输出数据库。

图 4-5 给出了输出数据库对象模型中模型数据各对象间的层次和结构关系。

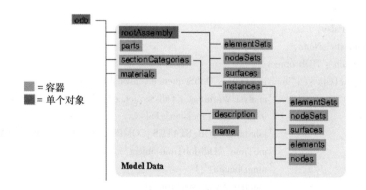

图 4-5　输出数据库对象模型中的模型数据

刚才介绍的模型数据对象指的是输出数据库中存储的模型数据，这些对象与 Abaqus/CAE 模型数据库中存储的对象类似，不同之处在于：模型数据库中可能包含多个模型，编写脚本时需要指定模型名；由于只能提交 1 个分析作业，因此，输出数据库中只包含 1 个模型，编写脚本时无须指定模型名。例如，下列代码引用了模型数据库中的实例对象 housing：

```
1    mdb = openMdb(pathName ='/caojinfeng/mdb/hybridVehicle')
2    myModel = mdb. models['Transmission']
3    myPart = myModel. rootAssembly. instances['housing']
```

- 第 1 行代码调用 openMdb 方法打开路径\caojinfeng\mdb\下的模型数据库（mdb）hybridVehicle，并赋值给变量 mdb。
- 第 2 行代码将模型库 models 中的 Transmission 模型赋值给变量 myModel。
- 第 3 行代码将 Transmission 模型中的实例对象 housing 赋值给变量 myPart。

下列代码表示引用输出数据库（odb）中的同一实例对象：

```
1    odb = openOdb(path ='/caojinfeng/odb/transmission. odb')
2    myPart = odb. rootAssembly. instances['housing']
```

- 第 1 行代码调用 openOdb 方法打开路径\caojinfeng\odb\下的输出数据库 transmission. odb，并赋值给变量 odb。
- 第 2 行代码将输出数据库中的实例对象 housing 赋值给变量 myPart。

☞　**提示**：读者应该分清模型数据库和输出数据库两个概念的区别。两者的详细介绍，请参见第 4.1.1.1 节"模型、模型数据库和输出数据库"。

调用 prettyPrint() 方法可以查看输出数据库的状态和对象模型的层次结构关系。详细介绍请参见第 2.7.2.1 节"prettyPrint() 函数"。

例如，下列代码给出悬臂梁模型输出数据库 beam3d. odb（见资源包中的 chapter 4 \ beam3d. odb）的显示结果。

```
>>>from odbAccess import *
>>>from textRepr import *
>>>odb = openOdb('beam3d. odb')
>>>prettyPrint(odb,2)
({'analysisTitle':'',
  'closed':False,
  'customData':None,
  'description':'DDB object',
  'diagnosticData':({'analysisErrors':'OdbSequenceAnalysisError object',
                     'analysisWarnings':'OdbSequenceAnalysisWarning object',
                     'isXplDoublePrecision':False,
                     'jobStatus':JOB_STATUS_COMPLETED_SUCCESSFULLY,
                     'jobTime':'OdbJobTime object',
                     'numDomains':1,
                     'numberOfAnalysisErrors':0,
                     'numberOfAnalysisWarnings':0,
                     'numberOfSteps':2,
                     'numericalProblemSummary':'OdbNumericalProblemSummary object',
                     'steps':'OdbSequenceDiagnosticStep object'}),
  'isReadOnly':True,
```

```
'jobData':({'analysisCode':ABAQUS_STANDARD,
            'creationTime':'Fri Sep 24 19:56:41 GMT+08:00 2010',
            'machineName':'',
            'modificationTime':'Fri Sep 24 19:56:42 GMT+08:00 2010',
            'name':'F:/temp/beam3d.odb',
            'precision':SINGLE_PRECISION,
            'productAddOns':'tuple object',
            'version':'Abaqus/Standard 6.18-1'}),
'materials':{'STEEL':'Material object'},
'name':'F:/temp/beam3d.odb',
'parts':{'BEAM':'Part object'},
'path':'F:/temp/beam3d.odb',
'profiles':{},
'readInternalSets':False,
'rootAssembly':({'connectorOrientations':'ConnectorOrientationArray object',
                'datumCsyses':'Repository object',
                'elementSets':'Repository object',
                'elements':'OdbMeshElementArray object',
                'instances':'Repository object',
                'name':'ASSEMBLY',
                'nodeSets':'Repository object',
                'nodes':'OdbMeshNodeArray object',
                'pretensionSections':'OdbPretensionSectionArray object',
                'rigidBodies':'OdbRigidBodyArray object',
                'sectionAssignments':'SectionAssignmentArray object',
                'surfaces':'Repository object'}),
'sectionCategories':{'solid < STEEL >':'SectionCategory object'},
'sections':{'Section-ASSEMBLY_BEAM-1_BEAM':'HomogeneousSolidSection object'},
'sectorDefinition':None,
'steps':{'Down':'OdbStep object',
         'Sideways':'OdbStep object'},
'userData':({'annotations':'Repository object',
             'xyDataObjects':'Repository object'})})
```

4.2.2　结果数据

结果数据指的是有限元分析结果。Abaqus 脚本接口将输出数据库中的结果数据分为下列几部分：

1. 分析步

Abaqus 有限元分析往往包含 1 个或多个分析步（steps），每个分析步都对应某种分析类型。访问分析步对象 Crush 的命令如下：

```
crushStep = odb.steps['Crush']
```

2. 帧

输出数据库中每个增量步的分析结果称为帧（frame），而每个分析步一般都包含多个帧。频率（frequency）提取分析或屈曲（buckling）分析将每个特征模态单独存储为 1 帧。同理，稳态谐响应分析的每个频率也都存储为 1 帧。访问 Crush 分析步最后 1 帧的命令如下：

$$crushFrame = crushStep.\,frames[-1]$$

3. 场输出

如果输出模型中大部分区域的结果数据，而且输出频率较低，一般定义为场输出（field output）。在 Visualization 模块中，场输出结果可以绘制云图（contour plot）、动画（animate）、符号图（symbol plot）、变形图和 X-Y 图。需要注意的是，场输出可以输出某个计算结果的所有分量（例如，所有应力分量或应变分量）。场输出中的数据信息量非常大，包括：单元编号（elementLabel）、节点编号（nodeLabel）、位置（position）、积分点（integrationPoint）、截面点（sectionPoint）、类型（type）、数据（data）、Mises 应力等。为了提高脚本的执行效率，可以输出结果数据的子集，即自定义输出区域（例如，单元集）。下列命令表示输出应力场变量 S：

$$stress = crushFrame.\,fieldOutputs['S']$$

图 4-6 列出了场输出对象模型的层次关系。

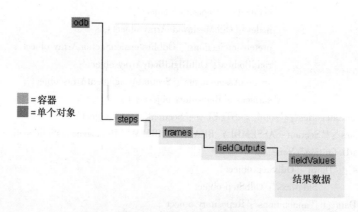

图 4-6　场输出对象模型

4. 历史输出

历史输出（history output）用于为某个点或模型的小部分区域定义结果输出（例如，能量），输出频率一般较高。在 Visualization 模块中，历史输出可以绘制 X-Y 图。与场输出不同，历史输出可以输出分析结果的某个单独变量（例如，某个应力分量）。

根据输出类型，历史输出中的 HistoryRegion 对象可以定义为节点、积分点、某个区域、材料点或整个模型。访问历史输出所在区域的命令如下：

$$endPoint = crushStep.\,historyRegions['end\,point']$$

下列命令表示输出 endPoint 的第 2 个位移分量 U2：

$$u2Deflection = endPoint.\,historyOutputs['U2']$$

HistoryRegion 对象还可以包含多个分析步所有时间间隔的历史输出结果。例如，（t1，

U21）、（t2，U22）等。给定历史输出对象 u2Deflection 后，提取结果的命令如下：

for time，value in u2Deflection. data：
　　print 'Time：'，time，'U2 deflection：'，value

图 4-7 列出了历史输出对象模型的层次关系。

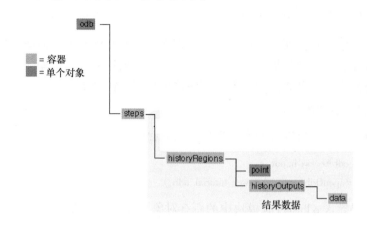

图 4-7　历史输出对象模型

4.3　从（向）输出数据库读取（写入）数据

编写脚本访问输出数据库包含"正向"和"逆向"两个方向。

所谓"正向"指的是访问已经存在的输出数据库（ODB）文件，并对结果数据进行处理。当读者打开输出数据库时，Odb 对象中包含了输出数据库的所有对象。例如，部件实例（instances）、分析步（steps）和场输出数据（field output data）等。因此，"正向"实质上是编写脚本访问输出数据库，需要从输出数据库读取数据。

所谓"逆向"指的是输出数据库（ODB）文件并不存在，需要编写脚本创建输出数据库，然后调用构造函数创建输出数据库所需的各个对象。例如，调用构造函数 Part 创建 Part 对象，调用构造函数 Instance 创建 OdbInstance 对象等。创建对象后，还需调用各种对象的方法添加或修改数据。例如，调用 Part 对象的 addNodes 方法和 addElements 方法分别添加节点和单元等。因此，"逆向"实质上是编写脚本创建新的输出数据库，需要向输出数据库写入数据。

本节将详细介绍从输出数据库读取数据（ODB 文件已存在）和向输出数据库写入数据（ODB 文件不存在）的各种脚本命令。目的是教给读者编写脚本访问和创建输出数据库的方法。因此，读者可以选取任意的输出数据库文件来测试命令。为方便起见，笔者使用 abaqus fetch job = viewer_tutorial. odb 命令提取 viewer_tutorial. odb 文件作为被访问的输出数据库，该文件见资源包中的 chapter 4\viewer_tutorial. odb。

☞　**提示**：为了便于比较"正向"和"逆向"的差异，笔者特意将命令编排在一起，用读取和写入表示。读取表示访问已有的 ODB 文件，写入表示向新建的 ODB 文件中写入数据。

本节将详细介绍下列内容：打开（创建）输出数据库、读取（写入）模型数据、读取（写入）结果数据、读取（写入）场输出数据、读取（写入）历史输出数据、设置默认的显示变量。第 4.5 节将详细介绍多个访问 ODB 输出数据库的开发实例，读者可以根据需要复制实例中的源代码，稍加修改即可满足自己的开发需求。

4.3.1　打开（创建）输出数据库

如果希望读取输出数据库中的计算结果，首先需要打开该输出数据库；如果希望向输出数据库中写入数据，由于该数据库不存在，则首先需要创建输出数据库。

本小节将分别介绍打开输出数据库和创建输出数据库的命令。

4.3.1.1　打开输出数据库

使用 openOdb( ) 方法可以打开输出数据库，对应的命令如下：

```
1    from odbAccess import *
2    odb = openOdb( path = ' viewer_tutorial. odb ')
```

- 第 1 行代码导入 odbAccess 模块中的所有对象、变量和方法。
- 第 2 行代码使用 openOdb( ) 方法打开输出数据库 viewer_tutorial. odb，此时可以使用 Odb 对象的各种方法访问输出数据库中的数据。

4.3.1.2　创建输出数据库

调用构造函数 Odb( ) 可以创建输出数据库（Odb）对象，对应的命令如下：

```
1    odb = Odb( name = ' myData ', analysisTitle = ' derived data ', description = ' test problem ',
2        path = ' testWrite. odb ')
```

上述代码调用构造函数 Odb( ) 创建了名为 myData、分析标题为 derived data、描述为 test problem 的输出数据库 testWrite. odb，该文件保存在当前目录下。第 4.5.3 节"创建输出数据库并添加数据"将通过实例 4-3 详细介绍创建输出数据库的步骤。

打开或创建输出数据库时，Abaqus 将自动创建根装配（RootAssembly）对象。

对于新创建的输出数据库，应该调用 save( ) 方法来保存：

```
odb. save( )
```

4.3.2　读取（写入）模型数据

本小节将介绍编写脚本从输出数据库读取模型数据和向输出数据库写入模型数据的各种命令。

4.3.2.1　读取模型数据

第 4.2.1 节"模型数据"介绍了各种模型数据，包括部件、根装配、部件实例、材料、截面、分配截面、截面分类、解析刚体表面、刚体、预紧截面、相互作用和相互作用特性等。本节将介绍常用的读取模型数据的命令。

1. 根装配

每个输出数据库只包含 1 个根装配，通过 OdbAssembly 对象访问。对应的命令如下：

myAssembly = odb. rootAssembly

2. 部件实例

部件实例保存在 OdbAssembly 对象的部件实例库（instances）中，例如

```
1    for instanceName in odb. rootAssembly. instances. keys( ):
2        print instanceName
```

- 第 1 行代码使用 for... in 循环对实例库中的实例名称 instanceName 进行循环。
- 第 2 行代码输出所有的部件实例名称。由于 viewer_tutorial. odb 中只包含 1 个部件实例，因此，输出结果为 PART-1-1。

☞　**提示**：对象模型中的许多对象都属于库，调用 keys( ) 方法可以确定对象的名字。

3. 区域

输出数据库中的区域指的是 OdbSet 对象，可能是存储在输出数据库中的部件和部件实例的集合，也可能是节点集、单元集或表面。部件集合指的是独立部件中的单元或节点，装配件集合指的是装配件中部件实例的单元或节点。例如

```
1    print ' Node sets =',odb. rootAssembly. nodeSets. keys( )
```

本行代码调用 keys( ) 方法输出 OdbAssembly 对象所有节点集的名称。输出结果为 Node sets = ['ALL NODES']。

再如

```
1    print ' Node sets =',odb. rootAssembly. instances['PART-1-1']. nodeSets. keys( )
2    print ' Element sets =',odb. rootAssembly. instances['PART-1-1']. elementSets. keys( )
3    topNodeSet = odb. rootAssembly. instances['PART-1-1']. nodeSets['TOP']
```

- 第 1 行代码输出部件实例 PART-1-1 的所有节点集名。输出结果为

  Node sets = ['ALLN','BOT','CENTER','N1','N19','N481','N499','PUNCH','TOP']

- 第 2 行代码输出部件实例 PART-1-1 的所有单元集名。输出结果为

  Element sets = ['CENT','ETOP','FOAM','PMASS','UPPER']

- 第 3 行代码将部件实例 PART-1-1 的节点集 TOP 赋值给变量 topNodeSet，topNodeSet 对象的类型是 OdbSet。

创建了表示区域的变量后（例如，topNodeSet），该变量就可以作为场输出数据的子集，详细介绍请参见第 4.5.2 节 "读取场输出数据"。

4. 材料

材料存储于 Odb 对象的材料库（materials）中。访问材料库的命令如下：

```
1    allMaterials = odb. materials
2    for materialName in allMaterials. keys( ):
3        print ' Material Name:',materialName
```

- 第 1 行代码将 Odb 对象的材料库赋值给变量 allMaterials。

- 第 2 行代码使用 for... in 循环对材料库中的所有材料进行循环，并调用 keys( )方法输出所有材料的名称。

下列代码输出所有 material 对象的各向同性弹性材料特性：

```
1      for material in allMaterials. values( ):
2          if hasattr( material,' elastic '):
3              elastic = material. elastic
4              if elastic. type == ISOTROPIC：
5                  print ' isotropic elastic behavior, type = % s '\
6                      % elastic. moduli
7              title1 =' Young modulus    Poisson\' s ratio '
8              title2 ="
9              if elastic. temperatureDependency == ON：
10                 title2 =' Temperature '
11             dep = elastic. dependencies
12             title3 ="
13             for x in range( dep )：
14                 title3 +=' field # % d ' % x
15             print '% s % s % s ' % ( title1 , title2 , title3 )
16             for dataline in elastic. table：
17                 print dataline
```

- 第 2 行代码调用 hasattr( )函数判断材料是否具有弹性（elastic）属性。
- 第 3 行代码创建变量 elastic 表示材料的弹性（elastic）属性。
- 第 4 ~ 6 行代码判断弹性属性是否为各向同性（ISOTROPIC），并输出弹性模量。
- 第 9 ~ 11 行代码判断弹性属性是否依赖于温度。如果判断结果为"真"（ON），则将字符串 Temperature 赋值给变量 title2，然后再将 elastic. dependencies 赋值给变量 dep。
- 第 13 行和第 14 行代码对变量 dep 中的元素进行循环，并更新变量 title3。
- 第 15 行代码输出 title1、title2 和 title3。
- 第 16 行和第 17 行代码逐行输出材料弹性属性表格中的值。

定义材料属性时，有些材料可能还包含子选项。例如，定义超弹性材料属性时，还可以定义等双轴试验数据（biaxial test data）子选项。下列代码将输出等双轴试验数据的平滑类型（smoothing type）：

```
1      if hasattr( material,' hyperelastic '):
2          hyperelastic = material. hyperelastic
3          testData = hyperelastic. testData
4          if testData == ON：
5              if hasattr( hyperelastic,' biaxialTestData '):
6                  biaxialTestData = hyperelastic. biaxialTestData
7                  print ' smoothing type：', biaxialTestData. smoothing
```

- 第 1 行代码判断材料是否属于超弹性材料。
- 第 2 行和第 3 行代码分别将超弹性和试验数据赋值给变量 hyperelastic 和 testData。

- 第 4 行代码判断是否包含试验数据。
- 第 5 行代码判断超弹性材料属性中是否包含等双轴试验数据。
- 第 6 行代码将超弹性材料的等双轴试验数据赋值给变量 biaxialTestData。
- 第 7 行代码输出等双轴试验数据的平滑类型。

5. 截面

截面存储在 Odb 对象的截面库（setions）中。下列命令将输出截面库中所有截面的名称：

```
1    allSections = odb. sections
2    for sectionName in allSections. keys( ):
3            print 'Section Name:', sectionName
```

- 第 1 行代码将截面库中所有截面赋值给变量 allSections。
- 第 2 行代码调用 keys( )方法对截面库的关键字进行循环。
- 第 3 行代码输出截面库关键字的名称。

对于下列代码：

```
1    for mySection in allSections. values( ):
2        if type( mySection) == HomogeneousSolidSectionType:
3                print 'material name =', mySection. material
4                print 'thickness =', mySection. thickness
```

- 第 1 行代码对所有截面的值进行循环。
- 第 2 行代码判断截面是否属于均匀实体截面。如果判断结果为"真"，则执行第 3 行和第 4 行代码。
- 第 3 行和第 4 行代码将分别输出材料的名称和截面的厚度。

6. 截面分配

截面分配存储于 OdbAssembly 对象的 odbSectionAssignmentArray 库中。截面分配的目的是将部件实例的单元与截面属性建立联系。Abaqus 模型中的所有单元均必须定义截面和材料属性。部件实例对象（PartInstance object）访问 sectionAssignments 库的命令如下：

```
1    instances = odb. rootAssembly. instances
2    for instance in instances. values( ):
3        assignments = instance. sectionAssignments
4        print 'Instance:', instance. name
5        for sa in assignments:
6            region = sa. region
7            elements = region. elements
8            print '  Section:', sa. sectionName
9            print '  Elements associated with this section:'
10           for e in elements:
11               print '    label:', e. label
```

- 第 1 行代码将根装配中的所有部件实例赋值给变量 instances。
- 第 2 行代码对所有部件实例的值进行循环。
- 第 3 行代码将部件实例的截面分配属性赋值给变量 assignments。

- 第 4 行代码输出部件实例的名称。
- 第 5 行代码对截面分配属性中的元素进行循环。
- 第 6 行和第 7 行代码创建变量 region 和 elements，分别表示截面分配的区域和单元。
- 第 8 行代码输出截面的名称（sectionName）。
- 第 9 ~ 11 行代码将输出所有单元的名称。

4.3.2.2　写入模型数据

由于创建的输出数据库中不包含任何模型信息。因此，写入模型数据时，首先要创建部件，并向部件中添加节点和单元；然后创建部件实例，并定义装配件。需要注意的是，对于第 4.3.2.1 节 "读取模型数据" 已经存在的输出数据库，不允许改变模型的几何形状，目的是保证分析结果与模型信息一一对应。

1. 部件

Abaqus/CAE 创建部件的几何信息都将存储在模型数据库，而不会存储在输出数据库中。输出数据库只保存部件的节点信息、单元信息、表面定义信息等。调用 Part 构造函数在输出数据库（Odb 对象）中创建部件对象，而且可以指定部件的类型。例如

```
part1 = odb. Part( name = ' part-1 ', embeddedSpace = THREE_D, type = DEFORMABLE_BODY)
```

本行代码调用构造函数 Part 创建三维变形体部件 part-1，并赋值给变量 part1。

创建的 part-1 对象是一个空对象，它不包含任何的几何特征。因此，创建 Part 对象后，需要调用 addNodes 方法通过指定节点编号和节点坐标来添加节点信息，也可以同时定义节点集。例如

```
1   nodeData = ( ( 1,1,0,0) ,( 2,2,0,0) ,( 3,2,1,0.1) ,( 4,1,1,0.1) ,( 5,2,-1,-0.1) ,( 6,1,-1,-0.1) ,)
2   part1. addNodes( nodeData = nodeData, nodeSetName = ' nset - 1 ')
```

- 第 1 行代码定义了 6 个节点，并将其赋值给变量 nodeData。每个括号内的 4 个数字分别表示节点编号以及节点的 X 轴、Y 轴和 Z 轴的坐标。
- 第 2 行代码调用 addNodes 方法向 part1 中添加节点数据 nodeData，并创建节点集 nset - 1。根据需要，还可以调用构造函数 NodeSetFromNodeLabels 指定节点编号来创建节点集。例如

```
nodeLabels = ( 2,3)
part1. NodeSetFromNodeLabels( name = ' nset - 2 ', nodeLabels = nodeLabels)
```

创建节点和节点集后，还应该创建单元并指定单元类型。与添加节点的方法类似，调用 addElements 方法可以向部件中添加单元，也可以同时定义单元集和截面分类。例如

```
1   sCat = odb. SectionCategory( name = ' S5 ', description = ' Five-Layered Shell ')
2   spBot = sCat. SectionPoint( number = 1, description = ' Bottom ')
3   spMid = sCat. SectionPoint( number = 3, description = ' Middle ')
4   spTop = sCat. SectionPoint( number = 5, description = ' Top ')
5   elementData = ( ( 1,1,2,3,4) ,( 2,6,5,2,1) ,)
6   part1. addElements( elementData = elementData, type = ' S4 ',
        elementSetName = ' eset-1 ', sectionCategory = sCat)
```

- 第 1 行代码调用 SectionCategory 构造函数创建截面分类 S5。
- 第 2~4 行代码调用构造函数 SectionPoint 创建编号为 1、3、5 的截面点，并分别赋值给变量 spBot、spMid 和 spTop。
- 第 5 行代码定义了 2 个单元，并将其赋值给变量 elementData。第 1 个单元由节点 1、2、3、4 组成，第 2 个单元由节点 6、5、2、1 组成。
- 第 6 行代码调用 addElements 方法向 part-1 部件添加单元数据 elementData，单元类型为 S4，单元集名为 eset-1，截面分类为 sCat。

2. 根装配

第 4.3.1.2 节 "创建输出数据库" 已经介绍过，创建输出数据库时将自动创建根装配。访问根装配的方法与读取输出数据库的语法相同，命令如下：

```
odb. rootAssembly
```

在根装配对象下还可以创建部件实例和区域。

3. 部件实例

调用 Instance 构造函数可以创建部件实例。例如

```
1    a = odb. rootAssembly
2    instance1 = a. Instance( name = ' part-1-1 ', object = part1 )
```

上述代码中第 2 行代码调用 Instance 构造函数为 part1 创建了名为 part-1-1 的部件实例，并赋值给变量 instance1。

需要注意的是，只能够对部件添加节点和单元，而不允许对部件实例添加节点和单元。因此，应该在创建部件实例之前创建部件，并向部件中添加节点和单元信息。

4. 区域

区域（region）用来创建单元编号集、节点编号集和单元表面集，而且可以对部件、部件实例或根装配创建集合。同一个部件的节点编号和单元编号是唯一的，装配件的节点编号和单元编号可能相同。例如，装配件中包含部件实例 part-1-1 和 part-2-1，它们都从 1 开始编号。为了区分部件或装配件的节点编号和单元编号，要求根装配的集合必须指明部件实例的名称。例如

```
1    #创建部件实例单元集
2    eLabels = [ 9,99 ]
3    elementSet = instance1. ElementSetFromElementLabels(
4        name = ' elsetA ',elementLabels = eLabels )
5    #创建根装配下的节点集
6    nodeLabels = ( 5,11 )
7    instanceName = ' part-1-1 '
8    nodeSet = assembly. NodeSetFromNodeLabels(
9        name = ' nodesetRA ',( ( instanceName,nodeLabels ) ,) )
```

5. 材料

Odb 对象的材料库中存储了所有的材料，调用 Material 构造函数可以在输出数据库中创

建新材料。例如

```
1    material_1 = odb. Material(name = 'Elastic Material')
2    material_1. Elastic(type = ISOTROPIC, table = ((12000, 0.3),))
```

- 第 1 行代码调用 Material 构造函数创建材料 Elastic Material，并赋值给变量 material_1。
- 第 2 行代码调用 Elastic 构造函数为 material_1 创建各向同性弹性材料，弹性模量为 12000.0，泊松比为 0.3。

6. 截面

Section 对象可以创建截面（sections）和梁形状（profiles）。Sections 对象存储在 Odb 对象的截面库中。注意：在创建 Seciton 对象之前必须首先创建 Material 对象，如果 Material 对象不存在，将抛出异常。例如

```
1    sectionName = 'Homogeneous Solid Section'
2    mySection = odb. HomogeneousSolidSection(name = sectionName,
3        material = materialName, thickness = 2.0)
```

其中，第 2 行代码调用 HomogeneousSolidSection 构造函数创建了厚度为 2.0、材料为 materialName 的均匀实体截面 sectionName。

再如

```
1    profileName = "Circular Profile"
2    radius = 10.00
3    odb. CircularProfile(name = profileName, r = radius)
```

其中，第 3 行代码调用 CircularProfile 构造函数创建了半径为 10.00 的圆形梁截面。

7. 截面分配

截面分配（SectionAssignment）对象可以为模型中的区域分配截面和材料特性，它是 Odb 对象的成员。Abaqus 分析中的所有单元都必须定义截面和材料属性，截面分配则将部件实例中的单元与截面属性建立联系。例如

```
1    elLabels = (1, 2)
2    elset = instance. ElementSetFromElementLabels(name = materialName,
3        elementLabels = elLabels)
4    instance. assignSection(region = elset, section = section)
```

- 第 2 行代码调用 ElementSetFromElementLabels 构造函数在单元编号 elLabels 的基础上创建单元集 materialName，并赋值给变量 elset。
- 第 4 行代码调用 assignSection 函数为单元集 elset 分配截面 section。

4.3.3　读取（写入）结果数据

本节将详细介绍如何编写脚本从输出数据库中读取结果数据，以及如何编写脚本向输出数据库中写入结果数据。

4.3.3.1　读取结果数据

第 4.2.2 节"结果数据"介绍了各种结果数据，包括分析步、帧、场输出和历史输出。

本小节将介绍读取分析步或帧的各种命令，第 4.3.4.1 节 "读取场输出数据" 和第 4.3.5.1 节 "读取历史输出数据" 将分别介绍读取场输出数据和历史输出数据的各种命令。

1. 分析步

分析步存储在 Odb 对象的分析步库（steps）中。与读取模型数据类似，调用 keys()方法可以获得结果数据的库关键字。例如

```
1    for stepName in odb. steps. keys( ) :
2        print stepName
```

- 第 1 行代码调用 keys()方法输出分析步库每个分析步的关键字名称。
- 第 2 行代码的输出结果为

```
Step-1
Step-2
Step-3
```

☞ **提示**：序列从 0 开始计数，-1 表示最后一个元素。

例如，下列命令用来指定库中的某一项：

```
1    step1 = odb. steps. values( )[0]
2    print step1. name
```

- 第 1 行代码调用 values()方法获取分析步库的第 1 个元素的值，并赋值给变量 step1。
- 第 2 行代码输出分析步名称。输出结果为 Step-1。

2. 帧

每个分析步都包含许多增量步，每个帧则包含每个增量的分析结果（对于特征值分析，每个帧包含各个模态的分析结果）。例如

```
lastFrame = odb. steps['Step-1']. frames[-1]
```

本行代码将分析步 Step-1 最后一帧赋值给变量 lastFrame。

4.3.3.2　写入结果数据

向输出数据库中写入结果数据时，应该首先创建 Step 对象。如果需要向输出数据库中写入场变量数据，还应该创建 Frame 对象；而历史输出数据与 Step 对象有关。

1. 分析步

调用 Step 构造函数可以为时域（time domain）、频域（frequency domain）或模态域（modal domain）的分析结果创建分析步。例如

```
step1 = odb. Step( name ='step-1', description ='', domain = TIME, timePeriod = 1. 0)
```

本行代码将调用 Step()构造函数创建时域内的分析步 step-1，时间周期为 1.0，并赋值给变量 step1。

2. 帧

调用 Frame( ) 构造函数可以为场输出创建帧对象。例如

　　　frame1 = step1. Frame(incrementNumber = 1, frameValue = 0. 1, description = '')

本行代码将调用 Frame( ) 构造函数创建一个帧，该帧的增量步编号为 1，分析步时间为 0. 1，并赋值给变量 frame1。

4. 3. 4　读取（写入）场输出数据

本节将介绍从输出数据库中读取场输出数据或向输出数据库中写入场输出数据的命令。

4. 3. 4. 1　读取场输出数据

场输出数据存储于 OdbFrame 对象的场输出库（fieldOutputs）中。库的关键字就是变量名。例如

```
1      for fieldName in lastFrame. fieldOutputs. keys( ) :
2          print fieldName
```

- 第 1 行代码调用 keys( ) 方法列出第 1 个分析步最后 1 帧的所有变量。
- 第 2 行代码输出所有的变量名。输出结果如下：

```
COPEN      TARGET/IMPACTOR
CPRESS     TARGET/IMPACTOR
CSHEAR1    TARGET/IMPACTOR
CSLIP1     TARGET/IMPACTOR
LE
RF
RM3
S
U
UR3
```

☞　**提示：** 从输出数据库中读取场输出数据时可以定义不同的读取频率。因此，每一帧中并非都包含所有的场输出变量。

使用下列命令可以查看某帧中所有可用的场输出数据：

```
#输出最后一帧中场输出变量的名称、类型和位置
1      for f in lastFrame. fieldOutputs. values( ) :
2          print f. name,':', f. description
3          print ' Type:', f. type
4          #对于每个计算值,输出其位置
5          for loc in f. locations:
6              print ' Position:', loc. position
7          print
```

本段代码输出最后一帧所有的场输出变量及其类型和位置。输出结果如下：

COPEN　TARGET/IMPACTOR：Contact opening
Type：SCALAR
Position：NODAL

CPRESS　TARGET/IMPACTOR：Contact pressure
Type：SCALAR
Position：NODAL

CSHEAR1　TARGET/IMPACTOR：Frictional shear
Type：SCALAR
Position：NODAL

CSLIP1　TARGET/IMPACTOR：Relative tangential motion direction 1
Type：SCALAR
Position：NODAL

LE：Logarithmic strain components
Type：TENSOR_2D_PLANAR
Position：INTEGRATION_POINT

RF：Reaction force
Type：VECTOR
Position：NODAL

RM3：Reaction moment
Type：SCALAR
Position：NODAL

S：Stress components
Type：TENSOR_2D_PLANAR
Position：INTEGRATION_POINT

U：Spatial displacement
Type：VECTOR
Position：NODAL

UR3：Rotational displacement
Type：SCALAR
Position：NODAL

此外，还可以编写脚本读取场输出变量中各个数据值。例如

```
1    displacement = lastFrame.fieldOutputs['U']
2    fieldValues = displacement.values
3    #对于每个位移值,输出接点编号和节点坐标值
4    for v in fieldValues:
5        print 'Node = %d U[x] = %6.4f,U[y] = %6.4f' % (v.nodeLabel,v.data[0],v.data[1])
```

本段代码的输出结果如下：

$$Node = 1 \ U[x] = 0.0000, U[y] = -76.4580$$
$$Node = 3 \ U[x] = -0.0000, U[y] = -64.6314$$
$$Node = 5 \ U[x] = 0.0000, U[y] = -52.0814$$
$$Node = 7 \ U[x] = -0.0000, U[y] = -39.6389$$
$$Node = 9 \ U[x] = -0.0000, U[y] = -28.7779$$
$$Node = 11 \ U[x] = -0.0000, U[y] = -20.3237$$
$$\cdots$$

上面介绍的实例都是读取整个模型的场输出数据，还可以使用区域参数读取场输出数据的子集。例如，使用模型数据创建 OdbSet 对象后，然后调用 getSubset() 方法读取区域上的场输出数据。通常情况下读入节点集或单元集数据。例如

```
1    center = odb. rootAssembly. instances['PART-1-1']. nodeSets['PUNCH']
2    centerDisplacement = displacement. getSubset(region = center)
3    centerValues = centerDisplacement. values
4    for v in centerValues：
5        print v. nodeLabel, v. data
```

- 第 1 行代码将部件实例 PART-1-1 的节点集 PUNCH 赋值给 center 变量，用来表示半球冲头中心处的节点集。
- 第 2 行代码调用 getSubset() 方法得到 center 区域的位移，并赋值给变量 centerDisplacement。
- 第 3 行代码调用 values 方法得到 center 区域的位移值。
- 第 4 行和第 5 行代码使用 for… in 循环输出 center 区域的节点编号和数据。输出结果为

$$1000 \ array([0.0000, -76.4555], 'd')$$

4.3.4.2　写入场输出数据

FieldOutput 对象中包含大量的数据（例如，单元每个积分点的应力张量），而且每个数据都有位置（location）、类型（type）和值（value）等属性。编写脚本向 Frame 对象中添加场输出数据之前，必须首先调用 FieldOutput() 构造函数创建 FieldOutput 对象，然后调用 addData() 方法添加数据。例如

```
1    #创建部件和部件实例
2    part1 = odb. Part(name = 'part-1', embeddedSpace = THREE_D, type = DEFORMABLE_BODY)
3    a = odb. rootAssembly
4    instance1 = a. Instance(name = 'part-1-1', object = part1)
5    #写入节点位移
6    uField = frame1. FieldOutput(name = 'U', description = 'Displacements', type = VECTOR)
7    #创建节点编号
8    nodeLabelData = (1,2,3,4,5,6)
9    #下列 6 个集合分别表示 6 个节点的数据
10   dispData = ((1,2,3),(4,5,6),(7,8,9),(10,11,12),(13,14,15),(16,17,18))
11   #使用节点编号和节点数据向 FieldOutput 对象中添加节点信息
```

```
12    uField. addData( position = NODAL,instance = instance1,
13        labels = nodeLabelData,data = dispData)
14    #设置 uField 为默认的变形场变量
15    step1. setDefaultDeformedField( uField)
```

再如，下列代码将调用 addData( )方法向 FieldOutput 对象中添加单元数据：

```
1     #向顶部/底部截面点写入应力张量。定义的单元 S4 包含 4 个积分点，
2     #每个单元有 4 个应力张量。调用 addData 方法时,Abaqus 每次只创建 1 层截面点
3     elementLabelData = (1,2)
4     topData = ( ( 1. ,2. ,3. ,4. ),( 1. ,2. ,3. ,4. ),( 1. ,2. ,3. ,4. ),( 1. ,2. ,3. ,4. ),
5        ( 1. ,2. ,3. ,4. ),( 1. ,2. ,3. ,4. ),( 1. ,2. ,3. ,4. ),( 1. ,2. ,3. ,4. ),)
6     bottomData = ( ( 1. ,2. ,3. ,4. ),( 1. ,2. ,3. ,4. ),( 1. ,2. ,3. ,4. ),( 1. ,2. ,3. ,4. ),
7        ( 1. ,2. ,3. ,4. ),( 1. ,2. ,3. ,4. ),( 1. ,2. ,3. ,4. ),( 1. ,2. ,3. ,4. ),)
8     transform = ( ( 1. ,0. ,0. ),( 0. ,1. ,0. ),( 0. ,0. ,1. ) )
9     sField = frame1. FieldOutput( name = ' S ',description = ' Stress ',type = TENSOR_3D_PLANAR,
10       componentLabels = ( ' S11 ',' S22 ',' S33 ',' S12 ' ),validInvariants = ( MISES, ) )
11    sField. addData( position = INTEGRATION_POINT,sectionPoint = spTop,instance = instance1,
12       labels = elementLabelData,data = topData,localCoordSystem = transform)
13    sField. addData( position = INTEGRATION_POINT,sectionPoint = spBot,instance = instance1,
14       labels = elementLabelData,data = bottomData,localCoordSystem = transform)
15    #设置 sField 为默认的显示场变量
16    step1. setDefaultField( sField)
```

4.3.5　读取（写入）历史输出数据

本节将介绍从输出数据库中读取历史输出数据或向输出数据库中写入历史输出数据的各种命令。

4.3.5.1　读取历史输出数据

一般情况下，历史输出只对某个点或模型的一小部分区域输出计算结果（例如，能量）。历史输出区域可以是 1 个节点、1 个积分点、1 个区域或 1 个材料点，而不允许对多个点进行历史输出。

图 4-7 已经介绍过历史输出对象模型。场输出与帧有关，而历史输出则与分析步有关。历史输出数据存储在 OdbStep 对象的 historyRegions 库中。Abaqus 允许为 historyRegions 库创建表示区域的关键字。例如

```
' Node PART-1-1. 1000 '
' Element PART-1-1. 2 Int Point 1 '
' Assembly rootAssembly '
```

所有与历史输出相关的点都保存在历史输出区域（HistoryRegion）对象，HistoryRegion 对象包含多个历史输出（HistoryOutput）对象，而每个 HistoryOutput 对象又是（frameValue，value）组成的序列。对于时域分析（domain = TIME）、频域分析（domain = FREQUENCY）和模态域分析（domain = MODAL），序列分别是由（stepTime,value）、（frequency,value）和（mode,value）组成的元组。

在 Visualization 模块显示分析结果时，一般需要输出刚体参考点（节点号 1000）的 U（位移）、V（速度）和 A（加速度），以及角部单元（corner element）的 MISES（Mises 应力）、LE22（对数应变分量）和 S22（应力分量）。

viewer_tutorial. odb 中与刚体参考点和角部单元积分点相关的 HistoryRegion 对象包括：Node PART-1-1. 1000、Element PART-1-1. 1 Int Point 1、Element PART-1-1. 1 Int Point 2、Element PART-1-1. 1 Int Point 3 和 Element PART-1-1. 1 Int Point 4。

例如，下列代码将首先读入输出数据库文件，并将第 2 个分析步的历史输出数据 U2 写入 ASCII 文件。

```
1    from odbAccess import *
2    odb = openOdb( path = 'viewer_tutorial. odb')
3    step2 = odb. steps['Step-2']
4    region = step2. historyRegions['Node PART-1-1. 1000']
5    u2Data = region. historyOutputs['U2']. data
6    dispFile = open('disp. dat','w')
7    for time,u2Disp in u2Data:
8        dispFile. write('%10.4E    %10.4E\n' % (time,u2Disp))
9    dispFile. close()
```

- 第 4 行代码将分析步 2 中刚体参考点'Node PART-1-1. 1000 定义为历史输出区域，并赋值给变量 region。
- 第 6 行代码以写入方式打开新文件 disp. dat，并赋值给变量 dispFile。
- 第 7 行和第 8 行代码使用 for... in 循环语句，按照指定格式输出数据对（时间,U2 方向位移）。
- 第 9 行代码调用 close() 方法关闭文件 dispFile。

4.3.5.2　写入历史输出数据

写入历史输出数据与读取历史输出数据是方向相反的两个过程。写入历史输出数据时历史输出区域并不存在，因此，必须调用构造函数创建历史输出区域对象。例如，下列命令调用 HistoryPoint 构造函数创建点对象。

```
point1 = HistoryPoint( element = instance1. elements[0])
```

然后，调用 HistoryRegion 构造函数创建 HistoryRegion 对象。命令如下：

```
step1 = odb. Step( name = 'step-1', description = '', domain = TIME, timePeriod = 1.0)
h1 = step1. HistoryRegion( name = 'my history', description = 'my stuff', point = point1)
step2 = odb. Step( name = 'step-2', description = '', domain = TIME, timePeriod = 1.0)
h2 = step2. HistoryRegion( name = 'my history', description = 'my stuff', point = point1)
```

创建完 HistoryRegion 对象后，可以调用 HistoryOutput 构造函数添加数据。例如

```
h1_u1 = h1. HistoryOutput( name = 'U1', description = 'Displacement', type = SCALAR)
h1_rf1 = h1. HistoryOutput( name = 'RF1', description = 'Reaction Force', type = SCALAR)
h2_u1 = h2. HistoryOutput( name = 'U1', description = 'Displacement', type = SCALAR)
h2_rf1 = h2. HistoryOutput( name = 'RF1', description = 'Reaction Force', type = SCALAR)
```

每个 HistoryOutput 对象都是由（frameValue, value）组成的序列，可以调用 addData() 函数向其中添加数据。对于时域分析（domain = TIME）、频域分析（domain = FREQUENCY）和模态域分析（domain = MODAL），序列分别是由（stepTime, value）、（frequency, value）和（mode, value）组成的元组。

需要注意的是，添加数据时数据要一一对应。例如

```
1    #向分析步 1 中添加数据对
2    timeData = (0.0,0.1,0.3,1.0)
3    u1Data = (0.0,0.0004,0.0067,0.0514)
4    rf1Data = (27.456,32.555,8.967,41.222)
5    h1_u1.addData(frameValue = timeData,value = u1Data)
6    h1_rf1.addData(frameValue = timeData,value = rf1Data)
7    #向分析步 2 中添加数据对
8    timeData = (1.2,1.9,3.0,4.0)
9    u1Data = (0.8,0.9,1.3,1.5)
10   rf1Data = (0.9,1.1,1.3,1.5)
11   h2_u1.addData(frameValue = timeData,value = u1Data)
12   h2_rf1.addData(frameValue = timeData,value = rf1Data)
```

- 第 2 行代码定义了 4 个时间值，即 0.0、0.1、0.3 和 1.0，并赋值给变量 timeData。第 3 行代码创建了 4 个位移值，即 0.0、0.0004、0.0067 和 0.0514，并赋值给变量 u1Data，该变量的 4 个位移值与第 2 行代码的 4 个时间值对应，构成数据对（0.0, 0.0）、（0.1,0.0004）、（0.3,0.0067）和（1.0,0.0514）。
- 第 4 行代码创建了 4 个支座反力值，即 27.456、32.555、8.967 和 41.222，并赋值给变量 rf1Data。该变量的 4 个支座反力值也与第 2 行代码的 4 个时间值对应，构成数据对（0.0,27.456）、（0.1,32.555）、（0.3,8.967）和（1.0,41.222）。
- 第 5 行和第 6 行代码调用 addData() 方法分别向 h1_u1 和 h1_rf1 中添加数据对（时间, u1）和（时间,u2）。
- 第 8 ~ 12 行代码与刚才介绍的命令类似，此处不再赘述。

4.3.6　设置默认的显示变量

Abaqus/Viewer 使用默认设置来显示场变量（例如，应力）的等值线图和变形图。在默认情况下，场变量显示为 Mises 应力"S"，变形后场变量显示为位移"U"。Abaqus 不允许使用应力不变量或某个分量（例如，"U1"）作为默认的变形后场变量。默认的显示变量设置适用于分析步的所有帧。例如，下列命令选择位移"U"作为某个分析步场变量和变形后场变量的默认设置：

```
1    field = odb.steps['impact'].frames[1].fieldOutputs['U']
2    odb.steps['impact'].setDefaultField(field)
3    odb.steps['impact'].setDefaultDeformedField(field)
```

- 第 1 行代码将场输出变量"U"赋值给变量 field。
- 第 2 行代码调用 setDefaultField() 方法设置场输出的默认值为 field，即"U"。

- 第 3 行代码调用 setDefaultDeformedField( )方法设置默认的变形后场输出也为 field，即"U"。

根据需要，也可以为不同分析步设置默认的场变量输出和变形后场变量输出。此时，需要使用循环语句对分析步进行循环。命令如下：

```
for step in odb. steps. values( ):
    step. setDefaultField(field)
```

☞ **提示**：输出数据库和模型数据库的异常处理方法相同。但是，访问输出数据库时抛出的异常类型为 OdbError。

4.4　计算 Abaqus 的分析结果

Abaqus/Viewer 中提供了各种对分析结果进行后处理的功能，包括绘制等值线图、切片、动画、X-Y 图等。但是，当通常希望获取某个分析步某帧的分析结果，或获取最危险应力、最大变形，或获取某个量在不同分析步的增量等，Abaqus/Viewer 功能模块默认的功能就无法满足要求了。此时，需要使用 Abaqus 脚本接口进行开发，实现对输出数据库中的结果数据进行各种运算。

本节将介绍对 Abaqus/CAE 分析结果数据进行计算的相关内容，包括：数学运算规则、有效的数学运算、包络计算和结果转换。

4.4.1　数学运算规则

FieldOutput 对象、FieldValue 对象和 HistoryOutput 对象都支持数学运算。数学运算允许对 Abaqus 分析结果进行线性叠加或其他推导计算。表 4-1 列出了有效的数学运算符号及其返回值。

表 4-1　有效的数学运算符号及其返回值

符　号	运　算	返回值	符　号	运　算	返回值
all + float	加	all	cos(all)	求余弦	all
FO + FO	加	FO	degreeToRadian(all)	将度转换为弧度	all
FV + FV	加	FV	exp(all)	自然指数	all
HO + HO	加	HO	exp10(all)	以 10 为基底的指数	all
– all	相反数	all	log(all)	自然对数	all
all-float	减	all	log10(all)	以 10 为基底的对数	all
FO-FO	减	FO	float * * float	幂	all
FV-FV	减	FV	power(FO, float)	幂	FO
HO + HO	减	HO	power(FV, float)	幂	FV
all * float	乘	all	power(HO, float)	幂	HO
all/float	除	all	radianToDegree(all)	将弧度转换为角度	all
abs(all)	绝对值	all	sin(all)	正弦	all
acos(all)	反余弦	all	sqrt(all)	平方根	all
asin(all)	反正弦	all	tan(all)	正切	all
atan(all)	反正切	all			

下面详细介绍数学运算的规则：

1）允许对张量分量或向量进行数学运算。例如，stress1 + stress2。

2）可以根据分量来计算不变量。

3）不支持 FieldOutput 对象与 HistoryOutput 对象、FieldValue 对象和 HistoryOutput 对象之间进行数学运算。

4）不支持两个向量对象、两个张量对象之间的乘法和除法运算。

5）数学运算表达式中的数据类型必须相容。

① 向量和张量不支持求和运算。例如，stress + disp。

② 三维表面张量（surface tensor）和三维平面张量（planar tensor）不支持求和运算。

③ 积分点（INTEGRATION_POINT）的结果数据不能与单元节点（ELEMENT_NODAL）的结果数据进行求和、求差等运算。

6）如果通过 getSubset( )方法获取数学运算表达式中的场变量，则必须使用 getSubset( )方法按照相同顺序获取每个场变量。

7）三角函数中各参数的单位是弧度。

8）如果建立了局部坐标系，张量的数学运算基于局部坐标系；否则，则基于整体坐标系。

9）如果 FieldValue 对象中的数据类型均相同，则允许对模型中不同位置的 FieldValue 对象进行数学运算；如果 FieldValue 对象的位置不同，则计算得到的 FieldValue 对象值与位置无关。如果参加运算的 FieldValue 对象采用不同的局部坐标系，计算时就不再考虑局部坐标系的影响，因此，计算得到的 fieldValue 对象没有基于任何局部坐标系。

10）不支持共轭数据（例如，复数分析结果的虚部）的数学运算。

一般情况下，计算场变量（FieldOutput）对象的效率比计算场变量值（FieldValue object）对象的效率高。按照下列步骤可以保存计算得到的 FieldOutput 对象：

① 在输出数据库中创建 FieldOutput 对象。

② 调用 addData( )方法向 FieldOutput 对象中添加计算得到的场变量对象。

更详细的介绍，请参见第 4.5.2 节"读取场输出数据"。

4.4.2　有效的数学运算

本小节将介绍输出数据库支持的有效数学运算。表 4-2 给出了数学运算中用到的缩略语。

表 4-2　数学运算中用到的缩略语

缩　略　语	允　许　值
all	FieldOutput 对象、FieldValue 对象、HistoryVariable 对象、浮点型数值
float	浮点型数值
FO	FieldOutput 对象
FV	FieldValue 对象
HO	HistoryOutput 对象

下面通过一个实例来介绍编写脚本对分析结果进行数学运算的用法。代码如下：

```
1   from odbAccess import *
2   odb = session. openOdb( r ' d:\smith\data\axle. odb ')
3   crushStep = odb. steps[' Crush ']
4   endPoint = crushStep. historyRegions[' end point ']
5   mag = 0
6   componentLabels = (' U1 ',' U2 ',' U3 ')
7   for label in componentLabels:
8       mag = mag + power( endPoint. historyOutput[ label ] ,2. )
9   mag = sqrt( mag )
```

- 本段代码的功能是求端点 endPoint 的合位移 U（使用变量 mag 表示）。由力学知识可知，直角坐标系下空间点的合位移为 $U = \sqrt{U1^2 + U2^2 + U3^2}$。其中，$U1$、$U2$ 和 $U3$ 分别表示 X、Y 和 Z 方向的位移分量。
- 第 1 ~ 4 行代码将输出数据库 axle. odb 中分析步 Crush 的历史输出区域 end point 赋值给变量 endPoint。其中，end point 为只包含 1 个节点的节点集。
- 第 5 行代码设置合位移的初始值为 0。
- 第 6 行代码将 3 个方向的位移标识符 U1、U2 和 U3 赋值给变量 componentLabels。
- 第 7 行和第 8 行代码对 componentLabels 中的 3 个元素进行循环，求和得到 mag 的值为 $U1^2 + U2^2 + U3^2$。
- 第 9 行代码则对 mag 求平方根，得到合位移 U。注意：本行代码出现了两个 mag，但是含义却完全不同：第 1 个 mag 表示合位移 U，第 2 个 mag 指的是第 8 行代码中的 mag。

4.4.3　包络计算

包络计算（envelope calculations）一般用于从众多场变量数据中查找极大值或极小值，对从多工况或多分析步中搜索极值非常有帮助。Abaqus 脚本接口中提供了两个包络计算命令，分别是 maxEnvelope(…) 和 minEnvelope(…)。更详细的介绍，请参见 SIMULIA 帮助文档 *SIMULIA User Assistance 2018*→"Abaqus"→"Scripting"→"Accessing an Output Database"→"Using the Abaqus Scripting Interface to access an output database"→"Computations with Abaqus results"→"Envelope calculations"。

下列 Envelope 命令均表示对由多个场变量组成的列表进行包络计算。

```
1   ( env,lcIndex) = maxEnvelope( [ field1 ,field2 ,... ] )
2   ( env,lcIndex) = minEnvelope( [ field1 ,field2 ,... ] )

4   ( env,lcIndex) = maxEnvelope( [ field1 ,field2 ,... ] ,invariant )
5   ( env,lcIndex) = minEnvelope( [ field1 ,field2 ,... ] ,invariant )

7   ( env,lcIndex) = maxEnvelope( [ field1 ,field2 ,... ] ,componentLabel )
8   ( env,lcIndex) = minEnvelope( [ field1 ,field2 ,... ] ,componentLabel )
```

说明：

1）Envelope 命令将返回 env 和 lcIndex 两个 FieldOutput 对象：

① env 对象表示搜索到的极值。

② lcIndex 对象表示与搜索到极值对应的场变量索引号。

2）invariant 和 componentLabel 都是可选参数。如果从向量或张量中搜索极值，则必须使用符号常数（SymbolicConstant）指定这两个可选参数。Invariant 参数的可能取值包括 MAGNITUDE、MISES、TRESCA、PRESS、INV3、MAX _ PRINCIPAL、MID _ PRINCIPAL、MIN _ PRINCIPAL，而 componentLabel 参数的取值为字符串类型的数据。

上述 Envelope 命令的含义如下：

- 第 1 行和第 2 行代码将分别调用 maxEnvelope 和 minEnvelope 方法搜索变量列表 [field1,field2,…] 中的极大值和极小值。
- 第 4 行和第 5 行代码将分别调用 maxEnvelope 和 minEnvelope 方法提搜索量列表 [field1,field2,…] 中的极大值和极小值，可选参数 invariant 表示比较对象是向量或张量。
- 第 7 行和第 8 行代码将分别调用 maxEnvelope 和 minEnvelope 方法搜索变量列表 [field1,field2,…] 中的极大值和极小值，可选参数 componentLabel 表示比较对象是向量或张量。

包络计算应满足下列规定：

1）搜索极大值和极小值时，Abaqus 使用标量对列表中的各个数据进行比较。如果搜索对象是向量或张量，则必须给定不变量参数 invariant 或某个分量编号 componentLabel。例如，从向量中搜索极值时可以提供 MAGNITUDE 不变量；从张量中搜索极值时，可以提供 MISES 不变量。

2）比较列表中所有场变量的数据类型必须相同。

① 同一个场变量列表中不允许同时出现 VECTOR 和 TENSOR_3D_FULL。原因是它们的类型不相容，无法进行比较。

② 搜索列表中所有场变量都必须是同一输出区域的结果数据。即 field1、field2 等场变量结果数据可以是整个模型的数据，也可以是某个集合的结果数据。

4.4.4 结果转换

如果场变量为向量或张量，Abaqus 脚本接口支持在直角坐标系、柱坐标系和球坐标系之间进行结果转换。这些坐标系既可以是固定坐标系，也可是随模型变化的坐标系（用于确定节点位置和方位）。Abaqus 使用变形后的坐标来确定随模型变化坐标系的原点和方位，对该坐标系进行结果转换可以解决结构的大变形问题。

编写脚本进行计算结果转换的步骤如下：

1）建立适当的坐标系。

2）从数据库中提取场变量的结果数据。

3）调用 getTransformedField( )方法获取指定坐标系下的计算结果。

4）如果结构分析属于大变形问题，则必须提取各帧的位移场变量。因此，分析时必须输出整个模型的位移场变量。

关于在不同坐标系下进行结果转换的实例，请参见 SIMULIA 帮助文档 *SIMULIA User Assistance 2018*→"Abaqus"→"Scripting"→"Accessing an Output Database"→"Using the Abaqus Scripting Interface to access an output database"→"Computations with Abaqus results"→"Transformation of field results"。

在不同坐标系下进行结果转换时，应该满足下列规定：

1）梁单元、桁架单元和轴对称壳单元不支持对分析结果进行转换。

2）对结果数据进行转换时，1、2、3 方向分别与直角坐标系的 X、Y、Z 方向对应，与柱坐标系下的 R、θ 和 Z 对应、与球坐标系下的 R、θ 和 φ 对应。

> ☞ **提示**：如果将三维连续单元的应力结果转换为柱坐标系，将产生与坐标轴方向一致的环向应力 S22，导致与三维轴对称单元的应力状态（存在环向应力 S33）不一致。

3）对张量分析结果进行转换时，将始终考虑位置（position）或积分点（integration point）的变形。坐标系的位置与模型有关：

① 如果系统（system）固定，则坐标系固定。

② 如果系统随模型变化，则必须提供位移场变量来确定坐标系的瞬时位置和方位。

4）在单元分析结果的位置，Abaqus 将绕单元法向（场变量当前帧的法向，不允许重新定义）对壳、膜和平面单元的张量结果进行转换。如果希望使用变形后节点位置对结果进行转换，可以指定可选参数。对于直角坐标系、柱坐标系和球坐标系，结果转换的第 2 个分量方向通过下列方法确定：直角坐标系的 Y 轴；柱坐标系下的 θ 轴；球坐标系下的 θ 轴；自定义基准轴投影到单元面上的轴。

如果投影坐标系和单元法向之间的夹角小于指定容许值（默认值为 30），Abaqus 将使用下一个坐标轴作为第 2 个分量的方向，并给出警告信息。

4.5　开发实例

前面几节详细介绍了从（向）输出数据库中读取（写入）数据的各个命令，掌握了这些，相信读者肯定跃跃欲试了！

本节将前面介绍的命令"串"起来，通过 7 个开发实例展示访问输出数据库时最常用的功能，让读者深刻体会到 Abaqus 脚本接口的强大。这 7 个实例分别是：读取节点信息和单元信息、读取场输出数据、创建输出数据库并添加数据、查找 Mises 应力的最大值、计算位移增量和应力增量、计算平均应力。

4.5.1　读取节点信息和单元信息

【实例 4-1】　输出节点编号、节点坐标、单元编号、单元类型等信息。

本实例将介绍编写脚本打开输出数据库（见资源包中的 chapter 4\viewer_tutorial. odb），输出所有的节点信息（节点编号和节点坐标）和单元信息（单元编号、单元类型、节点个数、单元链接信息）。

【编程思路】

编写脚本时，应该按照下列步骤进行：

1）写注释行，给出脚本的相关信息。

2）导入相应模块。本实例将访问输出数据库，因此，需要导入 odbAccess 模块。

3）使用 openOdb 命令打开输出数据库。

4）由于节点信息和单元信息属于模型数据，因此需要访问根装配对象 rootAssembly。

5）使用循环语句对所需对象进行循环，输出所有节点信息和单元信息。

源代码文件（见资源包中的 chapter 4\odb_Node_Element_Information. py）如下：

```
1    #! /user/bin/python
2    #- * -coding:UTF-8- * -
3    #本脚本的功能是提取节点信息和单元信息

5    #导入模块 odbAccess 后才可以访问输出数据库中的对象
6    from odbAccess import *

8    #打开输出数据库
9    odb = openOdb( path = ' viewer_tutorial. odb ')

11   #访问根装配
12   assembly = odb. rootAssembly

14   #对于根装配中的每个部件实例,执行下列命令:
15   numNodes = numElements = 0

17   for name, instance in assembly. instances. items( ) :
18       n = len( instance. nodes)
19       print ' Number of nodes in an assembly instance % s:% d ' % ( name, n)
20       numNodes = numNodes + n
21       print
22       print ' Node coordinates '

24       #对部件实例中的每个节点,输出节点编号和节点坐标
25       #对于三维部件,节点坐标分别是 X、Y 和 Z;二维部件,节点坐标只有 X 和 Y
26       if instance. embeddedSpace == THREE_D:
27           print '    X          Y          Z'
28           for node in instance. nodes:
29               print node. coordinates
30       else:
31           print '    X          Y'
32           for node in instance. nodes:
33               print node. label, node. coordinates
34
```

```
35          #对于每个部件实例中的单元,输出单元编号、单元类型、节点数和单元链接
36          n = len( instance. elements)
37          print 'Number of elements of an assembly instance ', name, ':', n
38          numElements = numElements + n
39          print 'Element connectivity '
40          print 'Number        Type              Connectivity '
41          for element in instance. elements:
42              print '% 5d % 8s ' % ( element. label, element. type) ,
43              for nodeNum in element. connectivity:
44                  print '% 4d ' % nodeNum,
45                  print
46      print
47      print 'Number of part instances: :', len( assembly. instances)
48      print 'Total elements:', numElements
49      print 'Total nodes:', numNodes
50      odb. close
```

- 第 9 行代码将打开输出数据库 viewer_tutorial. odb。为方便起见，笔者将 viewer_tutorial. odb 和实例脚本都保存在 Abaqus/CAE 的工作目录下（笔者的工作目录为 C:\temp\）。如果 viewer_tutorial. odb 没有放在工作目录下，则必须给出文件的绝对路径（例如，d:\John\work\viewer_tutorial. odb）。

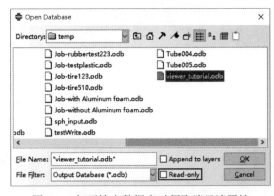

- 默认情况下，在 Abaqus/CAE 中以只读属性打开输出数据库文件，如图 4-8 所示，编写脚本访问输出数据库时必须把只读属性去掉（即取消选中【Read-only】复选框），否则将出现警告信息。

图 4-8　打开输出数据库时须取消只读属性

- 脚本文件中已经给出尽可能多的注释行来说明各段代码的功能，此处不再赘述。在 Abaqus/CAE 的【File】菜单下，选择【Run Script】命令运行该脚本，信息提示区将列出所有的节点信息和单元信息，如图 4-9 所示。

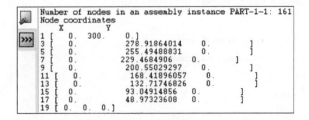

图 4-9　运行 odb_Node_Element_Information. py 后的部分输出信息

4.5.2　读取场输出数据

【实例 4-2】　输出指定区域的位移信息。

本实例将编写脚本打开输出数据库 viewer_tutorial. odb，并输出半球形冲头中心点的位移信息等。

【编程思路】

编写脚本时，应该按照下列步骤进行：

1）写注释行，给出脚本的相关信息。

2）导入相应模块 odbAccess。

3）本实例的目的是读取场输出数据 U，因此，必须访问输出数据库中的结果数据，只与分析步和帧有关。

4）编写脚本命令，依次创建多个变量来分别表示不同对象。

> ☞　提示：初学者可能有些困惑，创建对象的顺序究竟怎样才算最合理呢？Abaqus 脚本接口约定，对于同一缩进层次的脚本命令，其先后顺序没有特别规定。为了使脚本更加易读和可移植，笔者推荐的方法是"顺序法"，即按照访问对象的顺序依次创建对象。例如，本实例将要访问"输出数据库→分析步 1→最后一帧→节点集→位移 U"。因此，应该按照下列顺序创建变量：
> ①　创建变量表示 odb 对象，即打开输出数据库。
> ②　创建变量表示第 1 个分析步。
> ③　创建变量表示第 1 个分析步最后 1 帧。
> ④　创建变量表示节点集。
> ⑤　创建变量表示访问第 1 个分析步最后 1 帧的位移 U。

5）输出场变量结果。

本实例的脚本源代码（见资源包中的 chapter 4\odb_Read_Punch. py）如下：

```
1    #! /user/bin/python
2    #- * -coding:UTF-8- * -
3    #本脚本的功能是读取输出数据库 viewer_tutorial. odb 中半球形冲头中心点的位移值

5    from odbAccess import *
6    odb = openOdb( path =' viewer_tutorial. odb ')
7    # 创建变量表示第 1 个分析步
8    step1 = odb. steps[' Step-1 ']

10   #创建变量表示第 1 个分析步的最后 1 帧
11   lastFrame = step1. frames[ - 1 ]

13   #创建变量表示半球冲头中心施加荷载的节点集' PUNCH ',它属于部件实例 PART-1-1
14   center = odb. rootAssembly. instances[' PART-1-1 ']. nodeSets[' PUNCH ']
```

```
16      #创建变量表示第 1 个分析步最后 1 帧的位移 U
17      displacement = lastFrame. fieldOutputs['U']

19      #创建变量表示第 1 个分析步最后 1 帧节点集 Punch 的位移
20      centerDisplacement = displacement. getSubset(region = center)

22      #输出节点集中每个节点的场输出结果(本例只包含 1 个节点)
23      for v in centerDisplacement. values：
24          print 'Position：    ',v. position
25          print 'Type：        ',v. type
26          print 'Node label：',v. nodeLabel
27          print 'Displacement in X direction：',v. data[0]
28          print 'Displacement in Y direction：',v. data[1]
29          print 'Displacement：',v. magnitudee

31      #关闭输出数据库文件
32      odb. close()
```

脚本文件中已经给出尽可能多的注释行，此处不再赘述。运行脚本后，Abaqus/CAE 的信息提示区将输出如图 4-10 所示的信息。

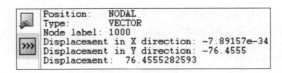

图 4-10　运行 odb_Read_Punch. py 后的输出信息

4.5.3　创建输出数据库并添加数据

【实例 4-3】　创建 ODB 并添加模型数据、场数据和历史数据。

本实例将编写脚本创建输出数据库，并向其中添加模型数据、场数据和历史数据，然后在 Visualization 模块中显示位移场变量的计算结果，最后保存该输出数据库文件。

【编程思路】

编写脚本时，应该按照下列顺序进行：

1）写注释行，给出脚本开发的相关信息（开发人员、开发时间、脚本功能、函数和变量的说明等）。

2）导入相应模块。由于本实例将创建输出数据库，并向其中添加数据，因此，应该导入下列模块：odbAccess、odbMaterial、odbSection 和 abaqusConstants。

3）创建输出数据库时，数据库中不包含任何对象，因此，必须调用各种构造函数创建对象。一般情况下，需要创建下列对象：材料属性（Material 模块）和截面（Section 模块）、部件实例（Assembly 模块）、分析步和帧（Step 模块）、节点和单元（Mesh 模块）。

4）向输出数据库中添加场数据或历史数据。本实例只向输出数据库中添加了节点位移，实际编程时读者可根据需要添加其他数据。

5）设置 Visualization 模块中的默认场输出。

6）创建输出数据库后，还应该调用 save（）方法保存数据库文件。输出数据库文件访问完毕，调用 close（）方法关闭文件。

本实例的脚本源代码见资源包中的 chapter 4\odb_Create_ODB. py）如下：

```
1    #!/user/bin/python
2    #-*-coding:UTF-8-*-
3    #本脚本的功能是创建输出数据库,添加模型数据和场数据
4    #并将场数据作为默认的变形输出变量

6    from odbAccess import *
7    from odbMaterial import *
8    from odbSection import *
9    from abaqusConstants import *

11   #创建输出数据库 ODB,同时创建根装配 rootAssembly
12   odb = Odb(name = 'simpleModel', analysisTitle = 'ODB created with API',
13       description = 'example illustrating API', path = 'odb_Create_ODB. odb')

15   #创建材料
16   materialName = "Elastic Material "
17   material_1 = odb. Material(name = materialName)
18   material_1. Elastic(type = ISOTROPIC, temperatureDependency = OFF,
19       dependencies = 0, noCompression = OFF, noTension = OFF,
20       moduli = LONG_TERM, table = ((12000,0. 3),))

22   #创建截面
23   sectionName = 'Homogeneous Shell Section '
24   section_1 = odb. HomogeneousShellSection(name = sectionName,
25       material = materialName, thickness = 2. 0)

27   #下面将定义模型数据
28   #设置截面分类
29   sCat = odb. SectionCategory(name = 'S5 ', description = 'Five - Layered Shell ')
30   spBot = sCat. SectionPoint(number = 1, description = 'Bottom ')
31   spMid = sCat. SectionPoint(number = 3, description = 'Middle ')
32   spTop = sCat. SectionPoint(number = 5, description = 'Top ')

34   #创建只包含 2 个单元的壳模型,包括 4 个积分点和 5 个截面点
35   part1 = odb. Part(name = 'part-1 ', embeddedSpace = THREE_D, type = DEFORMABLE_BODY)

37   nodeData = ((1,1,0,0),(2,2,0,0),(3,2,1,0. 1),(4,1,1,0. 1),(5,2,-1,-0. 1),
         (6,1,-1,-0. 1),)
```

```
38    part1. addNodes( nodeData = nodeData, nodeSetName = 'nset-1')

40    elementData = ((1,1,2,3,4),(2,6,5,2,1),)
41    part1. addElements( elementData = elementData, type = 'S4',
42        elementSetName = 'eset-1', sectionCategory = sCat)

44    #创建部件实例
45    instance1 = odb. rootAssembly. Instance( name = 'part-1-1', object = part1)

47    #为了便于分配截面,创建部件实例层次的集合
48    elLabels = (1,2)
49    elset_1 = odb. rootAssembly. instances['part-1-1'].\
50        ElementSetFromElementLabels( name = materialName, elementLabels = elLabels)
51    instance1. assignSection( region = elset_1, section = section_1)

53    #下面将定义场数据
54    #创建分析步和帧
55    step1 = odb. Step( name = 'step-1', description = 'first step', domain = TIME, timePeriod = 1. 0)
56    analysisTime = 0. 1
57    frame1 = step1. Frame( incrementNumber = 1, frameValue = analysisTime,
58        description = 'results frame for time ' + str( analysisTime))

60    #写入节点位移
61    uField = frame1. FieldOutput( name = 'U', description = 'Displacements', type = VECTOR)

63    nodeLabelData = (1,2,3,4,5,6)
64    dispData = ((0. 1,0. 2,0. 3),(0. 4,0. 5,0. 6),(0. 7,0. 8,0. 9),(1. 0,1. 1,1. 2),
        (1. 3,1. 4,1. 5),(1. 6,1. 7,1. 8))

66    uField. addData( position = NODAL, instance = instance1, labels = nodeLabelData, data = dispData)

68    #设置 uField 为后处理中的默认变形场变量
69    step1. setDefaultDeformedField( uField)

71    #保存和关闭输出数据库
72    odb. save( )
73    odb. close( )
74    print 'New output database has been created successfully!'
75    print 'You can view the odb_Create_ODB. odb file in the visualization module!'
```

- 第 37 行代码创建了 6 个节点, 节点坐标分别为 (1,0,0)、(2,0,0)、(2,1,0. 1)、(1,1,0. 1)、(2,-1,-0. 1) 和 (1,-1,-0. 1)。
- 第 63 行代码创建了节点编号变量 nodeLabelData, 该变量包含第 37 行代码定义的 6

个节点。

- 第 64 行代码为 6 个节点的 18 个自由度（6 个节点 × 每个节点 3 个自由度）定义了位移值。6 个节点的位移值分别为 $(0.1, 0.2, 0.3)$、$(0.4, 0.5, 0.6)$、$(0.7, 0.8, 0.9)$、$(1.0, 1.1, 1.2)$ $(1.3, 1.4, 1.5)$ 和 $(1.6, 1.7, 1.8)$，并将其设置为默认的场输出。

在 Abaqus/CAE 的【File】菜单下，选择【Run Script】命令运行脚本，信息提示区将输出如图 4-11 所示的信息，表明输出数据库文件 odb_Create_ODB. odb 已经成功创建。此时，在 Visualization 模块中打开输出数据库文件 odb_Create_ODB. odb，单击 ![icon](Plot Contours on Deformed Shape) 按钮，显示变形后位移场变量 uField 的云图，如图 4-12 所示。

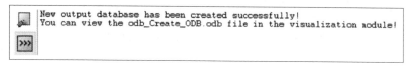

图 4-11　运行 odb_Create_ODB. py 后的输出信息

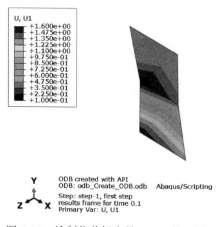

图 4-12　绘制位移场变量 uField 的云图

4.5.4　查找 Mises 应力的最大值

完成某个分析作业后，在 Visualization 模块的视图区只能够显示某个分析步某一帧的计算结果。如图 4-13 所示，显示输出数据库 viewer_tutorial. odb 中分析步 Step-3 第 259 帧的 Mises 应力分析结果。单击 ![icon](Contour Options) 按钮，将弹出如图 4-14 所示的对话框，在 Limits 标签页下可以自动搜索当前分析步当前帧的最大值和最小值，选中【Show Location】复选框，视图中将显示最大值和最小值的位置，如图 4-15 所示。

刚才介绍的显示 Mises 应力最大值方法的缺点是：只能显示某个分析步某个帧的最大值及其位置。分析实际问题时，读者更希望得到整个有限元分析的应力最大值及其位置，即得到所有分析步所有帧中 Mises 应力的最大值和出现位置。此时，必须编写脚本对所有分析步所有帧进行循环。

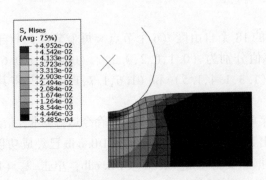

图 4-13　显示 Step-3 第 259 帧的 Mises 应力结果

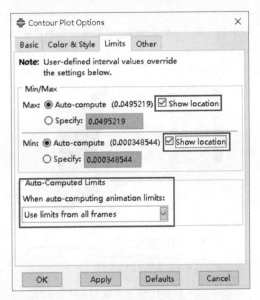

图 4-14　设置显示最大值和最小值的位置

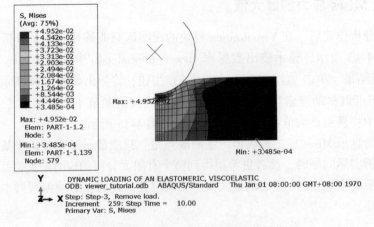

图 4-15　当前视图中最大值和最小值的位置

【实例 4-4】　搜索所有分析步、所有增量步、所有单元的最大应力。

本实例将编写脚本在所有分析步、所有增量步、所有单元中搜索 Mises 应力的最大值，在信息提示区输出最大值的位置及对应的分析时间，并在视图中显示应力最大值所在的单元。

【编程思路】

本实例必须通过迭代来搜索 Mises 应力的最大值，实现迭代过程是编写脚本的重点。编写脚本时，应该按照下列顺序进行：

1）写注释行，给出所开发脚本的相关信息。

2）导入相应模块。

3）打开输出数据库文件。

4）实现迭代过程。应该对下列内容进行迭代：

① 每个分析步。

② 每个增量步。

③ 每个单元。

可以看出，迭代过程应该包含 3 层循环，最内层循环应该对所有单元的 Mises 值进行比较；然后对每个增量步进行循环，得到同一分析步不同帧的最大 Mises 应力值；最后对所有分析步进行循环，得到所有分析步的最大 Mises 应力值。

5）对最大 Mises 应力值高亮显示，并在信息提示区中输出相应信息。

☞　提示：按照类似的方法可以搜索其他分析结果（例如，位移 U）的最大值及其位置。搜索整个模型的最大值将会花费较多时间，此时，可以搜索指定区域（例如，单元集）的最大值。

本实例的脚本源代码（见资源包中的 chapter 4\odb_MaxMises. py）如下：

```
1    #! /user/bin/python
2    #- * -coding:UTF-8- * -
3    #本脚本的功能是搜索当前视窗输出数据库文件中的最大 Mises 应力
4    #要求:视窗中必须打开某个输出数据库文件,否则,将抛出异常
5    from abaqus import *
6    from abaqusConstants import *
7    import visualization
8    import displayGroupOdbToolset as dgo

10   #对当前视窗中的输出数据库进行操作
11   vp = session. viewports[ session. currentViewportName]
12   odb = vp. displayedObject
13   if type( odb) ! = visualization. OdbType:
14       raise 'The ODB file must be displayed in the current viewport. '

16   #搜索最大 Mises 应力
```

```
17    maxValue = None
18    stressOutputExists = FALSE
19    for step in odb. steps. values( ) :
20        print 'The processing step is:', step. name
21        for frame in step. frames:
22            try:
23                stress = frame. fieldOutputs['S']
24                stressOutputExists = TRUE
25            exceptKeyError:# 跳过不包含应力输出的帧
26                continue
27            for stressValue in stress. values:
28                if( not maxValue or
29                        stressValue. mises > maxValue. mises) :
30                    maxValue = stressValue
31                    maxStep, maxFrame = step, frame

33    #如果 ODB 文件中没有输出应力结果,则抛出异常
34    if not stressOutputExists:
35        raise 'The ODB file does not contain the output of stress results.'

37    #输出最大 Mises 应力的详细信息
38    print 'The maximum Mises stress % E found is at:' % maxValue. mises
39    print 'Step:                  ', maxStep. name
40    print 'Frame:                 ', maxFrame. frameId
41    print 'Part instance:     ', maxValue. instance. name
42    print 'Element label:     ', maxValue. elementLabel
43    print 'Section points:    ', maxValue. sectionPoint
44    print 'Integration points:', maxValue. integrationPoint

46    #对最大 Mises 应力所在的单元设置红色进行高亮显示
47    leaf = dgo. Leaf( ALL_SURFACES)
48    vp. odbDisplay. displayGroup. remove( leaf)
49    leaf = dgo. LeafFromElementLabels( partInstanceName = maxValue. instance. name,
50        elementLabels = ( maxValue. elementLabel, ) )
51    vp. setColor( leaf = leaf, fillColor = 'Red')
52    vp. odbDisplay. commonOptions. setValues( renderStyle = FILLED,
53        elementShrink = ON, elementShrinkFactor = 0. 15)
54    vp. odbDisplay. display. setValues( plotState = ( UNDEFORMED, ) )
```

- 第 11 行和第 12 行代码将当前视窗中的 odb 对象赋值给变量 odb。
- 第 13 行和第 14 行代码判断当前视窗是否显示 odb 对象。如果没有显示 odb 对象,则抛出异常,说明当前视窗中必须显示 ODB 文件。
- 第 16 ~ 31 行使用 3 层循环语句迭代,对所有分析步、所有帧和所有 Mises 应力进行搜

索，获取最大 Mises 应力值。

- 为了更加直观地显示最大 Mises 应力所在的单元，第 52 行代码将所有单元都缩小 15%。
本实例能够对当前视窗中任意输出数据库进行搜索，并获取最大值及其位置。如果当前
视窗中没有显示任何 ODB 文件，运行该脚本时将抛出异常，如图 4-16 所示。

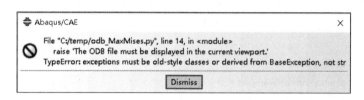

图 4-16　视窗中未显示 ODB 文件时抛出的异常

　　假设当前视窗中显示 viewer_tutorial.odb，在【File】菜单下选择【Run Script】命令，
运行脚本 odb_MaxMises.py 后，信息提示区将输出如图 4-17 所示的信息。视窗中高亮显示
最大 Mises 应力所在的单元，如图 4-18 所示。

图 4-17　信息提示区输出最大 Mises 应力的信息　　图 4-18　高亮显示最大 Mises 应力所在的单元

4.5.5　计算位移增量和应力增量

【实例 4-5】　访问输出数据库并对分析结果进行数学运算。

　　本实例将编写脚本读取输出数据库 viewer_tutoria.odb 中的结果数据，并对其进行操作
（求和、求差运算等），然后显示操作后的结果。

viewer_tutoria.odb 中包含 3 个分析步 Step-1、Step-2 和 Step-3。

【编程思路】

编写脚本时，应该按照下列顺序进行：

1）写注释行，给出脚本开发的相关信息（开发人员、开发时间、脚本功能、函数和变
量的说明等）。

2）导入相关模块。

3）创建新视窗对象，便于将计算的结果进行显示。

4）打开输出数据库。

5）获取 Step-1 和 Step-2 结束时刻（最后 1 帧）的位移增量和应力增量。

6）在新视窗中显示 deltaDisplacement 和 deltaStress。

7）获取 Step-1 和 Step-2 结束时刻（最后 1 帧）的位移增量和应力增量。

本实例的脚本源代码（见资源包中的 chapter 4\odbExample. py）如下：

```python
1    #! /user/bin/python
2    #- * -coding:UTF-8- * -
3    '''
4    本脚本的功能是打开输出数据库文件,将不同分析步最后 1 帧的计算
5    结果进行求差运算,并绘制计算结果的云图
6    '''
7    from abaqus import *
8    from abaqusConstants import *
9    import visualization

11   myViewport = session. Viewport( name ='Superposition example',
12       origin = (10,10),width = 150,height = 100)
13   #打开输出数据库文件 viewer_tutorial. odb
14   myOdb = visualization. openOdb( path ='viewer_tutorial. odb')
15   #在视窗中显示输出数据库文件 viewer_tutorial. odb
16   myViewport. setValues( displayedObject = myOdb)
17   #分别为两个分析步指定变量 firstStep 和 secondStep
18   firstStep = myOdb. steps['Step-1']
19   secondStep = myOdb. steps['Step-2']
20   #从两个分析步的最后 1 帧分别读取位移和应力
21   frame1 = firstStep. frames[-1]
22   frame2 = secondStep. frames[-1]

24   displacement1 = frame1. fieldOutputs['U']
25   displacement2 = frame2. fieldOutputs['U']

27   stress1 = frame1. fieldOutputs['S']
28   stress2 = frame2. fieldOutputs['S']
29   #获得两个分析步的位移增量和应力增量
30   deltaDisplacement = displacement2 - displacement1
31   deltaStress = stress2 - stress1
32   #绘制计算结果 deltaStress 的应力云图
33   myViewport. odbDisplay. setDeformedVariable( deltaDisplacement)

35   myViewport. odbDisplay. setPrimaryVariable( field = deltaStress,
36       outputPosition = INTEGRATION_POINT,refinement = ( INVARIANT,'Mises'))
37   myViewport. odbDisplay. display. setValues( plotState = ( CONTOURS_ON_DEF,))
```

- 第 11 行和第 12 行代码调用构造函数 Viewport 创建了新视窗对象 Superposition example，坐标原点在（10,10），视窗宽度为 150、高度为 100，并将其赋值给变量 myViewport。

- 第 14 行代码表示打开输出数据库文件 viewer_tutorial. odb。如果该文件未保存在工作

目录下，则应该给出文件的绝对路径。

- 第 16 行代码表示将视窗中的显示对象设置为 myOdb。
- 第 18 行和第 19 行代码将分析步 Step-1 和 Step-2 分别赋值给变量 firstStep 和 secondStep。
- 第 21 行和第 22 行代码将两个分析步的最后 1 帧分别赋值给变量 frame1 和 frame2。需要注意的是，Python 语言中 0 表示序列的第 1 个元素，−1 则表示序列的最后 1 个元素。
- 第 24 行和第 25 行代码将分析步 Step-1 和 Step-2 最后 1 帧的位移计算结果分别赋值给变量 displacement1 和 displacement2。

- 第 27 行和第 28 行代码将分析步 Step-1 和 Step-2 最后 1 帧的应力计算结果分别赋值给变量 stress1 和 stress2。

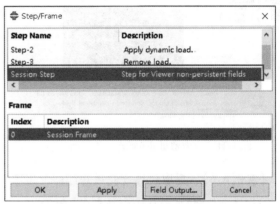

图 4-19　创建的 Session Step 和 Session Frame

在 Abaqus/CAE 的【File】菜单下，选择【Run Script】命令运行该脚本文件，然后打开【Visualization】功能模块→【Results】菜单→【Step/Frame】，将弹出如图 4-19 所示的对话框。单击【Field Output】按钮，在弹出的对话框（见图 4-20）中分别选择变量 S-S 和 U-U，

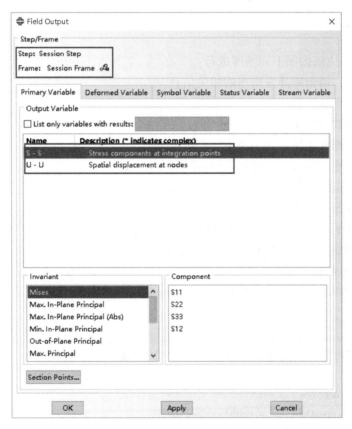

图 4-20　创建的应力增量 S-S 和位移增量 U-U

得到 Mises 应力增量 deltaStress 的云图（见图 4-21）和位移增量 deltaDisplacement 的变形云图（见图 4-22）。

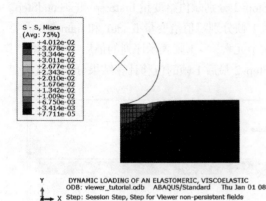

图 4-21　应力增量 deltaStress 的云图　　　　图 4-22　位移增量 deltaDisplacement 变形云图

【实例 4-6】　提取位移场变量并计算位移增量，构造分析步并显示。

本实例将编写脚本从输出数据库中提取位移场变量 U，对它们进行求差运算得到新变量 deltaDisp，并为该场变量创建新分析步，将其添加到输出数据库并在 Visualization 模块中显示。

【编程思路】

编写脚本时，应该按照下列顺序进行：

1）写注释行，给出所开发脚本的相关信息。

2）导入相关模块。

3）打开输出数据库文件。

4）从输出数据库中提取两个指定场变量 U。

5）对两个场变量进行求差运算得到新的场变量 ΔU。

6）在输出数据库中创建 Step 对象。

7）在创建的 Step 对象中创建 Frame 对象。

8）在创建的 Frame 对象中创建 FieldOutput 对象。

9）调用 addData( ) 方法将 ΔU 添加到 FieldOutput 对象中。

10）保存输出数据库文件。

本实例的脚本源代码（见资源包中的 chapter 4\U_Operation. py）如下：

```
1    #! /user/bin/python
2    #- * -coding:UTF-8- * -
3    #本脚本计算两个场变量,并将计算结果添加到输出数据库中

5    from odbAccess import *
6    odb = openOdb( path = 'fieldOperation. odb ')
```

8　　#从输出数据库中提取场变量计算结果

9　　field1 = odb. steps['LC1']. frames[1]. fieldOutputs['U']

10　　field2 = odb. steps['LC2']. frames[1]. fieldOutputs['U']

12　　#对提取的计算结果求差运算

13　　deltaDisp = field2 − field1

15　　#保存为新的场变量,并创建对应的分析步和帧

16　　newStep = odb. Step(name ='user cjf', description ='user cjf defined results',

17　　　　domain = TIME, timePeriod = 0)

18　　newFrame = newStep. Frame(incrementNumber = 0, frameValue = 0. 0)

19　　newField = newFrame. FieldOutput(name ='U',

20　　　　description ='delta displacements', type = VECTOR)

21　　newField. addData(field = deltaDisp)

23　　　odb. save()

其中,第 15～21 行代码分别创建分析步对象 newStep、帧对象 newFrame、场变量对象 newField,并调用 addData()方法将求差运算得到的场变量 deltaDisp 添加到 newField 中。

在【File】菜单下选择【Run Script】命令,运行脚本 U_Operations. py,然后在 Abaqus/ CAE 中打开 fieldOperation. odb 文件,选择显示分析步 user cjf 的位移 U,如图 4-23 所示。

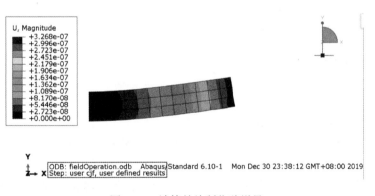

图 4-23　计算并绘制位移增量

4.5.6　计算平均应力

【实例 4-7】　求平均应力。

本实例将编写脚本对某个区域的应力值进行求和,然后求平均值,并输出总应力和平均应力。

【编程思路】

编写脚本时,应该按照下列顺序进行:

1)写注释行,给出所开发脚本的相关信息。

2)导入相关模块。

3) 打开输出数据库文件。

4) 读取指定区域最后一个分析步最后一帧的应力场变量。

5) 将所有的应力场变量求和，并计算平均值。

6) 对于每个应力分量，输出总应力和平均应力。

本实例的脚本源代码（见资源包中的 chapter 4\sum_S_Region. py）如下：

```
1    #! /user/bin/python
2    #- * -coding:UTF-8- * -
3    #本脚本求指定区域的总应力和平均应力

5    from odbAccess import *

7    #提取场变量
8    odb = openOdb( path =' seal. odb ')
9    fixSet = odb. rootAssembly. elementSets[' FIX1 ']
10   field = odb. steps. values( )[ -1 ]. frames[ -1 ]. fieldOutputs[' S ']
11   subField = field. getSubset( region = fixSet )

13   #求总应力
14   sum =0
15   for val in subField. values:
16       sum = sum + val
17   ave = sum/len( subField. values)

19   #输出计算结果
20   print ' Stress component    Total stress    Average stress '
21   labels = field. componentLabels
22   for i in range( len( labels) ):
23       print '% s                %5. 3e        %6. 3e'% \
24                (labels[ i ],sum. data[ i ],ave. data[ i ] )
```

- 第 8 行代码打开输出数据库文件 seal. odb，该文件见资源包中的 chapter 4\seal. odb。
- 第 11 行代码提取单元集 fixSet 的应力场结果，并赋值给变量 subField。
- 第 14 ~ 17 行代码使用 for... in 循环求出 subField 的总应力和平均应力。

在 Abaqus/CAE 的【File】菜单下选择【Run Script】命令，运行脚本 sum_S_Region. py。信息提示区将输出单元集 fixSet 的总应力和平均应力，如图 4-24 所示。

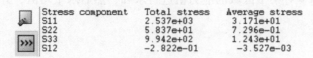

```
Stress component    Total stress    Average stress
S11                 2.537e+03       3.171e+01
S22                 5.837e+01       7.296e-01
S33                 9.942e+02       1.243e+01
S12                 -2.822e-01      -3.527e-03
```

图 4-24　计算并输出总应力和平均应力

4.6　提高脚本执行效率的技巧

如果模型非常庞大，而且需要访问输出数据库中的大量计算结果时，一定要编写执行效率高的脚本。如果循环语句中需要反复访问某个临时变量，为该临时变量创建对象将大大提高脚本的执行效率。本节将通过两段功能相同的代码说明提高脚本执行效率的技巧。

例如，下面这段代码将每个单元的 Mises 应力与最大值 stressCap 进行比较，如果应力大于指定的最大应力，则输出该单元的应变分量。

```
1      stressField = frame. fieldOutputs['MISES']
2      strainField = frame. fieldOutputs['LE']
3      count = 0
4      for v in stressField. values:
5          if v. mises > stressCap:
6              if v. integrationPoint:
7                  print 'Element label =',v. elementLabel, \
8                      'Integration Point =',v. integrationPoint
9              else:
10                 print 'Element label =',v. elementLabel
11             for component in strainField. values[count]. data:
12                 print '% -10. 5f' % component,
13             print
14             count = count + 1
```

其中，对于第 11 行代码，每次访问 strainField. values 应变分量时，Abaqus 必须重建 FieldValue 对象的序列，该重建过程将使得脚本的执行效率较低。

对本段代码稍做修改，将大大改善其执行效率。修改后的代码如下：

```
1      stressField = frame. fieldOutputs['MISES']
2      strainFieldValues = frame. fieldOutputs['LE']. values
3      count = 0
4      for v in stressField. values:
5          if v. mises > stressCap:
6              if v. integrationPoint:
7                  print 'Element label =',v. elementLabel, \
8                      'Integration Point =',v. integrationPoint
9              else:
10                 print 'Element label =',v. elementLabel
11             for component in strainFieldValues[count]. data:
12                 print '% -10. 5f' % component,
13             print
14             count = count + 1
```

- 将原代码第 2 行 strainField = frame. fieldOutputs ['LE'] 替换为 strainFieldValues = frame. fieldOutputs['LE']. values。访问每个应变分量时，Abaqus 不必为 FieldValue 对象重建序列。
- 相应地，将原代码第 11 行 strainField. values 替换为 strainFieldValues。

与此类似，如果希望从输出数据库中提取多个帧的分析结果，则应该创建临时变量来表示各个帧构成的库，再提取与帧对应的分析结果，一定要避免每次都重建由帧构成的库。例如，下面代码的执行效率很低：

```
1    for i in range( len( odb. steps[ name]. frames)-1):
2        frame[i] = odb. steps[ name]. frames[i]
```

其中，第 1 行代码对每个循环都需重建 odb. steps[name]. frames，执行效率非常低。

如果为由帧组成的库创建临时变量 frameRepository，将大大提高脚本的执行效率。修改后的代码如下：

```
1    frameRepository = odb. steps[ name]. frames
2    for i in range( len( frameRepository)-1):
3        frame[i] = frameRepository[i]
```

4.7　本章小结

本章主要介绍了下列内容：

1）编写脚本访问输出数据库时，必须导入 odbAccess 模块。

2）模型、模型数据库与输出数据库之间的关系。模型数据库可以包含任意一个模型，扩展名为 . cae。输出数据库包含 Visualization 模块进行后处理需要的所有结果，扩展名为 . odb。

3）场输出与历史输出的概念。场输出一般取自于整个模型或模型的大部分区域，写入输出数据库的频率较低。历史输出一般取自于模型的一小部分区域，写入输出数据库的频率较高。

4）模型数据与结果数据的概念。模型数据用来描述根装配中的部件和部件实例。输出数据库中的模型数据包括：部件、根装配、部件实例、区域、材料、截面、截面分配和截面分类等。结果数据用来描述各种分析结果（例如，应力、应变和位移等）。输出数据库中的结果数据既可以是场数据，也可以是历史数据。

5）编写脚本访问输出数据库包含"正向"和"逆向"两个方向："正向"指的是访问已经存在的输出数据库（ODB）文件，并对结果数据进行处理，其实质是编写脚本访问输出数据库，需要从输出数据库读取数据；"逆向"指的是输出数据库（ODB）文件并不存在，需要编写脚本创建输出数据库，然后调用构造函数创建输出数据库所需的各个对象，其实质是编写脚本创建输出数据库，需要向输出数据库写入数据。第 4.3 节详细介绍了从（向）输出数据库中读取（写入）数据的各种命令，包括：打开（创建）输出数据库、读取（写入）模型数据、读取（写入）结果数据、读取（写入）场输出数据、读取（写入）历史输出数据等。

6）对 Abaqus 分析结果进行计算的数学运算规则、有效的数学运算、包络计算和结果转换等。

7）第 4.5 节通过 7 个实例详细介绍了编写脚本实现下列功能的思路和步骤：读取节点信息和单元信息、读取场输出数据、创建输出数据库并添加数据、查找 Mises 应力的最大值、计算位移增量和应力增量以及计算平均应力。

8）提高脚本执行效率的技巧。通常的做法是为临时变量创建对象，尤其是循环体内部的对象，更应该进行变量替换。

第 5 章　编写脚本进行其他后处理

本章内容

除了第 4 章介绍过的编写脚本访问输出数据库的命令之外，还可以编写脚本进行自动后处理（auto post-processing）或者对外部数据（例如，其他有限元软件的分析结果）进行后处理。本章将通过 4 个实例详细介绍编写脚本实现上述后处理的方法。

☞　**提示**：为了让版面整齐，笔者在写书过程中对较长的代码行进行了编辑处理，请读者以资源包中的源代码为准。

5.1　自动后处理

Visualization 模块提供了丰富的后处理模式供用户选择，但在实际应用过程中仍有时无法满足需要。由于 Abaqus 软件提供了 Python 二次脚本接口，读者可以根据需要编写脚本实现自动的"个性化后处理"。本节将介绍常用的自动后处理命令，包括在视窗中显示输出数据库文件命令、设置视窗的背景颜色命令、输出图片文件命令、输出动画命令、X-Y 绘图命令，并通过 2 个开发实例来说明如何开发自动后处理脚本。

5.1.1　常用的自动后处理命令

自动后处理是指编写脚本访问输出数据库（ODB）文件和 Visualization 模块，并自动实现各种后处理。导入 odbAccess 模块可以访问输出数据库，导入 Visualization 模块可以实现各种后处理。

在介绍自动后处理的实例之前，首先介绍常用的自动后处理命令。这里假设输出数据库文件为 viewer_tutorial. odb（见资源包中的 chapter 5\viewer_tutorial. odb），下面介绍最经常用到的自动后处理命令。

5.1.1.1　在视窗中显示输出数据库文件命令

在视窗中显示 viewer_tutorial. odb 的命令如下：

```
1    odb = session. openOdb('viewer_tutorial. odb', readOnly = False)
2    vp = session. viewports['Viewport:1']
3    vp. setValues(displayedObject = odb)
```

- 第 1 行代码去掉只读属性打开文件 viewer_tutorial. odb，并创建对象 odb 表示该输出数据库。
- 第 2 行代码用变量 vp 表示当前视窗 Viewport:1。
- 第 3 行代码设置视窗 Viewport:1 中的显示对象为 odb，即 viewer_tutorial. odb。

☞　**提示**：如果希望 Abaqus/CAE 能够跟踪打开的输出数据库文件，建议选用 session. openOdb() 方法来打开输出数据库，而不要选用 odbAccess. openOdb() 方法。

5.1.1.2　设置视窗的背景颜色命令

启动 Abaqus/CAE 后，Abaqus 默认的背景色为深灰色，如果不修改默认的背景颜色，输出的图片或动画效果较差。通常情况下，笔者在进行自动后处理脚本的开发时，首先会将视窗的背景颜色修改为白色，对应的源代码如下：

session. graphicsOptions. setValues(backgroundStyle = SOLID, backgroundColor = '#FFFFFF')

本行代码表示调用 setValues( )方法将背景色修改为白色，其中#FFFFFF 表示白色。

☞ **提示**：在 Abaqus 的脚本接口中，Abaqus/CAE 的背景颜色用不同的符号和字母组合表示，十分不便。例如，#FFFFFF 表示白色，#FF0000 表示红色等。读者可以借助 . rpy 文件的自动记录命令功能，把常用的背景色代码记录下来，为以后代码开发积累"素材"。

5. 1. 1. 3 输出图片文件命令

在 Visualization 功能模块中，打开任意一个 ODB 文件，在【File】菜单下选择【Print】命令，将弹出如图 5-1 所示的对话框，可以设置输出图片文件。笔者通常把图片文件保存为 PNG 格式。

对应的源代码如下：

```
1   o1 = session. openOdb( name = 'C:/temp/viewer_tutorial. odb')
2   session. viewports['Viewport:1']. setValues( displayedObject = o1)
3   session. viewports['Viewport:1']. odbDisplay. display. setValues( plotState = (
4       CONTOURS_ON_DEF, ))
5   session. printToFile( fileName = 'stress', format = PNG, canvasObjects = (
6       session. viewports['Viewport:1'], ))
```

- 第 3 行和第 4 行代码调用 setValues( )方法设置分析结果的绘图状态为在变形体上绘制云图（CONTOURS_ON_DEF）。
- 第 5 行和第 6 行代码调用 printToFile( )方法设置输出图片的文件名、输出格式和输出对象。

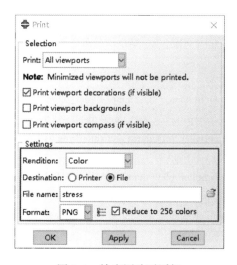

图 5-1 输出图片对话框

☞　**提示**：在 Abaqus 的工作目录下，有时会看到类似于 abaqus. rpy. 128 这样的文件，该文件依然属于 . rpy 文件。出现编号 128 等数字的原因是，当启动一次 Abaqus/CAE 后，如果没有退出 Abaqus/CAE，建立了多个有限元模型，而 Abaqus 软件需要为每个有限元模型单独录制 . rpy 文件，为了便于区分，便在后面增加了数字标识。笔者不太喜欢这样的 . rpy 文件，因为这些数字标识不容易区分录制的命令属于那个有限元模型。建议在每次录制代码之前，都重新启动 Abaqus/CAE，操作完成后不必保存 CAE 模型直接退出，找到刚刚生成的 abaqus. rpy 文件，复制/粘贴所需的命令即可。

5.1.1.4　输出动画命令

在 Visualization 功能模块下，打开任意一个 ODB 文件，单击 ![] 按钮显示动画绘图，并在【Animate】菜单下选择【Save as】命令，在弹出的如图 5-2 所示的对话框中设置文件名、显示速率（帧/秒）等，即可输出动画。

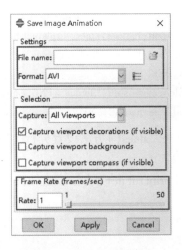

图 5-2　输出动画对话框

对应的源代码如下：

```
1    Odb = session. openOdb( name = 'C:/temp/viewer_tutorial. odb ')
2    session. viewports['Viewport:1']. setValues( displayedObject = odb)
3    session. animationController. setValues( animationType = SCALE_FACTOR, viewports = (
4        'Viewport:1',))
5    session. animationController. play( duration = UNLIMITED)
6    session. animationController. animationOptions. setValues( frameRate = 1)
7    session. imageAnimationOptions. setValues( vpDecorations = ON, vpBackground = OFF,
8        compass = OFF)
9    session. writeImageAnimation( fileName = '2020Mises ', format = AVI, canvasObjects = (
10       session. viewports['Viewport:1'],))
```

● 第 3 行和第 4 行代码调用 setValues( ) 方法设置了动画的显示方式和显示视窗。

- 第 5 行代码调用 setValues( )方法设置了动画的显示时间为 UNLIMITED。
- 第 6 行代码调用 setValues( )方法设置了动画的显示速率为 1 帧/秒。
- 第 7 行和第 8 行代码调用 setValues( )方法设置了动画中图片的显示方式，包括视窗的修饰、背景和罗盘。
- 第 9 行和第 10 行代码调用 writeAnimation( )方法输出动画，该方法中包含下列参数：fileName（文件名）、format（格式）、canvasObjects（显示对象）。

5.1.1.5　X-Y 绘图命令

在后处理过程中，经常用到将分析结果以曲线绘图的形式输出。在 Abaqus/CAE 中对应的操作如下：

1）在 Abaqus/CAE 中打开任意一个 ODB 文件。

2）选择【Tools】菜单→【XY Data】→【Create】命令，弹出如图 5-3 所示的对话框；选择数据来源为【ODB field output】，单击【Continue】按钮，弹出如图 5-4 所示的对话框；选取输出数据的位置、分析结果、单元或节点编号后，单击【Plot】按钮即可完成 X-Y 图的绘制。

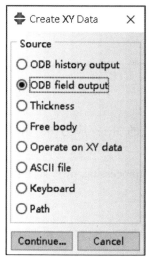
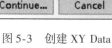

图 5-3　创建 XY Data

图 5-4　从场变量中提取 XY Data

3）可根据需要，对绘制的 X-Y 图进行图注、坐标轴、颜色等的设置。这些命令都可以在 abaqus. rpy 文件中查看到，此处不再赘述。

对应的源代码如下：

```
1    odb = session. odbs['C:/temp/viewer_tutorial. odb']
2    xyList = xyPlot. xyDataListFromField( odb = odb,outputPosition = INTEGRATION_POINT,
3        variable = (('S',INTEGRATION_POINT,((INVARIANT,'Mises'),),),),
4        elementPick = (('PART-1-1',1,('[#0:3 #20000]',),),),)
5    xyp = session. XYPlot('XYPlot-1')
6    chartName = xyp. charts. keys()[0]
7    chart = xyp. charts[chartName]
8    curveList = session. curveSet( xyData = xyList)
```

```
9      chart. setValues( curvesToPlot = curveList)
10     session. viewports['Viewport:1']. setValues( displayedObject = xyp)
```

- 第 2 ~ 4 行代码调用 xyDataListFromField( )方法提取场变量积分点处的 Mises 应力，并用鼠标选择的方式选中部件实例 PART-1-1 的单元 1。
- 第 5 行代码调用构造器 XYPlot( )方法创建名为 XYPlot-1 的绘图，并赋值给变量 xyp。
- 第 10 行代码设置视窗中的显示对象为 xyp。

☞　提示：Visualization 功能模块中的后处理操作，都可以借助 abaqus. rpy 文件中录制的命令来自动获取。建议在编写相关的自动后处理脚本的过程中，对于不熟悉的命令，先在 Abaqus/CAE 中正确地操作一次，然后退出 Abaqus/CAE。打开 abaqus. rpy 文件，找到对应的命令行复制/粘贴即可。

☞　提示：建议读者平时养成好习惯：把常用的模块名、好用的 Python 命令都搜集记录在 Word 文件中，编写代码的过程中可以直接复制/粘贴，从而省去在 Abaqus/CAE 中操作调试的环节。

5.1.2　开发实例

本节将通过两个开发实例，介绍自动后处理脚本的编写方法。

【实例 5-1】　开发自动后处理脚本。

本实例将在变形图模式下，获取输出数据库最后一帧的 Mises 应力图，并将其保存为 PNG 格式的文件。

本实例的脚本源代码（见资源包中的 chapter 5\autopostprocessing. py）如下：

```
1      #! /user/bin/python
2      #- * -coding:UTF-8- * -
3      #本脚本绘制输出数据库最后一帧的 Mises 应力图,并将其保存为 PNG 格式的文件
4      import odbAccess
5      from abaqus import *
6      from abaqusConstants import *
7      import visualization
8      #将当前视窗中的 ODB 文件赋予变量 vp
9      vp = session. viewports[ session. currentViewportName]
10     odb = vp. displayedObject
11     #将背景色改为白色
12     session. graphicsOptions. setValues( backgroundColor ='#FFFFFF', backgroundStyle = SOLID)
13     #将最后一个分析步的最后一帧设置为当前分析步和当前帧
14     lastStepIndex = len( odb. steps)- 1
15     lastFrameIndex = len( odb. steps. values( )[ -1]. frames)- 1
16     vp. odbDisplay. setFrame( step = lastStepIndex,frame = lastFrameIndex)
17     #在变形图模式下绘制 Mises 应力的等值线图
18     vp. odbDisplay. setDeformedVariable('U')
19     vp. odbDisplay. setPrimaryVariable( variableLabel ='S',
```

20　outputPosition = INTEGRATION_POINT, refinement = (INVARIANT, ' Mises '))

21　vp. odbDisplay. display. setValues(plotState = (CONTOURS_ON_DEF,))

22　vp. view. fitView( )

23　#将默认图注替换为用户自定义图注

24　vp. viewportAnnotationOptions. setValues(state = OFF)

25　vp. plotAnnotation(mdb. Text(name = ' Text:1 ', offset = (40,12) ,

26　　　　　text = ' Mises stress at the final configuration '))

27　#将当前视窗和图注输出到 PNG 文件中

28　session. printOptions. setValues(rendition = COLOR,

29　　　　vpDecorations = OFF, vpBackground = OFF)

30　vp. view. setValues(nearPlane = 1727. 18, farPlane = 2938. 31,

31　　　　width = 1460. 03, height = 683. 179, viewOffsetX = 57. 7639, viewOffsetY = − 56. 3767)

32　session. printToFile(fileName = ' finalStress ', format = PNG, canvasObjects = (vp,))

- 第 10 行代码创建了表示当前视窗显示对象的变量 odb。
- 第 22 行代码调用 fitView( )方法将对象布满视窗，与 Abaqus/CAE 中的 ⊞ 按钮功能等效。
- 第 30 行代码对视窗进行设置，使得视窗中的对象显示效果最佳。
- 第 32 行代码调用 printToFile( )方法将帆布（canvas）中的对象输出到文件 final-Stress. png 中。

在 Abaqus/CAE 中打开 viewer_tutori-al. odb，选择【File】菜单下的【Run Script】命令，运行脚本 autopostprocess-ing. py。执行结果如图 5-5 所示，工作目录下将生成 finalStress. png（见资源包中的 chapter 5\finalStress. png）。

【实例 5-2】　对分析结果进行数学运算，并开发自动后处理脚本。

本实例将编写脚本计算 ODB 文件不同分析步的场变量之和，将其赋值给创建的临时场变量，并对临时场变量进行自动后处理。

详细的操作步骤如下：

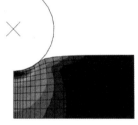

图 5-5　实例 5-1 运行脚本后的显示效果

1. 生成输出数据库文件 beam3d. odb，并在 Visualization 模块中显示

启动 Abaqus/CAE，选择【File】菜单→【Import】→【Model】命令，在弹出的对话框中选择 beam3d. inp（见资源包中的 chapter5\beam3d. inp）文件，如图 5-6 所示，单击【OK】按钮。将 INP 文件导入 Abaqus/CAE，在 Job 模块创建分析作业 beam3d，分析顺利完成后在 Visualization 模块中显示 beam3d. odb。

2. 查看模型设置

在 Step 模块打开分析步管理器（见图 5-7），在 Load 模块中打开 Load Manager 和 Boundary Condition Manager（见图 5-8 和图 5-9），查看模型的设置情况。汇总后如表 5-1 所示。

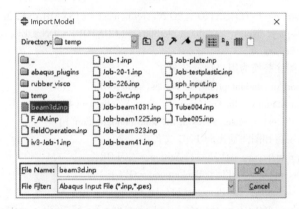

图 5-6　导入模型文件 beam3d. inp

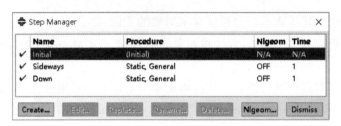

图 5-7　创建了 2 个分析步 Sideways 和 Down

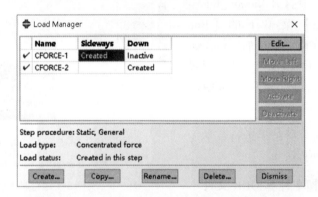

图 5-8　每个分析步均单独施加集中荷载

图 5-9　2 个分析步均为固定端约束

表 5-1　不同分析步中荷载和边界条件设置情况

分　析　步	荷　载　大　小	荷　载　作　用　位　置	边　界　条　件
Sideways	$-1e+008$	悬臂梁端部沿 Z 轴（水平方向）	固定端约束
Down	$-5e+007$	悬臂梁端部沿 Y 轴（垂直方向）	固定端约束

3. 对分析结果进行求和运算，并自动后处理

编写脚本对 2 个分析步最后一帧的应力和位移结果求和，创建场变量表示运算结果，并在 Visualization 模块中对求和后的结果进行自动后处理。

1）导入相应模块。代码如下：

```
from abaqus import *
from abaqusConstants import *
import visualization
import odbAccess
```

2）使用命令 session. openOdb 打开文件 beam3d. odb，并赋值给变量 odb。代码如下：

```
odb = session. openOdb('beam3d. odb')
```

3）将两个分析步的应力和位移场变量结果分别赋值给不同变量：

- 变量 disp1 表示分析步 Sideways 最后一帧的位移场结果；
- 变量 disp2 表示分析步 Down 最后一帧的位移场结果；
- 变量 stress1 表示分析步 Sideways 最后一帧的应力场结果；
- 变量 stress2 表示分析步 Down 最后一帧的应力场结果。

对应的代码如下：

```
frame1 = odb. steps['Sideways']. frames[-1]
disp1 = frame1. fieldOutputs['U']
stress1 = frame1. fieldOutputs['S']

frame2 = odb. steps['Down']. frames[-1]
disp2 = frame2. fieldOutputs['U']
stress2 = frame2. fieldOutputs['S']
```

4）创建场变量 disp3 和 stress3 分别存储求和后的计算结果。代码如下：

```
disp3 = disp1 + disp2
stress3 = stress1 + stress2
```

5）编写脚本进行自动后处理。绘制 disp3 和 stress3 的云图，并输出到 PNG 文件。代码如下：

```
vp = session. viewports['Viewport:1']
vp. setValues(displayedObject = odb)
session. graphicsOptions. setValues(backgroundColor = '#FFFFFF', backgroundStyle = SOLID)
vp. odbDisplay. setPrimaryVariable(field = stress3, outputPosition = INTEGRATION_POINT,
```

refinement = (INVARIANT, ' Mises '))

vp. odbDisplay. display. setValues(plotState = (CONTOURS_ON_DEF,))

vp. view. fitView( )

session. printToFile(fileName = ' sumStress ', format = PNG,   canvasObjects = (vp,))

vp. odbDisplay. setPrimaryVariable(field = disp3, outputPosition = NODAL,
refinement = (INVARIANT, ' Magnitude '))

vp. odbDisplay. display. setValues(plotState = (CONTOURS_ON_DEF,))

vp. view. fitView( )

session. printToFile(fileName = ' sumdisp ', format = PNG, canvasObjects = (vp,))

本段代码很容易读懂，此处不再详细讲解。

完整的脚本文件保存于资源包中的 chapter 5\process_beam3d. py。在 Abaqus/CAE 的【File】菜单下选择【Run script】命令运行该脚本，Visualization 模块中将显示叠加后的 Mises 应力云图和位移云图，分别如图 5-10 和图 5-11 所示。同时，工作目录下将生成 PNG 文件 sumStress. png 和 sumdisp. png（保存于资源包中的 chapter 5\）。

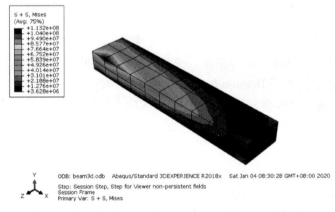

图 5-10　叠加后的应力结果

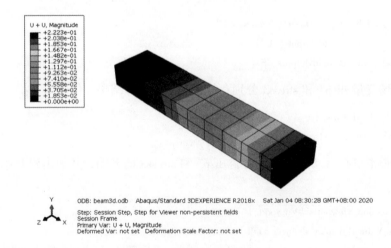

图 5-11　叠加后的位移结果

本实例对不同分析步的计算结果进行求和运算，并绘制应力云图和位移云图。读者还可以对分析步结果进行求差运算，绘制不同分析步某变量的变化情况等，编写脚本的步骤与本例类似。

5.2　外部数据的后处理

5.2.1　简介

外部数据是指非 Abaqus 软件分析得到的数据，例如，有限元软件 ANSYS 的分析结果就属于外部数据。编写脚本不仅能够处理 Abaqus 生成的数据，而且能够对外部数据进行处理。对外部数据进行后处理，一般用于下列两种情况：

1）读入 ASCII 或二进制格式的外部数据文件，然后绘制 X-Y 图。

2）将外部数据写入到 ODB 文件，并在 Visualization 模块中进行后处理。

下面通过 2 个实例说明如何编写脚本对外部数据进行后处理。

5.2.2　开发实例

【实例 5-3】　编写脚本实现绘制外部数据的 X-Y 图。

本实例将编写脚本为外部数据文件 xyplot. dat（见资源包中的 chapter 5\xyplot. dat）绘制 X-Y 图。xyplot. dat 中包含的数据及格式如下：

```
displacement vs force,Displacement,Force
1,1
2,8
3,27
4,64
5,125
6,216
7,343
8,512
9,729
10,1000
```

为了读取 xyplot. dat 中的数据，并绘制 X-Y 图，编写脚本时需要解决以下两个关键问题：

1）定义函数读取 xyplot. dat 中的数据。

2）绘制 X-Y 图。

下面详细介绍编写脚本的步骤。

1. 导入函数 XYData 和 USER_DEFINED

由于需要绘制 X-Y 图且用到自定义的外部数据，因此，应该从 Visualization 模块中导入函数 XYData 和 USER_DEFINED。代码如下：

```
from visualization import XYData,USER_DEFINED
```

2. 定义函数 plotExternalData( )，逐行读入外部文件中的数据

定义函数 plotExternalData( )，用于从指定文件中逐行读入数据，并通过逗号（,）对数据进行分隔。代码如下：

```
1    def plotExternalData(fileName):
2    #从文件中提取数据
3        file = open(fileName)
4        lines = file.readlines()
5        pxy = lines[0].split(',')
6        pxy = [x.strip() for x in pxy]
7        plotName, xAxisTitle, yAxisTitle = pxy
8        data = []
9        for line in lines[1:]:
10            data.append(eval(line))
```

- 第 3 行代码打开名为 fileName 的外部数据文件，并赋给变量 file。
- 第 4 行代码调用 readlines( ) 方法读入文件中各行数据，并赋给变量 lines。
- 第 5 行代码对 file 文件中的第 1 行使用逗号进行分隔。xyplot.dat 文件第 1 行为 displacement vs force，Displacement，Force，分隔后是 3 个元素，将其赋给变量 pxy。
- 第 6 行代码对 pxy 中的元素使用内循环进行赋值。
- 第 7 行代码同时为 plotName、xAxisTitle 和 yAxisTitle 进行赋值。
- 第 8 行代码创建了一个空列表 data。
- 第 9 ~ 10 行代码调用 append( ) 方法读入第 2 行到最后一行信息，存储在 data 列表中。

3. 绘制 X-Y 图

利用 data 列表中的数据绘制 X-Y 图。代码如下：

```
1    xyData = session.XYData(plotName, data, fileName)
2    curve = session.Curve(xyData)
3    xyPlot = session.XYPlot(plotName)
4    chart = xyPlot.charts.values()[0]
5    chart.setValues(curvesToPlot = (plotName,))
6    chart.axes1[0].axisData.setValues(useSystemTitle = False, title = xAxisTitle)
7    chart.axes2[0].axisData.setValues(useSystemTitle = False, title = yAxisTitle)
```

- 第 1 行代码调用 XYData( ) 方法，形参分别为 plotName、data 和 fileName，并创建变量 xyData。
- 第 2 行代码调用 Curve( ) 方法为 xyData 对象创建 XYCurve，并赋给变量 curve。
- 第 3 行代码调用 XYPlot( ) 方法创建空的 X-Y 绘图对象。
- 第 4 ~ 7 行代码设置 X-Y 图的 X 轴、Y 轴和图名。

4. 显示 X-Y 图

在当前视窗中显示绘制的 X-Y 图。代码如下：

```
1    vp = session.viewports[session.currentViewportName]
```

```
2      vp. setValues( displayedObject = xyPlot)
```

- 第 1 行代码创建变量 vp 表示当前视窗。
- 第 2 行代码将当前视窗中的显示对象设置为 xyPlot。

5. 调用函数 plotExternalData( )

调用函数 plotExternalData( )，将形参 fileName 替换为外部文件名 xyPlot. dat。对应的代码如下：

```
if __name__ == '__main__':
    plotExternalData('xyplot. dat')
```

本实例的脚本源代码（见资源包中的 chapter 5\X-Yplot_externaldata. py）如下：

```
1      #! /user/bin/python
2      #- * -coding:UTF-8- * -
3      from visualization import XYData, USER_DEFINED

5      def plotExternalData( fileName) :
6      #从文件中提取数据
7          file = open( fileName)
8          lines = file. readlines( )
9          pxy = lines[ 0]. split(',')
10         pxy = [ x. strip( )for x in pxy]
11         plotName, xAxisTitle, yAxisTitle = pxy
12         data = [ ]
13         for line in lines[ 1 : ] :
14             data. append( eval( line) )
15     #为读入的数据创建 X-Y 图
16         xyData = session. XYData( plotName, data, fileName)
17         curve = session. Curve( xyData)
18         xyPlot = session. XYPlot( plotName)
19         chart = xyPlot. charts. values( )[ 0]
20         chart. setValues( curvesToPlot = ( plotName, ) )
21         chart. axes1[ 0]. axisData. setValues( useSystemTitle = False, title = xAxisTitle)
22         chart. axes2[ 0]. axisData. setValues( useSystemTitle = False, title = yAxisTitle)
23     #在当前视窗中显示 X-Y 图
24         vp = session. viewports[ session. currentViewportName]
25         vp. setValues( displayedObject = xyPlot)


28     if __name__ == '__main__':
29         plotExternalData('xyplot. dat')
```

启动 Abaqus/CAE，在【File】菜单下选择【Run Script】命令，运行脚本 X-Yplot_exter-naldata. py，执行结果如图 5-12 所示。

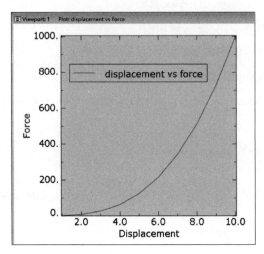

图 5-12　X-Yplot_externaldata. py 的执行结果

　　读者也许会有疑问，许多现成的绘图软件（例如，Matlab、Origin 等）均可以为 xy-plot. dat 中的数据绘制 X-Y 图，为何还选择编写脚本来绘图呢？这是因为编写脚本绘制的 X-Y 图将保存在 XY Data Manager 中（见图 5-13），可以与 Abaqus/CAE 绘制的 X-Y 图进行运算（例如，将多个 X-Y 图绘制在同一个图中等）。

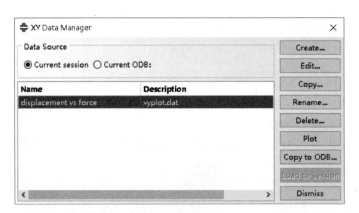

图 5-13　XY Data Manager 中保存的 xyplot. dat 文件中的数据

【实例 5-4】　构造输出数据库并实现自动后处理。

　　本实例将编写脚本读取其他软件生成的模型信息和分析结果，在 Abaqus 中创建输出数据库，并进行分析结果的自动后处理。

　　假设读者已经获取某软件的分析结果，现在希望将其导入 Abaqus/CAE 继续进行后处理。下面详细介绍实现步骤。

1. 将其他软件有限元模型的节点信息、单元信息和位移结果写到文本文件

读入过程中应按照 Abaqus 中 INP 文件的格式编辑文本文件：

1）忽略空行和以双星号（＊＊）开头的行（注释行）。

2）文件中的数据都属于同一个部件实例。

3）节点坐标为二维，即为平面问题。

4）节点数据格式如下（如果遇到 * 号开头的行，则表示节点数据读入完毕）：

```
* Node
节点编号,X 坐标,Y 坐标
```

5）单元数据格式如下（单元类型均为 CAX4RH，如果遇到 * 号开头的行，则表示单元数据读入完毕）：

```
* Element
单元编号,节点 1,节点 2,节点 3,节点 4
```

6）节点位移数据的格式如下：

```
* Node displacement
Frame:帧状态描述
节点编号,X 方向位移,Y 方向位移
```

例如

```
* Node displacement
Frame:Increment        0:Step Time =      0.0000E + 00
1,0.0,0.0
```

编辑好的文本文件（见资源包中的 chapter 5 \ readodbfromtext. txt）共 22242 行。信息如下：

1）第 1 行以双星号开始，表明该行为注释行。

2）第 2 ~ 1811 行给出所有的节点信息，共 1809 个节点。

3）第 1812 ~ 2982 行给出所有的单元信息，每个单元由 4 个节点组成，共 526 个单元。

4）第 2984 ~ 22242 行代码给出分析步时间 3. 323 内 30 个增量步各帧的位移，由于该问题为二维平面问题（节点只有 X 坐标和 Y 坐标），因此只包含水平方向和竖直方向的位移。格式如下：

```
19,0.000192349383724,- 0.000893660122529
```

上述数据行的含义是：19 表示节点编号，后面的两个数值分别表示 X 方向和 Y 方向的位移。

☞ **提示**：readodbfromtext. txt 文件较大，为提高访问效率，建议使用专门的文字处理软件（例如，EditPlus、UltraEdit 等）打开，而不要选择在记事本或写字板中打开。

2. 编写脚本读取 readodbfromtext. txt 中的数据

读取 readodbfromtext. txt 文件中各行数据的源代码见资源包中的 chapter 5 \ parseodbinfo. py）如下：

```
1    #! /user/bin/python
2    - * -coding:UTF-8- * -
```

```
3      import sys,os,string
4      #定义各种数据类型的类
5      #定义类 FrameData
6      class FrameData：
7          def__init__(self)：
8              self. description ="
9              self. nodeDisplacementLabelData = [ ]# 节点编号列表
10             self. nodeDisplacementData = [ ]# 由节点位移元组(X,Y,Z)组成的列表
11     #定义类 Data
12     class Data：
13         def__init__(self)：
14             self. data = [ ]
15     #定义类 DisplacementData
16     class DisplacementData(Data)：
17         def append(self,line)：
18             label,nodeX,nodeY = eval(line)
19             self. data[ -1]. nodeDisplacementLabelData. append(label)
20             self. data[ -1]. nodeDisplacementData. append((nodeX,nodeY,0. 0))

22         def newFrame(self,line)：
23             description = line[6：]
24             self. data. append(FrameData( ))
25             self. data[ -1]. description = description
26             print 'Frame：%2d    % s '% (len( self. data)-1 ,description)
27     #定义类 NodeData
28     class NodeData(Data)：
29         def append(self,line)：
30             label,nodeX,nodeY = eval(line)
31             self. data. append((label,nodeX,nodeY,0. 0))
32     #定义类 ElementData
33     class ElementData(Data)：
34         def append(self,line)：
35             label,c1 ,c2,c3,c4 = eval(line)
36             self. data. append((label,c1 ,c2,c3,c4))

38     def readOdbInfo(filePath)：
39         '''
40         返回元组(nodeDate,elementData,frameData)
41         nodeData - 由元组(nodeLabel,nodeX,nodeY)组成的列表
42         elementData - 由元组(elementLabel,connectivity1 ,2 ,3 ,4)组成的列表
43         frameData - 由 FrameData 对象组成的列表
44         '''
45         #创建数据结构来保存读入的数据
```

```
46          nodeData = NodeData( )
47          elementData = ElementData( )
48          displacementData = DisplacementData( )

50          print 'Parsing file:',
51          odbFromTextFile = open( filePath)
52          odbFromTextLines = odbFromTextFile. readlines( )

54          data = None

56          for line in odbFromTextLines:
57              line = string. strip( line)    #移除尾部新行
58              if line =='' or line[ :2] =='**':
59                  continue
60              elif line ==' * Node displacement':
61                  data = displacementData
62                  print 'Now Reading:Node displacement'
63              elif line ==' * Node':
64                  data = nodeData
65                  print 'Now Reading:Node'
66              elif line ==' * Element':
67                  data = elementData
68                  print 'Now Reading:Element'
69              elif line[ :6] =='Frame:':
70                  #创建新的 FrameData 对象
71                  data. newFrame( line)
72              else:
73                  data. append( line)

75          print 'Number of nodes:    ',len( nodeData. data)
76          print 'Number of elements:',len( elementData. data)

78          return( nodeData. data,elementData. data,displacementData. data)
```

本程序中已经给出足够多的注释，下面只强调重要的代码行：

- 为了方便读取外部文件中的数据，首先定义了各种类，包括：帧数据类 FrameData、存放数据类 Data、位移数据类 DisplacementData、节点数据类 NodeData、单元数据类 ElementData。需要注意的是，类 DisplacementData、NodeData 和 ElementData 均为 Data 类的子类，它们均继承了父类中的实例变量 data。
- Abaqus 脚本接口中的 odb 方法通常需要提供三维坐标信息。本模型为二维模型，数据文件中只包含 2 个坐标和沿着 X、Y 两个方向的位移。为了满足要求，在第 20 行代码和第 31 行代码中，特意将 Z 坐标和 Z 方向位移设置为 0. 0，这样做不会影响后处理结果。

- 第 38 行代码定义了函数 readOdbInfo()，用来读入 ODB 文件信息，形参为 filePath。
- 第 46 ~ 48 行代码分别为类 NodeData、ElementData 和 DisplacementData 创建实例 node-Data、elementData 和 displacementData。
- 第 51 行代码打开文件 filePath，并创建对象 odbFromTextFile。
- 第 52 行代码读入 odbFromTextFile 文件的每一行数据，并创建对象 odbFromTextLines。
- 第 56 ~ 73 行代码对外部数据文件中的每行进行循环，并使用分支判断语句确定读入数据的类型，并进行赋值运算。
- 第 75 行和第 76 行代码分别输出节点和单元的数量。
- 第 78 行代码返回 nodeData. data、elementData. data 和 displacementData. data，便于在 Visualization 模块中进行自动后处理。

3. 对读入的数据（位移 U1 和 U2）进行后处理，显示位移云图和绘制动画

对读入数据进行后处理的脚本文件（见资源包中的 chapter 5\ODB_from_externaldata. py）源代码如下：

```
1    #! /user/bin/python
2    #- * -coding:UTF-8- * -
3    from parseodbinfo import readOdbInfo
4    nodeData,elementData,frameData = \
5    readOdbInfo('readodbFromtext. txt')
6    #已经读入数据,现在可以创建 ODB 文件
7    from odbAccess import *
8    #移除前面调试过程中生成的 ODB 文件
9    import os,osutils
10   if os. path. exists('odbFromText. odb'):
11       osutils. remove('odbFromText. odb')
12   odb = Odb('OdbFromText',analysisTitle ='',
13       description ='',path ='odbFromText. odb')
14   part1 = odb. Part(name ='part-1',embeddedSpace = THREE_D,
15       type = DEFORMABLE_BODY)
16   part1. addNodes(nodeData = nodeData,nodeSetName ='nset-1')
17   del nodeData

19   part1. addElements(elementData = elementData,type ='CAX4RH',
20       elementSetName ='eset-1')
21   del elementData
22   #创建部件实例
23   instance1 = odb. rootAssembly. Instance(name ='part-1-1',
24       object = part1)
25   #根据场变量数据创建分析步和帧
26   step1 = odb. Step(name ='step-1',description ='',
27       domain = TIME,timePeriod = 1. 0)
```

```
29    for i in range(len(frameData)):
30        frame = step1.Frame(frameId = i, frameValue = 0.1 * i,
31            description = frameData[i].description)
32    #向 ODB 文件中添加节点位移数据
33        uField = frame.FieldOutput(name = 'U', description = 'Displacements', type = VECTOR)
34        uField.addData(position = NODAL, instance = instance1,
35            labels = frameData[i].nodeDisplacementLabelData,
36            data = frameData[i].nodeDisplacementData)
37    del frameData
38    #在 Visualization 模块中设置默认的绘图模式是为场变量绘制变形图
39    step1.setDefaultDeformedField(uField)
40    #保存 ODB 文件
41    odb.save()
42    odb.close()
43    #下列代码行实现自动后处理,包括输出 U1 和 U2 的 PNG 图以及输出二者的动画
44    #由于需要用到 Abaqus 中的常量,因此需要从 abaqusConstants 模块中导入常数
45    from abaqusConstants import *
46    o1 = session.openOdb(name = 'odbFromText.odb')
47    vp = session.viewports['Viewport:1']
48    vp.setValues(displayedObject = o1)
49    vp.view.setValues(session.views['Front'])
50    vp.odbDisplay.display.setValues(plotState = (CONTOURS_ON_DEF,))
51    vp.odbDisplay.setPrimaryVariable(
52        variableLabel = 'U', outputPosition = NODAL, refinement = (COMPONENT, 'U1'))
53    session.printToFile(fileName = 'U1', format = PNG, canvasObjects = (vp,))
54    session.animationController.setValues(animationType = TIME_HISTORY, viewports = (
55        'Viewport:1',))
56    session.animationController.play(duration = UNLIMITED)
57    session.imageAnimationOptions.setValues(vpDecorations = ON, vpBackground = OFF,
58        compass = OFF)
59    session.writeImageAnimation(fileName = 'U1_animate.avi', format = AVI,
60        canvasObjects = (vp,))
61    vp.odbDisplay.setPrimaryVariable(
62        variableLabel = 'U', outputPosition = NODAL, refinement = (COMPONENT, 'U2'))
63    session.printToFile(fileName = 'U2.png', format = PNG, canvasObjects = (vp,))
64    session.imageAnimationOptions.setValues(vpDecorations = OFF, vpBackground = OFF,
65        compass = OFF, timeScale = 1, frameRate = 1)
66    session.writeImageAnimation(fileName = 'U2_animate', format = AVI, canvasObjects = (vp,))
```

- 第 3 行代码从 parseodbinfo.py 模块中导入 readOdbInfo 函数,用来读取外部文件中的数据。
- 第 4 行和第 5 行代码调用 readOdbInfo 函数读取 readodbFromtext.txt 中的数据,并将返回值(parseodbinfo.py 脚本第 78 行代码)赋值给变量 nodeData、elementData 和

frameData。

- 第 7 行代码从 odbAccess 模块中导入所有方法、变量和常数。
- 为了避免调试脚本时重复生成 ODB 文件，第 9～11 行代码判断是否存在 odbFromText. odb 文件，如果存在，则移除该文件。
- 第 12 行和第 13 行代码调用 Odb( ) 构造函数创建对象并赋值给变量 odb。
- 第 14 行和第 15 行代码调用 Part( ) 构造函数创建部件 part1。
- 第 16 行代码调用 addNodes( ) 方法来增加节点。
- 读取完 nodeData 中的数据后，第 17 行代码删除它来释放内存空间。
- 第 23 行代码调用 Instance( ) 构造函数创建部件实例。
- 第 26～30 行代码分别调用 Step( ) 和 Frame( ) 构造函数创建分析步和帧。
- 第 33～36 行代码向 ODB 文件中添加节点位移数据。
- 第 45～66 行代码实现自动后处理。在第 5.1 节 "自动后处理" 的基础上，读懂这段代码应该不难，此处不再赘述。

4. 运行脚本 ODB_from_externaldata. py

启动 Abaqus/CAE，运行脚本 ODB_from_externaldata. py，信息提示区如图 5-14 所示，拖动右侧滑动条可以查看详细的导入信息。

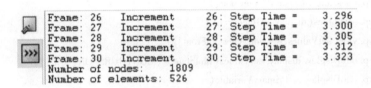

图 5-14　详细的导入信息

在 Visualization 模块中打开生成的 odbFromText. odb 文件，查看位移分布情况。由于 readodbfromtext. txt 文件中部分节点的位移值非常小（例如，−0.00021472798835），Abaqus 将这些值按照 0 来处理，并弹出如图 5-15 所示的提示信息。在建立有限元模型时，选择正确的单位制非常重要，可以避免因为数值过小而造成的数值丢失！

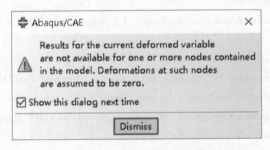

图 5-15　Abaqus 给出的提示信息

自动后处理脚本中定义了将 U1 和 U2 输出为 U1. png 和 U2. png（见图 5-16 和图 5-17），同时将 U1 和 U2 的动画输出为 U1_animate. avi 和 U2_animate. avi，脚本运行结束后，工作目录将会出现这 4 个文件，保存于资源包中的 chapter 5\。

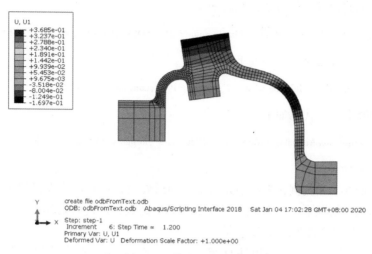

图 5-16　位移 U1 的云图

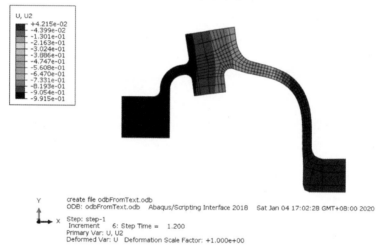

图 5-17　位移 U2 的云图

5.3　本章小结

本章主要介绍了下列内容：

1）为了提高后处理的效率，可以编写脚本实现自动后处理。

2）自动后处理的命令通常都在 Visualization 功能模块中实现，abaqus. rpy 文件可以录制大部分自动后处理命令，根据需要，可以复制/粘贴 abaqus. rpy 文件中的命令快速完成自动后处理脚本的开发。

3）在视窗中显示输出数据库文件的命令，代码如下：

```
odb = session. openOdb('viewer_tutorial. odb',readOnly = False)

vp = session. viewports['Viewport:1']

vp. setValues(displayedObject = odb)
```

4）设置视窗的背景颜色命令，代码如下：

session. graphicsOptions. setValues(backgroundStyle = SOLID, backgroundColor = '#FFFFFF')

5）输出图片文件命令，代码如下：

session. printToFile(fileName = 'stress', format = PNG, canvasObjects = (vp,))

6）输出动画命令，代码如下：

session. writeImageAnimation(fileName = '2020Mises', format = AVI, canvasObjects = (vp,))

7）X-Y 绘图命令。

8）通过实例 5-1 和实例 5-2 详细介绍了自动后处理脚本开发的步骤和注意事项。

9）在下列两种情况下，一般需要编写脚本对外部数据进行后处理：

① 读入外部数据文件来绘制 X-Y 图。

② 将其他软件的分析结果写出到 ODB 文件，并在 Visualization 模块中进行后处理。

10）通过实例 5-3 和实例 5-4 详细介绍了编写脚本处理外部数据的方法和操作步骤。

第 6 章　案例分享及常见问题

本章内容

※ 6.1　优化分析

※ 6.2　监控分析作业

※ 6.3　快速生成 guiLog 脚本

※ 6.4　参数化研究

※ 6.5　常见问题及解答

※ 6.6　本章小结

本章将介绍 Abaqus 有限元分析过程中部分高级功能的脚本编写方法，包括：优化分析、监控分析作业、快速生成 guiLog 脚本、参数化研究、编写脚本过程中的常见问题及解答等。为了帮助读者深刻理解各种高级功能的使用方法，本章将尽可能地通过实例来说明问题。

6.1　优化分析

本节将通过一个实例详细介绍编写脚本对参数进行优化分析的方法和步骤。

6.1.1　简介

选择 Abaqus 软件分析问题的主要目的包含以下 3 个方面：

1）设计问题（初步设计、优化和改进产品设计等）。

2）校核问题（已有结构是否满足强度、刚度和稳定性要求等）。

3）确定许可荷载（屈曲分析的临界荷载等）。

在这三类问题中，后两类问题的结构形式、截面形状、材料、荷载等都已基本确定，分析完成后，CAE 工程师所只需给出诸如"危险部位 A 可能发生破坏""危险部位 B 的塑性变形过大，能够影响产品的性能""模型 C 能够承受的最大屈曲荷载为 10t"的结论即可。而第 1）类问题则是充满创造力的问题，也是 CAE 工程师的重要职责之一。在既定条件下，企业始终希望产品在满足既定功能的同时，生产成本最小（截面最小、材料最省等）。因此，对于改进设计的优化分析，优化函数一般为截面最小或重量最轻。可分为下列几种情况：

1）模型总尺寸、材料、荷载、约束已定，优选截面（方形、矩形、工字形等）。

2）模型总尺寸、材料、荷载、约束、截面形式已定，优化截面的某个或某几个参数。

3）模型总尺寸、荷载、约束、截面尺寸已定，优选材料。

第 6.1.2 节将给出对管形截面悬臂梁的壁厚进行优化分析的实例。

6.1.2　案例分享

【实例 6-1】　管形截面悬臂梁壁厚优化。

管形截面悬臂梁模型如图 6-1 所示。已知条件如下：

1）悬臂梁的长度 $L = 1\mathrm{m}$。

2）管形截面梁的半径 $r = 0.025\mathrm{m}$，壁厚初始值 $t = 0.004\mathrm{m}$，如图 6-2 所示。

3）材料属性：$E = 70 \times 10^9 \mathrm{MPa}$，$\upsilon = 0.33$。

4）悬臂梁左端为固定端约束 U1 = U2 = UR3 = 0；右端施加集中荷载，方向向下，大小为 $F = 1000\mathrm{N}$（见图 6-1）。

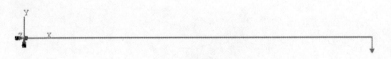

图 6-1　悬臂梁模型

优化方案如下：

1）优化参数：管形截面壁厚（thickness）。

2）优化判别条件：假定规范规定该模型最大允许挠度为 0.025m，如果所求最大挠度值小于 0.025m，则中止寻优，否则增加壁厚值，直至满足挠度限值要求。

3）优化目的：搜索满足允许挠度的最小管形截面壁厚，并输出对应的最大挠度值。

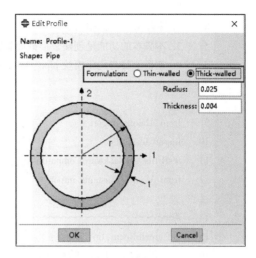

图 6-2　管形截面示意图

【编程思路】

对于本实例，编写脚本时应考虑下列 3 个方面：

1）优化过程中，对于不同的壁厚都需要提交分析作业。为了避免重复工作，最好的方法是定义函数 createBeam(thickness)，并将厚度值作为自变量。它可实现下列功能：给定 thickness 参数值后可以自动提交分析作业，得到输出数据库文件。为了便于查看脚本的执行情况，应该实时输出当前壁厚与对应的挠度值，因此，需要定义显示悬臂端挠度的函数 showDeflection(jobName, thickness, deflection)。本实例将 createBeam(thickness) 函数和 showDeflection(jobName, thickness, deflection) 函数都放在 tube_Functions.py 模块中。

2）编写优化模块 pipe_Optimization.py。本实例的优化参数为管形截面厚度（thickness）。优化模块的功能是：给定初始壁厚后，从输出数据库中提取悬臂端的挠度值并进行判断。如果挠度值小于 0.025m，则中止分析；如果大于 0.025m，则增加壁厚，并重新提交分析，直到满足优化判别条件。因此，优化模块中需要调用 createBeam(thickness) 函数和 showDeflection(jobName, thickness, deflection) 函数。由于这两个函数都属于 tube_Functions 模块，编写脚本时需要使用下列命令导入两者：

from tube_Functions import createBeam, showDeflection。

3）运行脚本时，需要将 tube_Functions.py 和 pipe_Optimization.py 放于同一目录下，否则，将弹出如图 6-3 所示的警告信息。

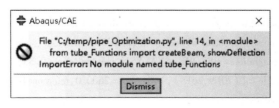

图 6-3　两个模块未放在同一目录时弹出的警告信息

本实例的脚本（见资源包中的 chapter 6\tube_Functions.py）源代码如下：

```
1    #!/user/bin/python
2    #- * -coding:UTF-8- * -
```

```
3        '''
4        文件名:tube_Functions. py
5        1. 本脚本的功能是创建管形截面悬臂梁模型
6        2. 本模块要与优化模块 pipe_Optimization. py 一起使用
7        '''

9        from Abaqus import *
10       import testUtils
11       testUtils. setBackwardCompatibility( )
12       from AbaqusConstants import *

14       #~~~~~~~~~~~~~~~~~~~~~~~~~~~~~~~~~~~~~~~~~~~~~~~
15       def createBeam( thickness) :
16           #参数 thickness 的单位是米,为浮点型数据,从 pipe_Optimization. py 中调用
17           vp = session. viewports[ session. currentViewportName]
18           m = mdb. models[ 'Model-1 ']

19           import part
20           import displayGroupMdbToolset as dgm
21           import regionToolset
22           s = m. Sketch( name ='__profile__',sheetSize = 200. 0)
23           s. Line( point1 = (0. 0,0. 0) ,point2 = (1. 0,0. 0) )
24           p = m. Part( name ='Part-1 ',dimensionality = THREE_D,type = DEFORMABLE_BODY)
25           p. BaseWire( sketch = s)

27           import material
28           import section
29           import displayGroupMdbToolset as dgm
30           import regionToolset

32           radius = 0. 025
33           print 'radius:% 5. 1f mm,thickness:% 4. 1f mm '% ( radius * 1000,thickness * 1000)

35           m. PipeProfile( name ='Profile-1 ',r = radius,t = thickness)
36           m. BeamSection( name ='Section-1 ',profile ='Profile-1 ',
37               integration = BEFORE_ANALYSIS,poissonRatio = 0. 33,
38               table = ( ( 70E9,26E9) ,) ,density = 2600. 0,referenceTemperature = 20. 0)
39           e = p. edges
40           edges = e[ 0:1]
41           region = ( None,edges,None,None)
42           p. SectionAssignment( region = region,sectionName ='Section-1 ')
43           vp. setValues( displayedObject = p)
44           p. assignBeamSectionOrientation( region = region,method = N1_COSINES,
```

```
45            n1 = (0.0,0.0,-1.0))
46    v = p.vertices
47    p.Set(name ='End Node',vertices = v[1:2])

49    import assembly
50    import displayGroupMdbToolset as dgm
51    import regionToolset
52    a = m.rootAssembly
53    vp.setValues(displayedObject = a)
54    a = m.rootAssembly
55    a.DatumCsysByDefault(CARTESIAN)
56    a.Instance(name ='Part-1-1',part = p,dependent = OFF)

58    import step
59    import displayGroupMdbToolset as dgm
60    import regionToolset
61    m.StaticStep(name ='Step-1',previous ='Initial',
62        description =""" """"",timePeriod = 1,adiabatic = OFF,maxNumInc = 10,
63        stabilization = None,timeIncrementationMethod = AUTOMATIC,initialInc = 1,
64        minInc = 1e-05,maxInc = 1,matrixSolver = SOLVER_DEFAULT,amplitude = RAMP,
65        extrapolation = LINEAR,fullyPlastic ="")
66    vp.assemblyDisplay.setValues(step ='Step-1')

68    import load
69    import displayGroupMdbToolset as dgm
70    import regionToolset
71    vp.assemblyDisplay.setValues(loads = ON,bcs = ON)
72    v1 = a.instances['Part-1-1'].vertices
73    region = (v1[0:1],None,None,None)
74    m.EncastreBC(name ='BC-1',createStepName ='Step-1',
75        region = region)
76    v1 = a.instances['Part-1-1'].vertices
77    region = ((v1[1:2],),)
78    m.ConcentratedForce(name ='Load-1',
79        createStepName ='Step-1',region = region,cf2 = -1000.0)

81    import mesh
82    import displayGroupMdbToolset as dgm
83    import regionToolset
84    partInstances = (a.instances['Part-1-1'],)
85    a.seedPartInstance(regions = partInstances,size = 0.05)
86    a.generateMesh(regions = partInstances)
```

```
88      #在视窗中显示梁变形后的形状

90      def showDeflection(jobName,thickness,deflection):
91          vp = session. viewports[session. currentViewportName]

93          import visualization
94          import xyPlot
95          import displayGroupOdbToolset as dgo

97          o = session. openOdb(jobName +'. odb')
98          vp. setValues(displayedObject = o)
99          vp. view. setValues(session. views['Front'])
100         vp. odbDisplay. display. setValues(plotState = (DEFORMED,))
101         vp. view. fitView()
102         vp. plotAnnotation(
103             mdb. Text(name ='Text:1',offset = (80,100),
104                 text ='pipe thickness:%3. 2f mm'%(thickness * 1000)))
105         vp. plotAnnotation(
106             mdb. Text(name ='Text:2',offset = (80,90),
107                 text ='deflection:%3. 2f mm'%(deflection * 1000)))
108         o. close()
```

本段代码定义了两个函数 createBeam() 和 showDeflection()，分别用来创建悬臂梁模型和显示挠度值。脚本中已经给出了尽可能多的注释行，此处不再赘述。

优化脚本（见资源包中的 chapter 6\pipe_Optimization. py）的源代码如下：

```
1      #!/user/bin/python
2      #- * -coding:UTF-8- * -
3      '''
4      文件名:pipe_Optimization. py
5      1. 本模块的功能是对管形截面的厚度(thickness)进行优化,在给定初始厚度后,
6      提交分析得到梁端最大挠度,如果该挠度值小于允许的最大值,则中止分析,
7      如果大于允许最大值,则增加截面厚度,重新提交分析,直到满足要求为止
8      2. 模块 tube_Functions. py 中已经创建了管形截面梁模型,模型中需要调用厚度参数
9          thickness 的初始值,取自于本模块
10     '''
11     from Abaqus import *
12     from AbaqusConstants import *

14     from tube_Functions import createBeam,showDeflection

16     import odbAccess
17     import visualization
```

```
19      thickness = 0.004  #单位为 m
20      maxAllowableDeflection = 0.025  #单位为 m

22      while 1:#1 表示逻辑 True,即一直循环到挠度满足最大挠度值
23          #要进行优化分析,必须对优化的量定义为函数中的参数
24          #即所有与厚度相关的量都使用 thickness 参数来表示
25          createBeam(thickness)#调用 tube_Function.py 中的函数 createBeam。

27          jobName = "Tube%03d" % (thickness * 1000)

29          mdb.Job(name = jobName, model = 'Model-1')
30          mdb.jobs[jobName].submit()
31          mdb.jobs[jobName].waitForCompletion()   #等待分析作业完成

33          #从输出数据库中提取悬臂端的挠度值

35          odb = visualization.openOdb(path = jobName + '.odb')

37          endNode = odb.rootAssembly.instances['PART-1-1'].nodeSets['END NODE']
38          u = odb.steps['Step-1'].frames[-1].fieldOutputs['U']
39          u1 = u.getSubset(region = endNode)
40          deflection = u1.values[0].data[1]
41          odb.close()
42          del odb

44          #在视窗和命令行接口中显示梁的求解信息

46          showDeflection(jobName, thickness, deflection)
47          print 'deflection:%7.3f mm'%(deflection * 1000)

49          if abs(deflection)<= maxAllowableDeflection:
50              break

52          #下一循环中截面厚度增加 1 mm

54          thickness = thickness + 0.001

56      #给出最终计算的挠度值,厚度以及是否满足要求等信息
57      print 'The calculated deflection is less than %5.2f mm:'% \
58              (maxAllowableDeflection * 1000)
59      print 'thickness:%4.1f mm, deflection:%7.3f mm'% \
60              (thickness * 1000, deflection * 1000)
```

- 第 14 行代码从 tube_Functions. py 模块中导入 createBeam( )函数和 showDeflection( )函数，便于在优化脚本文件 pipe_Optimization. py 中调用两种方法。
- 第 19 行代码给定初始壁厚为 0.004m。
- 第 20 行代码给定容许的最大挠度值为 0.025m。
- 脚本中已经给出了尽可能多的注释行，在前面几章的基础上，读懂脚本应该不难，此处不再赘述。
- 在【File】菜单下选择【Run Script】命令运行脚本 pipe_Optimization. py，信息提示区将给出如图 6-4 所示的求解过程信息。在 Visualization 模块中打开 Tube006. odb，显示场变量 U 的云图，如图 6-5 所示。

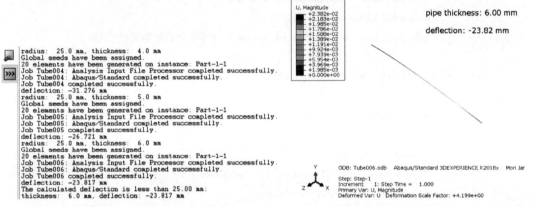

图 6-4　信息提示区给出的求解过程信息　　　图 6-5　满足优化条件的管壁厚度及对应的挠度值

　　本实例只对壁厚（thickness）进行参数化分析，得到满足优化条件的最小管壁厚度。读者还可以根据需要对多个参数进行参数化分析。本例中，读者可以尝试修改代码，让壁厚值保持 0.004m 不变，搜索满足优化判别条件的最小管径。

☞　提示：为复杂模型进行参数分析时，为了提高脚本的执行效率，建议选取的优化参数不要超过 3 个。

6.2　监控分析作业

　　本节将通过一个实例详细介绍编写脚本实现监控分析作业的方法和步骤。

6.2.1　简介

　　监控分析作业可以获取和处理分析过程中的各种信息，例如，分析过程中场变量达到某个值就必须中止分析。此时，可以通过在 monitorManager 对象中写回收函数（callback function）来实现。

　　下列代码（见资源包中的 chapter 6\data_monitor. py）将输出分析过程中的所有信息：

```
1    from Abaqus import *
2    from AbaqusConstants import *
```

```
3       import job
4       from jobMessage import *

6       def printMessages(jobName,messageType,data,userData):
7           print 'Job name:%s,Message type:%s'%(jobName,messageType)
8           print 'data members:'
9           format = '  %-18s %s'
10          print format%('member','value')
11          members = dir(data)
12          for member in members:
13              memberValue = getattr(data,member)
14              print format%(member,memberValue)

16      monitorManager. addMessageCallback(ANY_JOB,ANY_MESSAGE_TYPE,
17          printMessages,None)
```

- 第 6 行代码定义了 printMessages() 函数，形参为 jobName、messageType、data 和 userData。
- 第 10 行代码将按照第 9 行代码定义的格式（format）输出所有成员和成员值。
- 第 11 行代码调用 dir() 函数并创建列表 members。
- 第 16 行代码通过在 monitorManager 对象中写回收函数 addMessageCallback() 来获取监控信息。

分析作业完成后，还可以编写脚本对模型进行修改操作。下列代码将使用脚本来控制分析作业的顺序提交：

```
1       myJob1 = mdb. Job(name = 'Job-1',model = 'Model-1')
2       myJob2 = mdb. Job(name = 'Job-2',model = 'Model-2')
3       myJob1. submit()
4       myJob1. waitForCompletion()
5       myJob2. submit()
6       myJob2. waitForCompletion()
```

- 第 1 行代码为模型 Model-1 创建了分析作业 Job-1，并赋值给变量 myJob1。
- 第 2 行代码为模型 Model-2 创建了分析作业 Job-2，并赋值给变量 myJob2。
- 第 3 行代码调用 submit() 方法提交分析作业 Job-1。
- 第 4 行代码调用 waitForCompletion() 方法等待分析作业完成。

关于 Job 命令的详细介绍，请参见 SIMULIA 帮助文档 *SIMULIA User Assistance 2018*→ "Abaqus"→"Scripting Reference"→"Python Commands"→"Job Commands"。

6.2.2　案例分享

【实例 6-2】　监控分析过程中的竖向位移。

本实例讲解了如何通过编写脚本来监控分析作业的方法，INP 文件见资源包中的 chapter 6\rubberdome. inp。

rubberdome. inp 文件中包含对部件 52 号结点竖向位移（U2）进行监控输出的请求，对应的语句如下：

```
…
* Nset, nset = monitor, instance = dome − 1
52,
…
* Monitor, dof = 2, node = monitor, frequency = 1
* End Step
```

本实例将实现下列功能：通过定义函数 monitorDataValue( ) 来输出分析时间（data. time）和数值（data. value）。

【编程思路】

在第 6.2.1 节中已经介绍过，data_monitor. py 文件可以输出分析过程中的所有信息，因此，可以通过在该脚本的基础上进行修改来输出时间（data. time）和数值（data. value）。编写脚本的步骤如下：

1. 定义输出 data. time 和 data. value 的回收函数 monitorDataValue( )

monitorDataValue( ) 函数的形参与 printMessages( ) 函数的形参完全相同。代码如下：

```
defmonitorDataValue(jobName, messageType, data, userData):
    print "% − 8s    % s "% (data. time, data. value)
```

2. 修改 addMessageCallback( ) 函数中的参数值

将 addMessageCallback( ) 函数中的参数做下列修改：

1）将创建分析作业的参数 ANY_JOB 修改为 rubberDome。

2）将信息类型 ANY_MESSAGE_TYPE 修改为 MONITOR_DATA。

3）将回收函数名由 printMessages 修改为 monitorDataValue。

修改后的 monitorManager 对象回收函数为：

```
monitorManager. addMessageCallback('rubberDome', MONITOR_DATA, monitorDataValue, None)
```

3. 创建并运行分析作业 rubberDome. odb

代码如下：

```
job = mdb. JobFromInputFile(name = 'rubberDome', inputFileName = 'rubberDome. inp')
job. submit( )
```

4. 保存脚本

脚本（见资源包中的 chapter 6\monitor52U2. py）源代码如下：

```
1    from Abaqus import *
2    from AbaqusConstants import *
3    import job
4    from jobMessage import *
```

```
6      def monitorDataValue(jobName,messageType,data,userData):
7          print "%-8s    %s"%(data.time,data.value)

8      monitorManager.addMessageCallback('rubberDome',MONITOR_DATA,
9          monitorDataValue,None)
10     job = mdb.JobFromInputFile('rubberDome','rubberDome.inp')
11     job.submit()
```

5. 运行脚本

在 Abaqus/CAE 的【File】菜单下，选择【Run Script】命令或使用命令"Abaqus cae script = monitor52U2. py"来运行脚本。执行结果如图 6-6 所示。

图 6-6　监控分析作业的执行结果

监控分析作业开始后，将依次输出分析时间及监控节点 52 在 U2 方向的位移值。

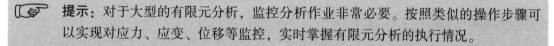 **提示:** 对于大型的有限元分析，监控分析作业非常必要。按照类似的操作步骤可以实现对应力、应变、位移等监控，实时掌握有限元分析的执行情况。

6.3　快速生成 guiLog 脚本

6.3.1　简介

Abaqus 的 GUI 工具包是让 Abaqus 软件仿真分析过程变为自动化的工具之一，它允许用户修改和扩展 Abaqus/CAE 的图形用户界面（GUI）功能，以便生成更有效的 Abaqus 有限元模型。

本书主要介绍内核脚本的开发，由于 GUI 脚本的编写和开发不是介绍重点，本节仅用一个案例说明快速编写 guiLog 脚本的方法。

6.3.2　案例分享

为了便于比较内核脚本和 guiLog 脚本，本节所选案例为第 0.1 节中介绍过的悬臂梁模型，如图 6-7 所示。实例 6-3 将借助于 Abaqus PDE 中的录制功能，快速生成 guiLog 脚本。

【实例 6-3】　快速编写 guiLog 脚本。

本实例讲解了快速编写 guiLog 脚本创建悬臂梁模型并提交分析作业的方法，guiLog 脚本见资源包中的 chapter 6\cantileverbeam. guiLog，对应的 CAE 模型文件、ODB 文件、INP 文件等保存于资源包的 chapter 6\beam model\。

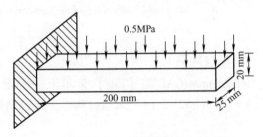

图 6-7　悬臂梁模型

快速生成 guiLog 脚本的操作步骤如下：

1）新启动一个 Abaqus/CAE，选择【File】菜单→【Abaqus PDE】命令，启动 Abaqus 的 Python 开发环境，如图 6-8 所示。

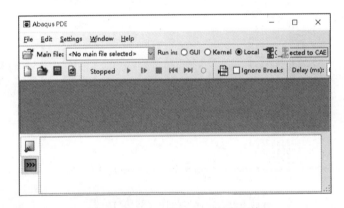

图 6-8　Abaqus 的 Python 开发环境

2）单击 按钮，新建一个 guiLog 文件，自动激活录制和播放 guiLog 工具栏（图 6-8 中为未激活状态）Stopped ▶ ▮▶ ■ ◀◀ ▶▶| ○ ，同时运行脚本空间由默认的 Run in: ○ GUI ○ Kernel ◉ Local 切换为 Run in: ◉ GUI ○ Kernel ○ Local，Abaqus 为文件自动命名并保存于 c:/temp/_abaqus5_. guiLog，如图 6-9 所示。

3）单击 ○ 按钮，启动录制 GUI 操作命令功能。悬臂梁模型非常简单，读者可以尝试自行录制完所有 Abaqus/CAE 操作。

4）单击 ● 按钮，结束录制。在 Abaqus 的 Python 开发环境下，将自动录制如图 6-10 所示的 GUI 命令。

5）将保存于 c:/temp/的文件_abaqus5_. guiLog 重命名为 cantileverbeam. guiLog。

6）重新启动 Abaqus/CAE 并打开 Abaqus 的 Python 开发环境，在主文件中打开 Main file: c:/temp/cantileverbeam.guiLog，单击 ▶ 按钮将自动执行各行 GUI 命令，单击 ▮▶ 按钮则逐行执行 GUI 命令。

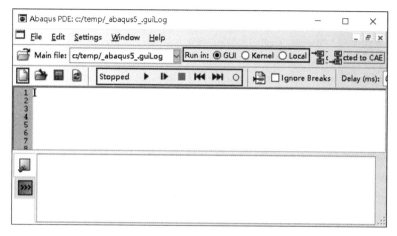

图 6-9　新建 guiLog 脚本文件

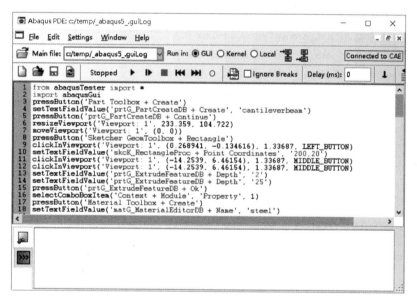

图 6-10　录制结束后的窗口界面

cantileverbeam. guiLog 文件的源代码如下：

```
1    from abaqusTester import *
2    import abaqusGui
3    pressButton('Part Toolbox + Create ')
4    pressButton('prtG_PartCreateDB + Continue ')
5    pressButton('Sketcher GeomToolbox + Rectangle ')
6    clickInViewport('Viewport:1 ',(-38. 8619,20. 7308),1. 33687,LEFT_BUTTON)
7    clickInViewport('Viewport:1 ',(28. 3732,-6. 73077),1. 33687,LEFT_BUTTON)
8    dragInViewport('Viewport:1 ',(-21. 5152,-16. 1538),(-21. 3808  -16. 0192),MIDDLE_BUTTON)
9    clickInViewport('Viewport:1 ',(-21. 3808,-16. 0192),1. 33687,MIDDLE_BUTTON)
10   setTextFieldValue('prtG_ExtrudeFeatureDB + Depth ','25 ')
```

11　pressButton('prtG_ExtrudeFeatureDB + Ok')

12　selectComboBoxItem('Context + Module','Property',1)

13　pressButton('Material Toolbox + Manager')

14　pressButton('Material Manager + Create')

15　selectMenuItem('matG_MaterialEditorDB Elasticity Menu + Elastic')

16　setTextFieldValue('matG_MaterialEditorDB + Name','steel')

17　selectTableColumn('matG_ElasticForm + Isotropic Data',("Young's\nModulus",''),1)

18　setTableCellValue('matG_ElasticForm + Isotropic Data','2.1e5',(1,1))

19　setTableCellValue('matG_ElasticForm + Isotropic Data','0.3',(1,2))

20　pressButton('matG_MaterialEditorDB + Ok')

21　pressButton('Section Toolbox + Create')

22　pressButton('sctG_SectionCreateDB + Continue')

23　pressButton('sctG_SolidHEditorDB + Ok')

24　pressButton('Section Toolbox + Assign Section')

25　clickInViewport('Viewport:1',(-0.0851403,0.0596132),0.00489273,LEFT_BUTTON)

26　pressButton('sctK_SectionAssignCreateProc + Done')

27　pressButton('sctG_SectionAssignEditDB + Ok')

28　selectComboBoxItem('Context + Module','Assembly',2)

29　pressButton('Assembly Toolbox + Create')

30　pressButton('asmG_PartListDB + Ok')

31　selectComboBoxItem('Context + Module','Step',3)

32　pressButton('Step Toolbox + Manager')

33　pressButton('Step Manager + Create')

34　pressButton('stpG_StepCreateDB + Continue')

35　selectTabItem('stpG_StaticEditor + Incrementation')

36　setTextFieldValue('stpG_StaticEditor + Initial','')

37　setTextFieldValue('stpG_StaticEditor + Initial','0.1')

38　pressButton('stpG_StepEditorDB + Ok')

39　pressButton('Step Manager + Dismiss')

40　selectComboBoxItem('Context + Module','Load',5)

41　pressButton('Load Toolbox + Create')

42　selectComboBoxItem('lbiG_LoadCreateDB + Step','Step-1',1)

43　selectListItem('lbiG_LoadCreateDB + typeList1','Pressure',2)

44　pressButton('lbiG_LoadCreateDB + Continue')

45　clickInViewport('Viewport:1',(-0.00935066,0.0266042),0.00489273,LEFT_BUTTON)

46　pressButton('lbiK_LoadCreateProc + Done')

47　setTextFieldValue('lbiG_PressureEditorDB + Magnitude','0.5')

48　pressButton('lbiG_PressureEditorDB + Ok')

49　pressButton('Boundary Condition Toolbox + Create')

50　selectComboBoxItem('lbiG_BCCreateDB + Step','Initial',0)

51　pressButton('lbiG_BCCreateDB + Continue')

52　pressButton('Toolbar + Rotate')

53　dragInViewport('Viewport:1',(-0.138291,0.0872028),(-0.0236227,0),LEFT_BUTTON)

```
54    pressButton('Toolbar + Rotate')
55    clickInViewport('Viewport:1',(-0.191443,0.0650327),0.00489274,LEFT_BUTTON)
56    pressButton('lbiK_BCCreateProc + Done')
57    pressRadioButton('lbiG_TypeBCEditorDB + Encastre')
58    pressButton('lbiG_TypeBCEditorDB + Ok')
59    selectComboBoxItem('Context + Module','Mesh',6)
60    resizeViewport('Viewport:1',232.555,104.722)
61    moveViewport('Viewport:1',(0,0))
62    pressRadioButton('Context + PartBtn')
63    pressFlyoutButton('Mesh Toolbox + Seed')
64    setTextFieldValue('mgnG_PartSeedsDB + Approximate size','4')
65    pressButton('mgnG_PartSeedsDB + Ok')
66    pressFlyoutButton('Mesh Toolbox + Mesh')
67    pressButton('mgnK_CreatePrtMeshProc + Yes')
68    selectComboBoxItem('Context + Module','Job',8)
69    pressButton('Job Toolbox + Manager')
70    pressButton('Job Manager + Create')
71    setTextFieldValue('jobG_JobCreateDB + Create','Job-beam121')
72    pressButton('jobG_JobCreateDB + Continue')
73    pressButton('jobG_JobEditorDB + Ok')
74    pressButton('Job Manager + Submit')
75    pressButton('Job Manager + Results')
76    pressButton('Options Toolbox + Common Options')
77    pressRadioButton('visG_CommonOptionsDB_common + No Edges')
78    pressButton('visG_CommonOptionsDB_common + Ok')
79    pressFlyoutButton('PlotState Toolbox + Contours')
```

- 第 1 行和第 2 行代码的功能是导入模块 abaqusTester 和 abaqusGui。
- 第 3 行代码的功能是在【Part】工具栏中单击按钮【Create】，与 ⬛ 按钮的功能类似。
- 本段代码的功能与在 Abaqus/CAE 中操作效果完全相同，逐行执行代码可以看到 Abaqus/CAE 对应的对话框和操作，此处不再赘述。

关于 GUI 脚本开发的详细介绍，请参见 SIMULIA 帮助手册 *SIMULIA User Assistance 2018*→ "Abaqus"→"GUI Toolkit" 和 "GUI Toolkit Reference"。

☞ **提示：**①执行 guiLog 脚本文件的效率虽比内核脚本低，但是比在 Abaqus/CAE 中的操作效率高很多倍，读者可以根据需要选择内核脚本或 guiLog 脚本；②本实例录制了整个悬臂梁模型从建模到后处理的所有功能，读者可以根据需要只录制部分功能。例如，只录制建模的命令并保存为 model_create. guiLog，只录制材料属性定义的命令并保存为 material_property. guiLog，只录制定义分析步和输出的 step_output. guiLog 等；③对于录制命令中的参数，读者可以根据需要修改。例如，将第 64 行代码中 Approximate size 的值由 4 修改为 3，则表示将布置网格种子尺寸改为 3，与图 6-11 所示的操作效果相同。

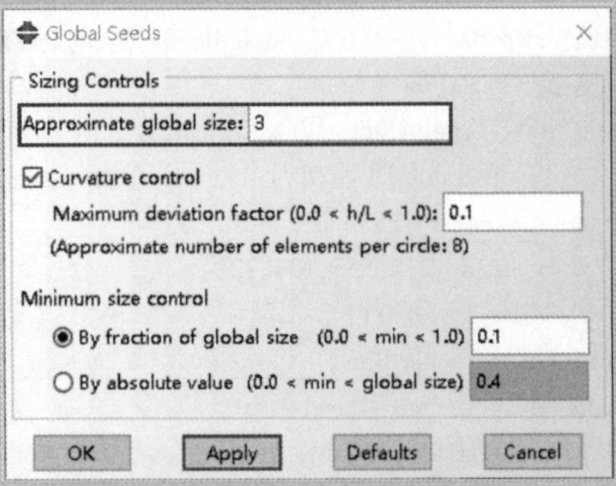

图 6-11　设置网格种子的大致尺寸为 3

6.4　参数化研究

6.4.1　简介

Abaqus 的 Python 二次开发功能中提供了参数化研究功能，对应的文件扩展名为 . psf（Python Scripting File）。在 Abaqus 软件中执行参数化研究十分方便，按照下列步骤准备相关文件即可。

1. 准备 INP 文件模板

该模板中包含要研究的各个参数，使用 ∗ PARAMETER 关键词定义。

下列命令是 INP 文件模板中的部分关键字行和数据行，包含了定义参数化研究过程中的各个参数的方法以及在 INP 文件中引用参数的方法。

```
1    * PARAMETER
2    # basic element type
3    elemType = 'S8R'
4    # basic skew angle
5    delta = 90.
6    # convert angle delta to radians
7    pi = 3. 1415
8    deltaRad = delta * pi/180.
9    # corner node coordinates based on skew angle
10   x801 = cos( deltaRad)
11   y801 = sin( deltaRad)
12   x809 = cos( deltaRad) + 1.
13   y809 = sin( deltaRad)
14   * NODE, NSET = CORNERS
15   1,   0.,    0.
16   9,   1.,    0.
17    ** parametrized corner coordinates
18   801, < x801 > , < y801 >
```

19　　809, < x809 >, < y809 >

20　　……

21　　* ELEMENT, TYPE = < elemType >

22　　1,　1,3,203,201,2,103,202,101

- 第 1 行代码通过 * PARAMETER 关键词声明参数化研究。
- 第 3、5、7、8、10、11、12、13 行代码的功能定义了参数 elemType、delta、pi、delt-aRad、x801、y801、x809 和 y809，其中，后 4 个参数是 deltaRad 的函数，而 deltaRad 是 delta 和常数 pi 的函数。
- 第 18、19、21 行代码使用一对尖括号（ < > ）加参数名的方式分别使用了参数 < x801 >、< y801 >、< x809 >、< y809 > 和 < elemType >。
- 第 2、4、6、9、17 行代码属于注释行，用于对参数或功能进行说明。需要注意的是，* PARAMETER 关键词的注释行用#开头，遵循 Python 语言的语法规则，非 * PA-RAMETER 关键词部分，遵循 INP 文件中注释行的语法规则。

☞ **提示**：建议读者使用 Job 功能模块提供的 Write Input 功能自动生成的 INP 文件作为模板文件。

2. 编写参数化研究的脚本文件. psf

Abaqus 软件中通过 Python 脚本驱动参数化研究，需要在脚本中完成下列定义：

1）指定参数化研究的名称和参数名。

2）指定参数的定义方法：连续或离散。

3）指定参数的取样方法，包括：给定一系列值、指定范围内取样或对称取样。

4）指定参数的组合方式，包括：MESH、TUPLE、CROSS。

5）生成 INP 文件。

6）执行 Abaqus 有限元分析。

7）建立分析结果库。

8）在结果库中获取所关心的分析结果。

9）输出分析结果。

完成上述 9 步，就可以实现参数化研究并获取分析结果。

3. 执行参数化研究的脚本文件

将基于 INP 文件模板准备所有参数化研究方案的 . inp 文件，以及参数化研究的 Python 脚本文件放在 Abaqus 的工作路径下，打开 Abaqus 的命令行接口，输入命令"abaqus script = filename. psf"（见图 6-12），执行参数化研究。

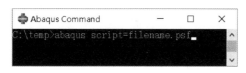

图 6-12　执行参数化研究

6.4.2　案例分享

读者把参数化研究的 INP 文件和脚本文件 .psf 准备完毕，剩余工作都交给 Abaqus 求解器自动执行，越复杂的模型，INP 文件中的关键字行和数据行越多，执行分析的时间越长。

本节通过一个简单的 Abaqus 静力学分析模型，说明创建 INP 文件模板、编写脚本文件并执行参数化研究的方法。

【实例 6-4】　参数敏感性分析。

本节以一个四边简支斜板受均布压力作用的静力分析实例，通过设置不同单元类型、不同倾斜网格、不同网格密度等参数，查看分析结果并与理论解比较，获得各参数对分析结果的敏感性。

该实例的模型信息如下：

1）薄板尺寸为 $1.0 m \times 1.0 m \times 10 mm$，边长与厚度比值为 100∶1，属于可忽略横向剪切变形的薄板。

2）材料参数：弹性模量 $E = 30 MPa$；泊松比 $\mu = 0.3$。

3）约束和荷载：四边简支（$U_1 = U_2 = U_3 = 0$）；斜板表面承受均布压力 $p = 1.0 \times 10^{-6} MPa$。

4）δ 为倾斜角度参数，共包括 5 种情况：90°、80°、60°、40° 和 30°。

5）elemType 为单元类型参数，包括：S8R、S4R 和 S4 三种情况，将执行 $5 \times 3 = 15$ 个分析作业。

6）选择 3 种网格布置，分别为：4×4、8×8 和 14×14。4×4 的网格划分示意图如图 6-13 所示。

下面详细介绍对该实例进行参数化研究的步骤。

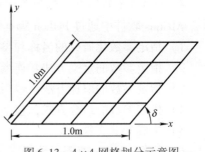

图 6-13　4×4 网格划分示意图

1. 准备 INP 文件模板（见资源包中的 chapter 6\para_study\skewshell_parametric. inp）

```
* HEADING
SKEW SENSITIVITY OF SHELLS:4 X 4 MESH,
< elemType > , < delta > DEG
* PREPRINT,PARVAL = YES,PARSUBS = YES
* PARAMETER
# basic element type
elemType = 'S8R'
# basic skew angle
delta = 90.
# convert angle delta to radians
pi = 3. 1415
deltaRad = delta * pi/180.
# corner node coordinates based on skew angle
x801 = cos( deltaRad)
```

```
y801 = sin( deltaRad)
x809 = cos( deltaRad) + 1.
y809 = sin( deltaRad)
 * NODE,NSET = CORNERS
1,   0. ,    0.
9,   1. ,    0.
 ** parametrized corner coordinates
801, < x801 > , < y801 >
809, < x809 > , < y809 >
 * NGEN,NSET = BOT
1,9,1
 * NGEN,NSET = TOP
801,809,1
 * NFILL
BOT,TOP,8,100
 * NSET,NSET = CENTND
405,
 ** parametrized element type
 * ELEMENT,TYPE = < elemType >
1,   1,3,203,201,2,103,202,101
 * NSET,NSET = SIDES,GENERATE
1,9,1
801,809,1
1,801,100
9,809,100
 * ELGEN,ELSET = ALLELS
1,4,2,1,4,200,4
 * ELSET,ELSET = CENTER
6,7,10,11
 * SHELL SECTION,MATERIAL = A1,ELSET = ALLELS
.01,3
 * MATERIAL,NAME = A1
 * ELASTIC
3.E7,   .3
 * BOUNDARY
SIDES,1,3
 * STEP
 * STATIC
 * DLOAD
ALLELS,P,-1.
 * OUTPUT,FIELD
 * NODE OUTPUT,NSET = CENTND
U
```

```
 * ELEMENT OUTPUT,ELSET = CENTER,POSITION = NODES
SF
 * NODE PRINT,NSET = CENTND
U,
 * NODE FILE,NSET = CENTND
U,
 * END STEP
```

第 6.4.1 节已经详细介绍了与参数化研究相关的关键词行和数据行，此处不再赘述。

基于该 INP 文件模板，笔者选择 15 个参数化方案中的一种——S4 单元、4 × 4 网格、delta 参数为 90°的 INP 文件加以说明（见资源包中的 chapter 6\para_study\skewshell_s4_4x4_ang90. inp）。代码如下：

```
 * HEADING
SIMPLY SUPPORTED SQUARE PLATE WITH UNIFORM PRESSURE - - -S4 4 ×4 MESH
 * PREPRINT,ECHO = YES,MODEL = NO,HISTORY = NO
 * NODE,NSET = CORNERS
1,   0. ,    0.
5,   1. ,    0.
401,  0. ,    1.
405,  1. ,    1.
 * NGEN,NSET = BOT
1,5,1
 * NGEN,NSET = TOP
401,405,1
 * NFILL
BOT,TOP,4,100
 * NSET,NSET = SIDES,GENERATE
1,5,1
401,405,1
1,401,100
5,405,100
 * NSET,NSET = CENTND
203,
 * ELEMENT,TYPE = S4
1,1,2,   102,101
 * ELGEN,ELSET = ALLELS
1,4,1,1,4,100,4
 * ELSET,ELSET = CENTER
6,7,10,11
 * MATERIAL,NAME = METAL
 * ELASTIC
3. E7,  . 3
 * SHELL SECTION,MATERIAL = METAL,ELSET = ALLELS
```

```
.01,3
 * BOUNDARY
SIDES,1,3
 * STEP
 * STATIC
 * DLOAD
ALLELS,P,-1.
 * NODE PRINT,NSET = CENTND
U,
 * EL PRINT,ELSET = CENTER,POSITION = AVERAGED AT NODES
SF,
 * NODE FILE,NSET = CENTND
U,
 * OUTPUT,FIELD
 * NODE OUTPUT,NSET = CENTND
U,
 * EL FILE,ELSET = CENTER,POSITION = AVERAGED AT NODES
SF,
 * END STEP
```

- 可以看出，该 INP 文件与一般提交分析作业的 INP 文件没有任何不同，里面没有体现参数 delta 和 elemType。
- 细心的读者会发现，除了 INP 文件模板中的 * PARAMETER 关键词之外，skewshell_s4_4x4_ang90. inp 文件中的关键词与模板文件的关键词完全相同（ * 号开头的行为关键词行）。
- 脚本在执行过程中，只要在 INP 文件中发现与 delta 和 elemType 参数匹配的关键词，则自动执行。

2. 编写参数化研究的脚本文件

参数化研究的源代码（见资源包中的 chapter 6\para_study\skewshell_parametric. psf）如下：

```
1    #! /user/bin/python
2    #- * -coding:UTF-8- * -
3    #######################################################################
4    #参数化研究实例：                                                      #
5    #包含下列参数：
                                                                           #
6    #delta:薄板倾斜角度(单位为°)                                          #
7    #elemType:壳的单元类型                                                 #
8    #######################################################################

10   #调用 ParStudy 方法创建新的参数化研究
11   skewStudy = ParStudy(par = ('elemType','delta'),directory = ON,verbose = ON)
```

```
13    #调用 define 方法定义参数 delta 和 elemType
14    skewStudy. define(DISCRETE,par = 'delta',domain = (90. ,80. ,60. ,40. ,30. ))
15    skewStudy. define(DISCRETE,par = 'elemType',domain = ('s8r','s4r','s4'))

17    #调用 sample 方法生成参数样本
18    skewStudy. sample(INTERVAL,par = ('delta','elemType'),interval = 1)

20    #调用 combine 方法将样本组合到给定的参数设计中
21    skewStudy. combine(MESH)

23    #调用 generate 方法生成分析数据,使用了模板文件 skewshell_parametric. inp
24    skewStudy. generate(template = 'skewshell_parametric')

26    #调用 execute 方法顺序执行所有分析作业
27    skewStudy. execute(ALL)

29    #获取研究分析步 1 结束时刻的输出结果
30    skewStudy. output(step = 1)

32    #调用 gather 方法将 405 节点的所有位移结果搜集到一起,并命名为"N405_U"
33    skewStudy. gather(results = 'N405_U',variable = 'U',node = 405)

35    #调用 report 方法在屏幕输出 405 节点的 U3 位移结果
36    skewStudy. report(PRINT,results = ('N405_U. 3'))

38    #从 ODB 文件中读取相同集合的分析结果

40    #研究分析步 1 结束时刻的输出结果
41    skewStudy. output(step = 1,file = ODB)

43    #将 405 节点的所有位移结果搜集到一起,并命名为"o N405_U"
44    skewStudy. gather(results = 'o N405_U',variable = 'U',node = 405)

46    #将分析结果' N405_U. 3 '和' o N405_U. 3 '输出到文件 skewshell_parametric. psr 中
47    skewStudy. report(FILE,results = ('N405_U. 3'),par = (),
48        file = 'skewshell_parametric. psr')

50    skewStudy. report(FILE,results = ('o N405_U. 3'),par = (),
51        file = 'skewshell_parametric. psr')
```

上述代码已经增加了足够多的注释行，此处不再赘述。

在 Abaqus 的命令行提示符下，输入"abaqus script = skewshell_parametric. psf"命令，按 <Enter> 键后，将自动执行 15 种方案的参数化文件，执行效果如图 6-14 所示。执行完毕，则会给出相关汇总信息，同时给出 15 种方案的分析结果，如图 6-15 所示。skewshell_parametric. psr 文件中也给出了读者关心的分析结果，如图 6-16 所示。skewshell_parametric. var 文件中则给出了各个方案的执行状态，如图 6-17 所示。

图 6-14　执行参数化脚本文件（部分截图）

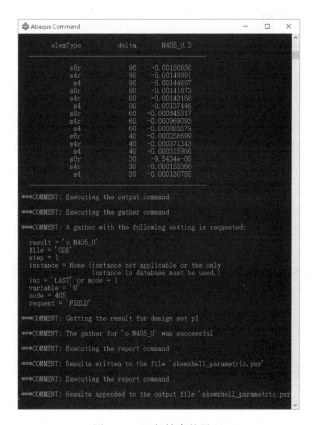

图 6-15　运行结束的界面

```
Parametric study: skewshell_parametric
─────────────────────────────────────

    N405_U.3,

   -0.00150858,
   -0.00149891,
   -0.00144697,
   -0.00141673,
   -0.00143168,
   -0.00137446,
  -0.000845317,
  -0.000969093,
  -0.000885679,
  -0.000258699,
  -0.000371343,
  -0.000315966,
   -9.5434e-05,
  -0.000153366,
  -0.000130785,
```

```
skewshell_parametric; p1; p1_c1; ['s8r', 90.0]; COMPLETED;
skewshell_parametric; p1; p1_c2; ['s4r', 90.0]; COMPLETED;
skewshell_parametric; p1; p1_c3; ['s4', 90.0]; COMPLETED;
skewshell_parametric; p1; p1_c4; ['s8r', 80.0]; COMPLETED;
skewshell_parametric; p1; p1_c5; ['s4r', 80.0]; COMPLETED;
skewshell_parametric; p1; p1_c6; ['s4', 80.0]; COMPLETED;
skewshell_parametric; p1; p1_c7; ['s8r', 60.0]; COMPLETED;
skewshell_parametric; p1; p1_c8; ['s4r', 60.0]; COMPLETED;
skewshell_parametric; p1; p1_c9; ['s4', 60.0]; COMPLETED;
skewshell_parametric; p1; p1_c10; ['s8r', 40.0]; COMPLETED;
skewshell_parametric; p1; p1_c11; ['s4r', 40.0]; COMPLETED;
skewshell_parametric; p1; p1_c12; ['s4', 40.0]; COMPLETED;
skewshell_parametric; p1; p1_c13; ['s8r', 30.0]; COMPLETED;
skewshell_parametric; p1; p1_c14; ['s4r', 30.0]; COMPLETED;
skewshell_parametric; p1; p1_c15; ['s4', 30.0]; COMPLETED;
```

图 6-16　405 节点 U3 的分析结果　　　　　图 6-17　各个方案的执行状态

　　本实例中，45 种方案（5 个角度参数 ×3 种单元类型 ×3 种网格密度 =45 种方案）的 INP 文件、INP 文件模板、参数优化脚本文件以及分析结果文件保存于资源包的 chapter 6\ para_study\。

> ☞　**提示**：参数化研究的脚本文件（∗. psf）只能通过 Abaqus Command 命令行接口提交，通过【File】菜单中【Run script】命令运行脚本无法提交分析。

6.5　常见问题及解答

6.5.1　Python 编程零基础，如何快速开发 Abaqus 脚本？

　　Python 语言是当前最受程序开发人员和编程爱好者青睐的一门面向对象编程的语言。当它被内置于 Abaqus 软件中作为二次开发的编程接口，将使得二者的功能更加强大。

　　对于使用 Abaqus 软件的任意用户（无论是刚接触该软件的初学者，还是拥有多年使用经验的中高级用户），都应该学习 Python 编程，学习 Abaqus 中的 Python 二次开发，这会使得有限元分析效率提高几十倍甚至上千倍。

　　如果要快速开发 Abaqus 有限元分析的高效脚本，建议读者参加专门的 "Python 语言在 Abaqus 中的应用" 高级培训，系统地学习 Python 语言编程基础以及 Abaqus 中的脚本开发接口基础知识和编程技巧。

　　如果读者属于 Python 编程零基础状态，也可以借助 Abaqus 中提供的宏录制功能或 abaqus. rpy 文件快速开发脚本（详见第 2.1.5 节 "快速编写脚本的方法"）。需要注意的是，虽然这种方法可以实现脚本的快速开发，但由于缺乏 Python 编程基础，对于复杂功能的实现可能会比较困难。

6.5.2　Abaqus 脚本接口对象模型十分复杂，如何快速开发脚本？

　　Python 语言是面向对象编程的语言，对象拥有属性和方法，模块之间可以相互导入，其对象模型十分复杂。Abaqus 提供的 Python 脚本接口，在 Python 语言对象模型的基础上又扩充了大约 500 种对象模型，对象还拥有多态性、继承性等复杂特性，因此 Abaqus 的对象模型更加复杂，任何一位程序开发人员都不可能清楚地掌握每个对象之间的关系。因此，学会查询对象模型之间的关系，获取对象的属性和方法及各个属性的类型（列表、元组、字符串、数组、类或字典），各个方法的必选参数和可选参数等就显得十分重要。

为了快速开发脚本，建议读者按照下列步骤进行：

1）导入相关模块。

2）明确开发任务，确定变量名、文件名的命名规则。

3）命令测试（非常重要）。

笔者在开发代码时，首先对开发过程中的每条命令都进行测试，查看命令的执行结果并保证结果正确。

如果所开发的功能可以在 Abaqus/CAE 中实现，则借助 abaqus. rpy 文件录制对应的命令行，然后稍加修改生成所需命令；如果命令对应的功能在 Abaqus/CAE 中无法实现，则只能借助第 2.7 节 "查询对象" 的方法，查询各对象模型之间的关系以及返回值类型，自己编写代码。

编写代码过程中，如果遇到不熟悉的命令、参数等，则查询 *Abaqus 6.18 帮助手册* "Abaqus"→"Scripting Reference"→"Python commands" 来完成代码的编写。

1）如果某部分功能会重复用到，则需要定义函数来实现，对函数名、各个参数的设置、类型和功能等进行充分设计。

2）完成所有代码的开发后，要进行综合测试和验证，以保证结果正确，便于使用。

> ☞ **提示**：在编写代码的过程中，要根据需要人为设置 print 语句来输出执行过程中的信息，包括：可能出错的变量值、执行状态信息、异常信息、判断信息等，以便调试和修改模型；在编写代码的过程中，轻易不要删除代码行，如果某些代码测试过程中不需要出现，则可以通过#字符对单行进行注释或者使用三引号对多行代码进行注释的方法来调试。

6.5.3 如何实现大量 INP 文件的自动提交？

有读者给笔者发邮件咨询如何编写脚本以实现大量 INP 文件的自动提交。也有读者经常咨询诸如 "Abaqus/CAE 中没有提供某项功能，我应该如何编写脚本来实现" 等问题，笔者希望通过这个自动批量提交 INP 文件的实例，教给读者遇到新功能、新问题，自己如何想办法来解决。

笔者在看到读者问的这个大量 INP 文件的自动提交问题时，首先想到下列几点：

1）它的主要功能是创建有限元分析作业时，直接提交 INP 文件，所以需要用到自动提交分析作业的命令。笔者任意选择了一个 INP 文件，并录制 Abaqus/CAE 中提交 INP 分析作业的对应操作，得到的代码如下：

```
mdb. JobFromInputFile( name =' Job- beam121 ',
    inputFileName =' C:\\temp\\Job- beam121. inp ', type = ANALYSIS, atTime = None,
    waitMinutes = 0, waitHours = 0, queue = None, memory = 90, memoryUnits = PERCENTAGE,
    getMemoryFromAnalysis = True, explicitPrecision = SINGLE,
    nodalOutputPrecision = SINGLE, userSubroutine =", scratch =",
```

$$resultsFormat = ODB, multiprocessingMode = DEFAULT, numCpus = 1, numGPUs = 0)$$

仔细观察上述代码，发现只有 name 参数和 inputFileName 两个参数是用户必须输入的参数，其他参数都是 Abaqus 软件默认设置的，因而可以将代码简化为

mdb. JobFromInputFile(**name** = '**Job-beam**121', **inputFileName** = '**C**:**temp****Job-beam**121. **inp**',)

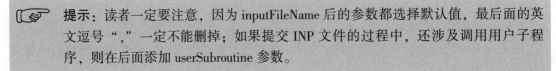

提示：读者一定要注意，因为 inputFileName 后的参数都选择默认值，最后面的英文逗号"，"一定不能删掉；如果提交 INP 文件的过程中，还涉及调用用户子程序，则在后面添加 userSubroutine 参数。

2）因为涉及大量 INP 文件的自动提交，则一定要用到循环功能。最经常用到的循环为 for... in range()循环。

3）只要用程序实现自动提交 INP 文件，则 INP 文件的名字一定要有规律，否则无法找到对应的 INP 文件。本实例中，INP 文件的名字分别为 inp_0. inp，inp_1. inp，inp_2. inp，inp_3. inp（本实例的目的是说明编写脚本的方法，仅取 4 个 INP 文件作为演示）

4）为了让分析结果 ODB 文件能够直观地反映 INP 文件的名字，构造了与 INP 文件同名的 ODB 文件。

综合考虑上述 4 个方面，编写完成的源代码（见资源包中的 chapter 6\INP_Autosubmit. py）如下：

```
1    fromabaqus import *
2    fromabaqusConstants import *

3    fori in range(0,4):
4        jobName = 'inp_' + str(i)
5        myJob = mdb. JobFromInputFile( name = jobName,
6        inputFileName = 'C:\\temp\\' + jobName +'. inp',)
7        myJob. submit()
8        myJob. waitForCompletion()
```

本段代码的功能在前面都已经介绍过，此处不再赘述。

为了测试代码的正确性，笔者构造了 inp_0. inp，inp_1. inp，inp_2. inp，inp_3. inp 共 4 个 INP 文件（见资源包的 chapter 6\inp0-3 ODB0 –3\）。在 Abaqus/CAE 的【File】菜单下，选择【Run Script】命令，运行 INP_Autosubmit. py 文件，则依次自动提交 4 个 INP 文件，执行结果如图 6-18 所示，在 Abaqus 的工作路径下，同时生成了 inp_0. odb、inp_1. odb、inp_2. odb、inp_3. odb 文件。

```
Job inp_0: Analysis Input File Processor completed successfully.
Job inp_0: Abaqus/Standard completed successfully.
Job inp_0 completed successfully.
Job inp_1: Analysis Input File Processor completed successfully.
Job inp_1: Abaqus/Standard completed successfully.
Job inp_1 completed successfully.
Job inp_2: Analysis Input File Processor completed successfully.
Job inp_2: Abaqus/Standard completed successfully.
Job inp_2 completed successfully.
Job inp_3: Analysis Input File Processor completed successfully.
Job inp_3: Abaqus/Standard completed successfully.
Job inp_3 completed successfully.
```

图 6-18　执行 INP_Autosubmit. py 后的效果

6.5.4 所建有限元模型，某些参数是随机的，如何实现？

在有限元建模过程中，某些参数是变化的、随机的（例如，混凝土结构中不同级配的骨料，地下开采过程中大小、形状不同的砾石等），该如何建模？

当遇到随机分布的变量时，则通常需要用到 Python 标准库中的 random 模块，该模块包含多个函数，可以生成随机的浮点数、整数、字符串类型的数据、随机选择列表序列中的一个元素、打乱一组数据等。

下面简单介绍 random 模块中的常用函数。

1. random( )函数

该函数是 random 模块中最常用的，会随机生成一个 0.0 ~ 1.0 之间的浮点数。例如

```
>>> import random
>>> print random. random( )
0. 809221478124
```

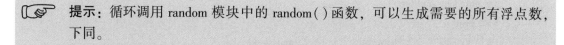 **提示**：循环调用 random 模块中的 random( )函数，可以生成需要的所有浮点数，下同。

2. uniform( )函数

该函数的原型为 random. uniform(a,b)，用于生成一个指定范围内的随机浮点数，两个参数 a 和 b 分别表示上、下限。如果 a > b，则生成的随机数 n 有 a <= n <= b。如果 a < b，则 b <= n <= a。例如

```
>>> import random
>>> printrandom. uniform(10,20)
13. 2960134544
>>> printrandom. uniform(20,10)
15. 9038751838
```

3. randint( )函数

该函数的原型为 random. randint(a,b)，用于生成一个指定范围内的整数。其中，参数 a 是下限，参数 b 是上限，生成的随机数 n 有 a <= n <= b。例如

```
>>> import random
>>> printrandom. randint(10,100)
73
>>> printrandom. randint(100,10)    # 下限必须小于上限,否则抛出 ValueError 异常
Traceback(most recent call last):
File "< stdin >",line 1,in  < module >
File "d:\SIMULIA\CAE\2019\win_b64\tools\SMApy\python2. 7\lib\random. py ",line 241,inrandint
    returnself. randrange(a,b + 1)
File "d:\SIMULIA\CAE\2019\win_b64\tools\SMApy\python2. 7\lib\random. py ",line 217,
    inrandrange
```

　　　　raiseValueError,"empty range for randrange()(%d,%d,%d)" % (istart,istop,width)
　　ValueError:empty range for randrange()(100,11,-89)

4. choice() 函数

　　该函数的原型为 random. choice(sequence)，其参数为一个序列（sequence）。该函数可以从任何序列（如列表）中选取一个随机的元素返回。例如

```
>>> print random. choice('abcdefg')
c
>>> printrandom. choice(['apple','pear','peach','orange','lemon'])
pear
```

5. shuffle() 函数

　　该函数的原型为 random. shuffle(x[,random])，用于将一个列表中的元素顺序打乱。例如

```
>>> p = ["Python","is","powerful","simple","and so on..."]
>>> random. shuffle(p)
>>> print p
p = ["Python","is","powerful","simple","and so on..."]
```

☞　**提示**：本节中调用的函数都是随机函数，因为输出结果是随机的，读者运行后的输出结果可能与书中不同，这是正常现象。

6. randrange() 函数

　　该函数的原型为 random. randrange([start],stop[,step])，功能是从指定范围按指定基数递增的集合中获取一个随机数。例如，random. randrange(20,50,4)，结果相当于从序列[20,24,28,32,...,44,48]中获取一个随机数。其执行结果与 random. choice(range(20,50,4)的执行结果等效。例如

```
>>> import random
>>> random. randrange(20,50,4)
36
```

7. sample(seq,n) 函数

　　该函数的功能是从序列 seq 中随机截取指定长度为 n 的序列，原序列中的元素顺序不变。例如

```
>>> import random
>>> list = [1,2,3,4,5,6,7,8,9,10]
>>> a = random. sample(list,5)    #从 list 中随机获取 5 个元素,作为一个新序列返回
>>> print a
[1,6,10,8,3]
>>> print list    #原有序列并没有改变
[1,2,3,4,5,6,7,8,9,10]
```

掌握了上述几个随机函数的使用方法，读者就可以根据需要构造随机生成的元素序列，并根据需要构造所需的随机模型。

笔者编写的随机生成 10 个不同半径的圆形部件的源代码如下：

```
1   #!/user/bin/python
2   #- * -coding:UTF-8- * -
3   #导入所有相关模块
4   from abaqus import *
5   from abaqusConstants import *
6   import random
7   from caeModules import *
8   from driverUtils import executeOnCaeStartup
9   #下列代码直接复制 abaqus. rpy 文件中的内容
10  session. Viewport( name =' Viewport:1 ', origin = (0. 0,0. 0) , width = 157. 919921875,
11      height = 80. 3541717529297)
12  session. viewports[' Viewport:1 ']. makeCurrent( )
13  executeOnCaeStartup( )
14  session. viewports[' Viewport:1 ']. partDisplay. geometryOptions. setValues(
15      referenceRepresentation = ON)
16  s = mdb. models[' Model-1 ']. ConstrainedSketch( name =' __profile__ ', sheetSize = 200. 0)
17  g,v,d,c = s. geometry,s. vertices,s. dimensions,s. constraints
18  s. setPrimaryObject( option = STANDALONE)
19  #构造列表 data[ ],用于存储 10 个由随机函数生成的圆形部件的半径
20  data = [ ]
21  #调用 append 方法追加数据
22  for i in range( 0,10) :
23      data. append( random. uniform( 10,20) )
24  print data
25  #循环 10 次,生成 10 个圆形部件
26  j = 0
27  for i in range( 0,10) :
28      s. CircleByCenterPerimeter( center = (0. 0,0. 0) ,point1 = ( data[ j ],0. 0) )
29      p = mdb. models[' Model-1 ']. Part( name =' Part-' + str( j) ,
30          dimensionality = TWO_D_PLANAR,type = DEFORMABLE_BODY)
31      p = mdb. models[' Model-1 ']. parts[' Part-' + str( j) ]
32      j = j + 1
```

- 第 20 行代码构造了空的列表 data[ ]，用来存储随机函数构造的半径值。这种方法在代码开发过程中非常好用，在实际开发过程中注意灵活运用。
- 第 24 行代码输出列表 data[ ]，用来查看半径值。
- 为了让创建的零部件自动命名，第 26 行代码构造了循环指针 j，自动读取 data[ ] 列表中的数据。在编写代码过程中，读者应该根据需要设置一些与研究目的不直接相关，却会对功能实现非常重要的列表、字符串等。

● 脚本中已经给出了尽可能多的注释行，此处不再赘述。

在 Abaqus/CAE 的【File】菜单下，选择【Run Script】命令或使用命令"Abaqus cae script = random_radius. py"来运行脚本。执行完毕后，单击部件管理器中的 ▓ 按钮查看生成的部件，如图 6-19 所示。

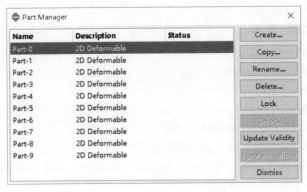

图 6-19　自动生成的部件

6.6　本章小结

本章主要介绍了下列内容：

1）在满足要求（强度、刚度、稳定性、疲劳等）的前提下尽可能地节省成本是企业研发人员关心的问题。优化设计也是 CAE 工程师的重要职责之一。第 6.1 节通过一个实例介绍了编写脚本实现优化分析的方法，在优化分析中一定要给出判别条件和优化参数。

2）监控分析作业可以获取和处理分析过程中的各种信息。第 6.2 节介绍了编写脚本实现监控分析作业的方法，通常需要通过在 monitorManager 对象中写回收函数来实现。

3）第 6.3 节介绍了借助 Abaqus 的 Python 开发环境（Abaqus PDE）提供的脚本录制功能，快速生成 guiLog 脚本文件，并通过一个完整的悬臂梁模型实例介绍详细的操作步骤。

4）第 6.4 节介绍了参数化研究的操作步骤，包括：准备 INP 文件模板、编写参数化研究脚本文件、提交分析作业。通过一个四边简支斜板不同网格密度、不同单元类型、不同倾斜角度的案例，详细介绍了 INP 文件模板的制作方法、脚本文件中各命令的功能，并给出了执行参数化研究的命令和分析结果的查看方法。

5）解答了读者基于 Abaqus 脚本接口进行二次开发过程中的常见问题，并通过具体实例加以说明。程序开发是一项极有挑战性和创新性的工程，难以在一本书中完全解答所有问题，笔者仅挑选部分典型的问题予以解答，希望能够抛砖引玉，启发读者开发更多高效实用的脚本。

附　　录

附录内容

※　附录 A　Python 语言的保留字
※　附录 B　Python 语言的运算符
※　附录 C　Python 语言的常用函数
※　附录 D　本书用到的方法（函数）
※　附录 E　本书用到的模块
※　附录 F　本书涉及的异常类型

附录 A　Python 语言的保留字

and	逻辑 "和"	第 1.1.1 节，第 1.3.4 节
as	类型转换	第 1.1.1 节
assert	判断变量或条件表达式是否为真	第 1.1.1 节
break	中止执行循环语句	第 1.1.1 节，第 1.5.2.3 节，第 1.8.1 节
class	定义类	第 1.1.1 节，第 1.3 节，第 1.6.2 节，第 1.7 节，第 1.9.3 节
continue	继续进行下一次循环	第 1.1.1 节，第 1.5.2.3 节
def	定义函数或方法	第 1.1.1 节，第 1.3 节，第 1.6.1.1 节
del	删除变量或序列的值	第 1.1.1 节，第 1.4.2.3 节，第 1.4.3 节
elif	条件语句，与 if、else 联合使用	第 1.1.1 节，第 1.5.1 节
else	条件语句，与 if、elif 联合使用	第 1.1.1 节，第 1.5.1 节
except	捕获异常后的代码块	第 1.1.1 节，第 1.9.1 节
exec	执行 Python 语句	第 1.1.1 节
finally	出现异常后始终执行的语句	第 1.1.1 节，第 1.9.4 节
for	for 循环	第 1.1.1 节，第 1.5.2.2 节
from	导入模块，与 import 联合使用	第 1.1.1 节，第 1.3.1.4 节，第 1.6.2.1 节
global	定义全局变量	第 1.1.1 节，第 1.3.3.1 节
if	条件判断语句，与 else、elif 联合使用	第 1.1.1 节，第 1.5.1 节
import	导入模块，与 from 联合使用	第 1.1.1 节，第 1.3.1.4 节，第 1.6.2.1 节
in	判断变量是否 "包含" 在序列中	第 1.1.1 节，第 1.3.4.5 节，
is	判断变量是否 "是" 某个类的实例	第 1.1.1 节
lambda	定义匿名函数	第 1.1.1 节，第 1.6.1.5 节
not	逻辑 "非"	第 1.1.1 节，第 1.3.4 节
or	逻辑 "或"	第 1.1.1 节，第 1.3.4 节
pass	空的类、方法或函数的占位符	第 1.1.1 节，第 1.7.3.2 节
print	输出语句	第 1~6 章
raise	抛出异常	第 1.1.1 节，第 1.9.2 节
return	返回函数的计算结果	第 1.1.1 节，第 1.3 节，第 1.6 节
try	测试可能出现异常的语句	第 1.1.1 节，第 1.9 节
while	循环语句	第 1.1.1 节，第 1.5.2.1 节
with	简化语句	第 1.1.1 节
yield	从 Generator 函数中每次返回 1 个值	第 1.1.1 节，第 1.6.1.6 节

附录 B　Python 语言的运算符

+	加	第 1.3.4.2 节
−	减	第 1.3.4.2 节
*	乘	第 1.3.4.2 节

/	除	第 1.3.4.2 节
**	幂	第 1.3.4.2 节
%	取模	第 1.3.4.2 节
//	取整除	第 1.3.4.2 节
<	小于	第 1.3.4.3 节
>	大于	第 1.3.4.3 节
<=	小于等于	第 1.3.4.3 节
>=	大于等于	第 1.3.4.3 节
==	等于	第 1.3.4.3 节
!= 或 <>	不等于	第 1.3.4.3 节
and	逻辑"与"	第 1.3.4.4 节
not	逻辑"非"	第 1.3.4.4 节
or	逻辑"或"	第 1.3.4.4 节
|	按位"或"	第 1.3.4.5 节
^	按位"异或"	第 1.3.4.5 节
&	按位"与"	第 1.3.4.5 节
<<, >>	移位	第 1.3.4.5 节

附录 C　Python 语言的常用函数

@ classmethod	被其他实例对象共享的类方法	第 1.7.2.2 节
@ staticmethod	将普通函数转换为静态方法	第 1.7.2.2 节
__call__(self,* args)	将实例对象作为函数来调用	第 1.7.2.5 节
__cmp__(src,dst)	比较对象 src 和 dst	第 1.7.2.5 节
__del__(self)	删除对象，释放资源	第 1.7.2.4 节，第 1.7.2.5 节
__delattr__(s,name)	删除 name 属性	第 1.7.2.5 节
__eq__(self,other)	判断 self 是否等于 other	第 1.7.2.5 节
__ge__(self,other)	判断 self 是否大于等于 other	第 1.7.2.5 节
__getattr__(s,name)	获取 name 属性的值	第 1.7.2.5 节
__getattribute__()	获取属性值	第 1.7.2.5 节
__getiterm__(self,key)	获取索引 key 的值	第 1.7.2.5 节
__gt__(self,other)	判断 self 是否大于 other	第 1.7.2.5 节
__init__(self,...)	初始化对象	第 1.7.2 节，第 1.7.3 节
__le__(self,other)	判断 self 是否小于等于 other	第 1.7.2.5 节
__len__(self)	使用 len() 时调用该函数	第 1.7.2.5 节
__lt__(self,other)	判断 self 是否小于 other	第 1.7.2.5 节
__setattr__(s,name,val)	设置 name 属性的值为 val	第 1.7.2.5 节
__str__(self)	在 print 语句中调用该函数	第 1.7.2.5 节
abs(x)	返回 x 的绝对值	第 1.6.1 节
abspath(path)	返回 path 的绝对路径	第 1.8.1.3 节

access(path,mode)	按照 mode 指定的权限访问 path	第 1.8.1.3 节
append(object)	在末尾处追加对象 object	第 1.4.2.3 节，第 1.7.2.7 节
apply(func)	调用由可变参数组成的列表	第 1.6.2.3 节
bool([x])	将 x 转换为布尔型	第 1.3.2.1 节，第 1.6.1 节
chmod(path,mode)	改变访问 path 的权限	第 1.8.1.3 节
classmethod()	可以被其他实例对象共享的类方法	第 1.7.2.2 节
clear()	清空字典，返回空字典	第 1.4.3.2 节，第 1.4.3.3 节
close()	关闭文件	第 1.8 节，第 1.9.4 节
cmp(x,y)	比较 x 和 y 的大小	第 1.6.1 节
collect()	一次性收集所有待处理对象	第 1.7.2.7 节
compile()	编译文件	第 1.3.5.2 节
copy()	浅拷贝字典	第 1.4.3.3 节
deepcopy()	深拷贝字典	第 1.4.3.3 节
del()	删除对象	第 1.4.2.3 节，第 1.4.3.2 节
dir()	列出所有对象	第 1.4.2.3 节，第 1.4.3.3 节，第 1.6.2.3 节
dirname(p)	返回目录 p 的路径	第 1.8.1.3 节
dump(x)	将对象存储在 x 中	第 1.8.2 节
exists(path)	判断路径 path 是否存在	第 1.8.1.3 节
extend(iterable)	在末尾处添加 iterable 元素	第 1.4.2.3 节
file(name)	创建或打开文件	第 1.8.1.1 节
find()	找出字符串在另一字符串中的位置	第 1.3.2.2 节
filter(func,sequence)	对序列进行过滤操作	第 1.6.2.3 节
float(x)	将 x 转换为浮点型数据	第 1.5.1 节，第 1.6.1 节
flush()	将缓冲区的信息写入磁盘	第 1.8.1.2 节
fstat(path)	返回 path 下打开文件的属性	第 1.8.1.3 节
get(k,[,d])	返回键为 k 的值 D[K]	第 1.4.3.3 节
getatime(filename)	返回 filename 的最后访问时间	第 1.8.1.3 节
getctime(filename)	返回 filename 的创建时间	第 1.8.1.3 节
getmtime(filename)	返回 filename 的最后修改时间	第 1.8.1.3 节
getsize(filename)	返回 filename 的大小	第 1.8.1.3 节
has_ key(k)	判断字典中是否包含键 k	第 1.4.3.3 节
help([object])	返回函数的用法帮助	第 1.3 节，第 1.6.1 节
id(x)	返回 x 的标识	第 1.3.3.1 节，第 1.6.1 节
index(value,[start,[stop]])	返回 value 的第 1 个索引值	第 1.4.2.3 节
input([prompt])	接收控制台的输入，返回数值型数据	第 1.5.1 节，第 1.6.1 节
insert(index,object)	在 index 前插入对象 object	第 1.4.2.3 节
int(x)	将 x 转换为整型数据	第 1.5 节，第 1.6.1 节
items()	返回由键-值对组成的列表	第 1.4.3 节
iteritems()	返回指向字典键-值对的遍历器	第 1.4.3.3 节
iterkeys()	返回指向字典"键"的遍历器	第 1.4.3.3 节

itervalues( )	返回指向字典"值"的遍历器	第 1.4.3.3 节
keys( )	返回字典中所有"键"的列表	第 1.4.3.3 节
lambda( )	匿名函数	第 1.6.1.5 节
len(obj)	返回 obj 中元素的个数	第 1.5 节，第 1.6.1 节，1.8 节
load( )	取"存储"	第 1.8.2 节
map(func,sequence,...)	同时对序列的元素执行相同操作	第 1.6.2.3 节
next( )	返回下一行信息	第 1.6.1.6 节，第 1.8.1.2 节
open( )	打开文件	第 1.8.1.3 节
pop( )	移除指定的元素	第 1.4.2.3 节，第 1.4.3.3 节
range([start,]end[, step])	返回一个列表	第 1.6.1 节
raw_ input([prompt])	接收控制台的输入，返回字符串型数据	第 1.5.1 节，第 1.6.1 节
read([size])	读取 size 个字节的信息	第 1.8.1 节
readline([size])	读取 1 行并作为字符串返回	第 1.8.1 节
readlines（[size])	将每行信息存储在列表中返回	第 1.8.1 节
reduce(func, sequence)	对序列中的元素进行连续处理	第 1.6.2.3 节
remove( )	删除首次出现的对象	第 1.4.2.3 节，第 1.8.1.3 节
rename(old,new)	将 old 重新命名为 new	第 1.8.1.3 节
reverse( )	对列表进行反转	第 1.4.2.3 节，第 1.6.1 节
round(x,n=0)	对函数进行四舍五入	第 1.6.1 节
set([iterable])	返回一个集合	第 1.6.1 节
sleep( )	让程序暂停，使执行速度慢一些	第 1.9.4 节
sort( )	对列表进行排序	第 1.4.2.3 节
sorted( )	返回排序后的列表	第 1.6.1 节
sqrt( )	求平方根	第 1.3.1.5 节
startswith( )	测试是否以给定字符串开始	第 1.3.2.2 节
stat(path)	返回 path 的所有属性	第 1.8.1.3 节
staticmethod( )	将普通函数转换为静态方法	第 1.7.2.2 节
sum(iterable[,start =0])	返回序列的和	第 1.6.1 节
tell( )	返回文件指针的当前位置	第 1.8.1.2 节
tmpfile( )	创建临时文件	第 1.8.1.3 节
truncate([size])	删除 size 个字节	第 1.8.1.2 节
type(obj)	返回对象的类型	第 1.3.2 节，第 1.6.1 节
update(E)	将 E 与原字典的元素合并	第 1.4.3.3 节
values( )	返回字典中所有"值"的列表	第 1.4.3.3 节
write(str)	将 str 中的信息写入文件	第 1.8.1 节
xrange(start[,end[,step]])	返回一个列表	第 1.6.1 节
zip(seq1[,seq2,... seqn])	返回由 n 个序列组成的列表	第 1.6.1 节

附录 D　本书用到的方法（函数）

A

addData( )	第 2.2.3 节，第 4.4.1 节，第 4.5.3 节，第 4.5.5 节，第 5.2.2 节
addElements( )	第 2.2.3.2 节，第 4.3.2.2 节，第 4.5.3 节，第 5.2.2 节
addNodes( )	第 2.2.3.2 节，第 4.3.2.2 节，第 4.5.3 节，第 5.2.2 节
addMessageCallback( )	第 6.2.1 节
append( )	第 1.4.2.1 节，第 1.4.2.3 节，第 1.7.2.7 节，第 5.2.2 节
apply( )	第 1.6.2.3 节
assignBeamSectionOrientation( )	第 6.1.2 节
assignSection( )	第 4.3.2.2 节，第 4.5.3 节

B

BaseSolidExtrude( )	第 2.2.2.5 节，第 2.3.3 节，第 3.1 节
BaseWire( )	第 6.1.2 节
BeamSection( )	第 6.1.2 节
bringToFront( )	第 2.3.1.1 节

C

@classmethod	第 1.7.2.2 节
changeKey( )	第 2.2.2.2 节
choice( )	第 6.5.4 节
CircularProfile( )	第 4.3.2.2 节
classmethod( )	第 1.7.2.2 节
clear( )	第 1.4.3.2 节，第 1.6.2.3 节，第 1.7.2.7 节
close( )	第 1.8 节，第 4.3.5. 节，第 4.5 节，第 5.2 节，第 6.1.2 节
collect( )	第 1.7.2.7 节
compile( )	第 1.3.5.2 节
ConcentratedForce( )	第 2.3.3 节，第 6.1.2 节
ConstrainedSketch( )	第 2.2.2 节，第 2.3.3 节，第 2.6.3 节，第 3.1 节，第 6.5.4 节

D

__del__	第 1.7.2.4 节，第 1.7.2.5 节
DatumCsysByDefault( )	第 6.1.2 节
del	第 1.4.2.3 节，第 1.4.3.2 节，第 2.3.2 节
Density( )	第 2.1.5.3 节，第 3.2 节
dir( )	第 1.4.2.3 节，第 1.4.3.3 节，第 1.6.2.3 节
DisplacementBC( )	第 2.3.3 节
dump( )	第 1.8.2 节

E

Elastic( )	第 2.2.1.2 节，第 2.2.2.5 节，第 3.2 节，第 6.3.2 节
ElasticFoundation( )	第 2.3.3 节
ElementSetFromElementLabels( )	第 4.3.2.2 节，第 4.5.3 节
EncastreBC( )	第 6.1.2 节

附录 E　本书用到的模块

附录 F　本书涉及的异常类型

参 考 文 献

［1］曹金凤，王旭春，孔亮 . Python 语言在 Abaqus 中的应用［M］. 北京：机械工业出版社，2011.

［2］曹金凤，石亦平 . ABAQUS 有限元分析常见问题解答［M］. 北京：机械工业出版社，2009.

［3］达索系统集团 SIMULIA User Assistance 2018：Scripting Reference［Z］. 2018.

［4］达索系统集团 SIMULIA User Assistance 2018：Scripting［Z］. 2018.

［5］石亦平，周玉蓉 . ABAQUS 有限元分析实例详解［M］. 北京：机械工业出版社，2006.

［6］斯维加特 . Python 编程快速上手：让繁琐工作自动化［M］. 王海鹏，译 . 北京：人民邮电出版社，2016.